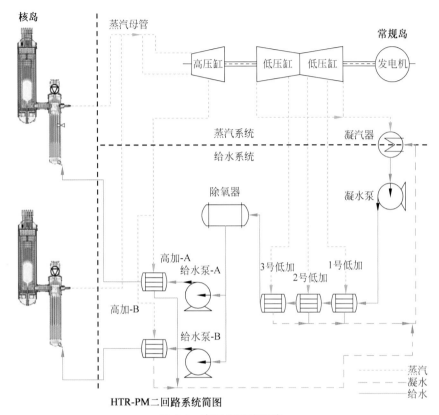

图 2-2　高温堆回路系统

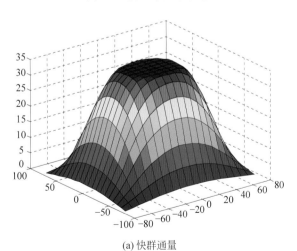

(a) 快群通量

图 3-3　快群和热群通量分布及相对误差分布

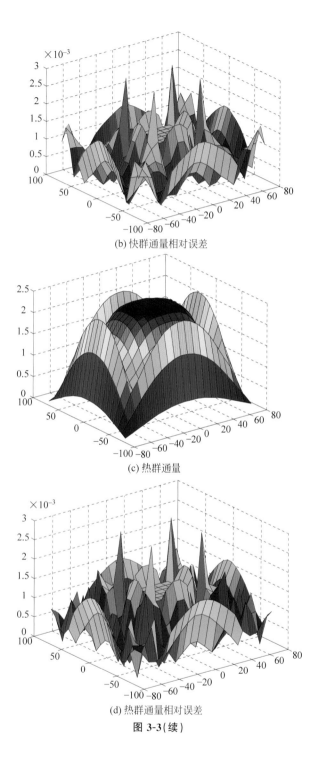

(b) 快群通量相对误差

(c) 热群通量

(d) 热群通量相对误差

图 3-3(续)

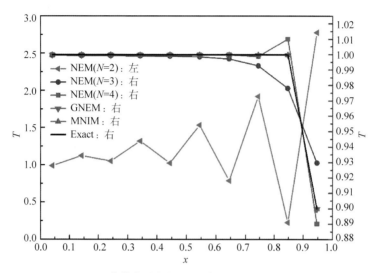

图 3-14　不同节块方法数值结果对比（$x=0.65, U=V=100$）

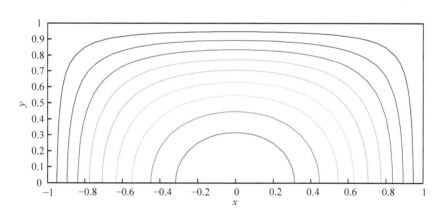

图 3-15　Smith-Hutton 问题的速度场分布

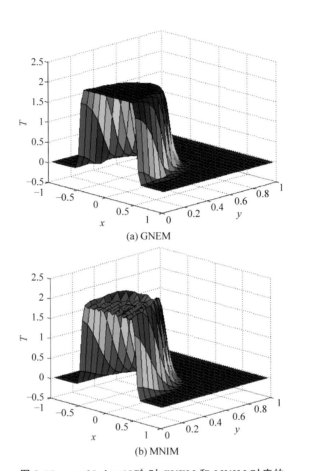

(a) GNEM

(b) MNIM

图 3-16 $\alpha=20, \lambda=10^{-6}$ 时 GNEM 和 MNIM 对应的
数值解分布

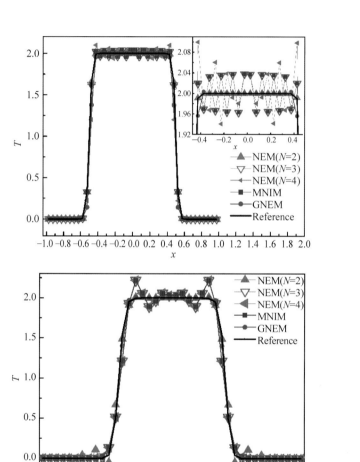

图 3-17　$\alpha = 20$，$\lambda = 10^{-6}$ 时不同节块法在 $y = 0.025$ 和
$y = 0.325$ 处的数值解分布

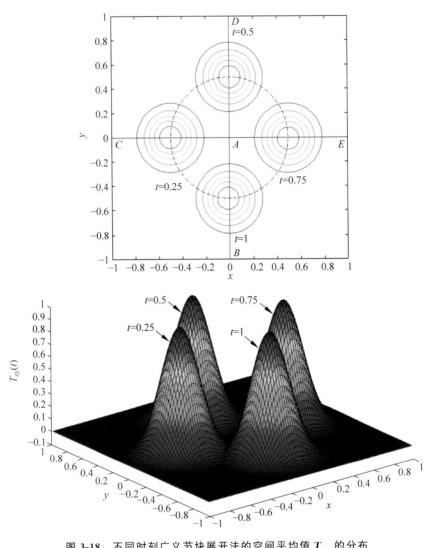

图 3-18　不同时刻广义节块展开法的空间平均值 T_{xy} 的分布

均匀空间网格划分 100×100，均匀时间步长 $\Delta t = 0.0025$，$\Gamma = 0.00001$

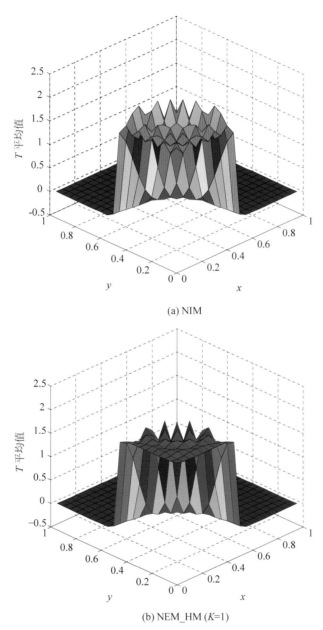

(a) NIM

(b) NEM_HM (K=1)

图 3-22　NEM_HM($K=1,2$)与 NIM 在[0,1]×[0,1]区域的数值解(均匀网格 $40×20$)

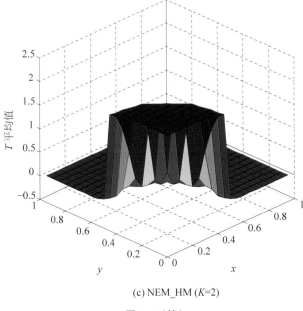

(c) NEM_HM (K=2)

图 3-22(续)

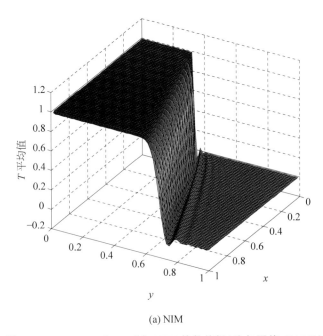

(a) NIM

图 3-26　NEM_HM(K=1)与 NIM 的数值解(均匀网格 60×60)

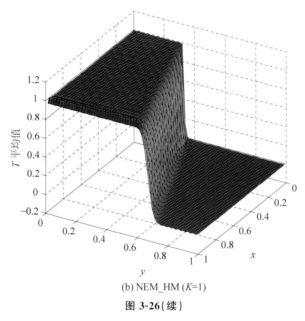

(b) NEM_HM (*K*=1)

图 3-26（续）

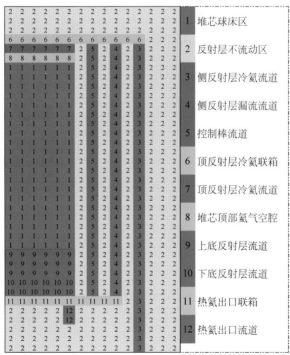

1	堆芯球床区
2	反射层不流动区
3	侧反射层冷氦流道
4	侧反射层漏流流道
5	控制棒流道
6	顶反射层冷氦联箱
7	顶反射层冷氦流道
8	堆芯顶部氦气空腔
9	上底反射层流道
10	下底反射层流道
11	热氦出口联箱
12	热氦出口流道

图 4-2　高温气冷堆堆芯区域类型划分

灰色—反射层不流动区；红色—球床区；蓝色—竖管流动区；浅绿色—空腔区

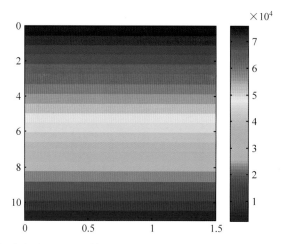

图 4-6　多孔介质热工耦合模型压力 (相对于系统压力 P_{sys}) 分布 (单位: Pa)

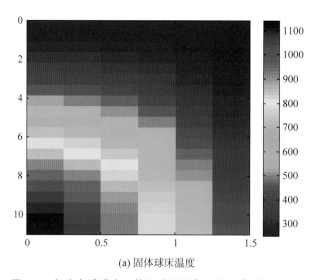

(a) 固体球床温度

图 4-7　多孔介质球床固体温度和氦气温度分布 (单位: ℃)

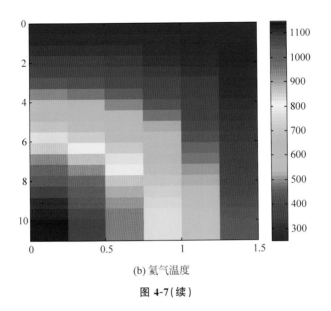

(b) 氦气温度

图 4-7(续)

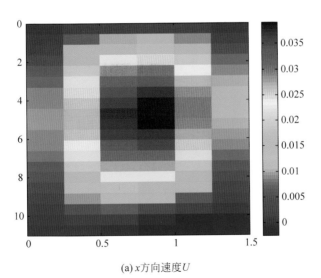

(a) x方向速度U

图 4-8 多孔介质球床流场分布(单位：m/s)

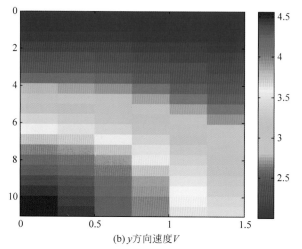

(b) y 方向速度 V

图 4-8（续）

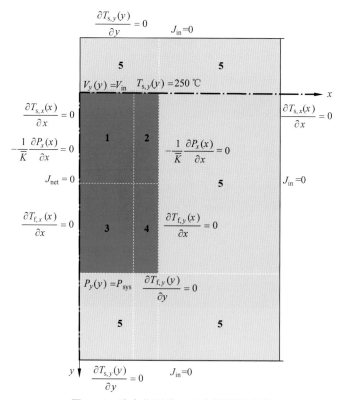

图 4-10　稳态物理热工耦合模型示意图

灰色—反射层不流动区；红色—球床区

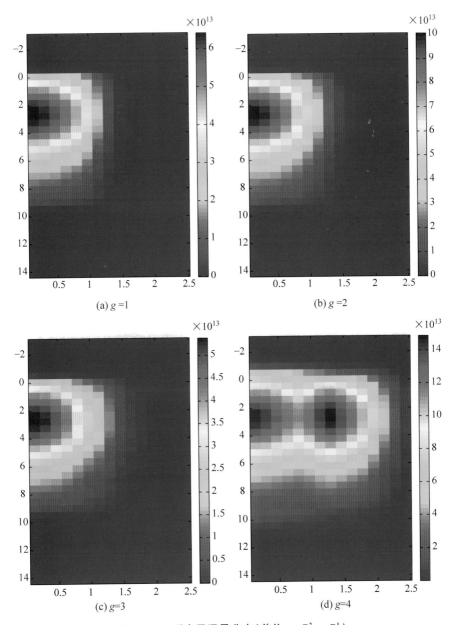

图 4-11 4 群中子通量分布(单位：$m^{-2} \cdot s^{-1}$)

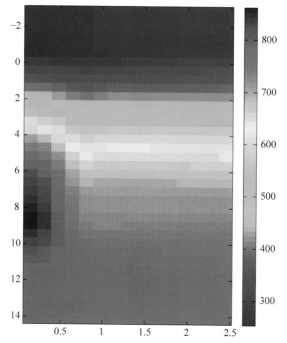

图 4-12　固体温度分布(包括球床堆芯和反射层,单位:℃)

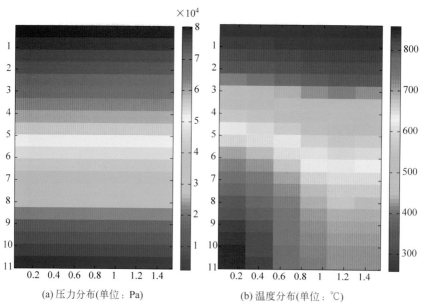

(a)压力分布(单位:Pa)　　　　　　　(b)温度分布(单位:℃)

图 4-13　球床堆芯区域氦气压力(相对系统压力 P_{sys})和温度分布

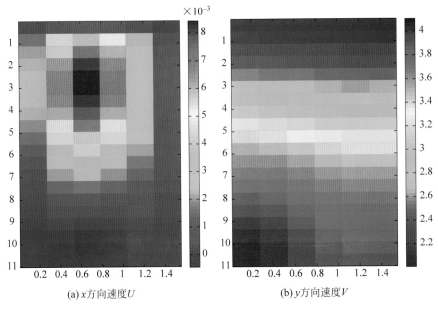

(a) x方向速度U (b) y方向速度V

图 4-14　球床堆芯区域流场分布(单位：m/s)

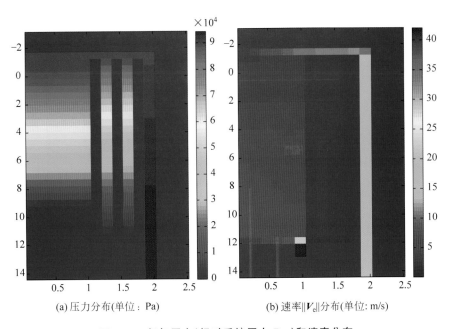

(a) 压力分布(单位：Pa)   (b) 速率$\|V_e\|$分布(单位：m/s)

图 4-18　氦气压力(相对系统压力 P_{sys})和速率分布

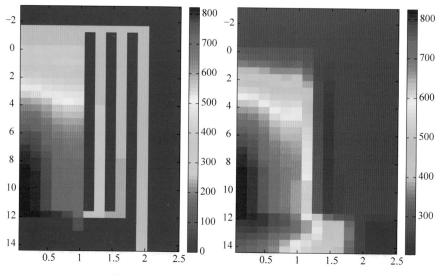

图 4-19　氦气和固体温度分布（单位：℃）

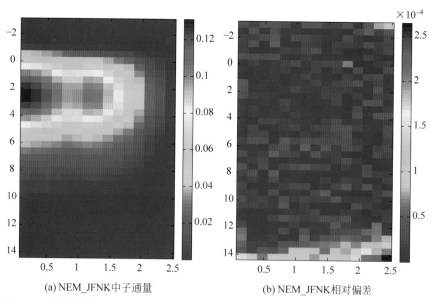

(a) NEM_JFNK中子通量　　　　　　(b) NEM_JFNK相对偏差

图 5-7　无预处理的 NEM_JFNK、基于线性预处理的 NEM_JFNK（LP_NEM_JFNK）、
　　　基于非线性预处理的 NEM_JFNK（NP_NEM_JFNK）的第 4 群中子通量及其
　　　相对偏差分布

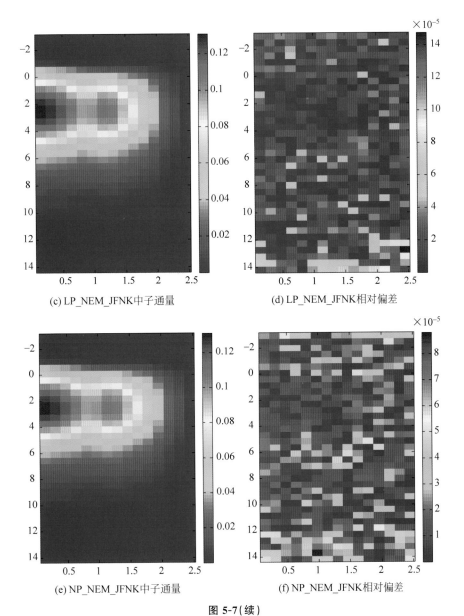

(c) LP_NEM_JFNK中子通量　　　　(d) LP_NEM_JFNK相对偏差

(e) NP_NEM_JFNK中子通量　　　　(f) NP_NEM_JFNK相对偏差

图 5-7（续）

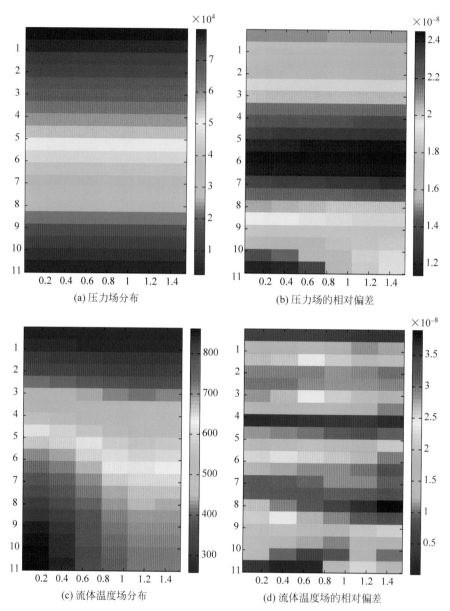

(a) 压力场分布

(b) 压力场的相对偏差

(c) 流体温度场分布

(d) 流体温度场的相对偏差

图 5-10　基于非线性预处理的 NEM_JFNK（NP_NEM_JFNK）对应数值结果和相对偏差分布

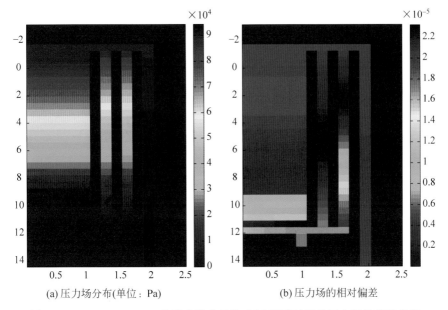

(a) 压力场分布(单位：Pa)　　　　　　(b) 压力场的相对偏差

图 5-13　NP_NEM_JFNK 使用全局收敛技术(GC)时对应的压力场数值结果和相对偏差分布

清华大学优秀博士学位论文丛书

基于节块展开法的JFNK
联立求解耦合系统的方法研究

周夏峰（Zhou Xiafeng）著

Jacobian-Free Newton Krylov Nodal Expansion Method
for Simultaneous Solution for Coupled Systems

清华大学出版社
北京

内 容 简 介

高温气冷堆核电系统是一个包含多个物理场、多个回路和多个模块的复杂系统,涉及物理、热工、流体力学等非线性强耦合问题的求解。本书在节块展开法的基础上讨论了扩展 JFNK 全局耦合的新思路和高效粗网节块展开法,探索和开发了适用于高温气冷堆复杂系统的联立耦合计算平台 NEM_JFNK,努力缓解或解决了现有复杂耦合系统采用的算符分裂方法计算精度和收敛性无法保证的难题。书中研究的预处理方法、局部消去方法、全局收敛方法、统一求解框架等可很容易地推广到其他反应堆耦合系统研究,可为真实核能耦合系统的联立求解和程序开发提供理论依据和方法基础。

图书在版编目(CIP)数据

基于节块展开法的 JFNK 联立求解耦合系统的方法研究/周夏峰著.—北京:清华大学出版社,2020.10
(清华大学优秀博士学位论文丛书)
ISBN 978-7-302-55642-8

Ⅰ.①基⋯ Ⅱ.①周⋯ Ⅲ.①核能-耦合系统-研究 Ⅳ.①TL

中国版本图书馆 CIP 数据核字(2020)第 100372 号

责任编辑:戚 亚
封面设计:傅瑞学
责任校对:王淑云
责任印制:宋 林

出版发行:清华大学出版社
　　　　　网　　址:http://www.tup.com.cn,http://www.wqbook.com
　　　　　地　　址:北京清华大学学研大厦 A 座　邮　　编:100084
　　　　　社 总 机:010-62770175　　　　邮　　购:010-62786544
　　　　　投稿与读者服务:010-62776969,c-service@tup.tsinghua.edu.cn
　　　　　质量反馈:010-62772015,zhiliang@tup.tsinghua.edu.cn
印 刷 者:三河市铭诚印务有限公司
装 订 者:三河市启晨纸制品加工有限公司
经　　销:全国新华书店
开　　本:155mm×235mm　**印　张**:13.75　**插 页**:10　**字　数**:255 千字
版　　次:2020 年 11 月第 1 版　　　　**印　次**:2020 年 11 月第 1 次印刷
定　　价:99.00 元

产品编号:084187-01

一流博士生教育
体现一流大学人才培养的高度（代丛书序）①

　　人才培养是大学的根本任务。只有培养出一流人才的高校，才能够成为世界一流大学。本科教育是培养一流人才最重要的基础，是一流大学的底色，体现了学校的传统和特色。博士生教育是学历教育的最高层次，体现出一所大学人才培养的高度，代表着一个国家的人才培养水平。清华大学正在全面推进综合改革，深化教育教学改革，探索建立完善的博士生选拔培养机制，不断提升博士生培养质量。

学术精神的培养是博士生教育的根本

　　学术精神是大学精神的重要组成部分，是学者与学术群体在学术活动中坚守的价值准则。大学对学术精神的追求，反映了一所大学对学术的重视、对真理的热爱和对功利性目标的摒弃。博士生教育要培养有志于追求学术的人，其根本在于学术精神的培养。

　　无论古今中外，博士这一称号都和学问、学术紧密联系在一起，和知识探索密切相关。我国的博士一词起源于2000多年前的战国时期，是一种学官名。博士任职者负责保管文献档案、编撰著述，须知识渊博并负有传授学问的职责。东汉学者应劭在《汉官仪》中写道："博者，通博古今；士者，辩于然否。"后来，人们逐渐把精通某种职业的专门人才称为博士。博士作为一种学位，最早产生于12世纪，最初它是加入教师行会的一种资格证书。19世纪初，德国柏林大学成立，其哲学院取代了以往神学院在大学中的地位，在大学发展的历史上首次产生了由哲学院授予的哲学博士学位，并赋予了哲学博士深层次的教育内涵，即推崇学术自由、创造新知识。哲学博士的设立标志着现代博士生教育的开端，博士则被定义为独立从事学术研究、具备创造新知识能力的人，是学术精神的传承者和光大者。

---

　　①　本文首发于《光明日报》，2017年12月5日。

博士生学习期间是培养学术精神最重要的阶段。博士生需要接受严谨的学术训练，开展深入的学术研究，并通过发表学术论文、参与学术活动及博士论文答辩等环节，证明自身的学术能力。更重要的是，博士生要培养学术志趣，把对学术的热爱融入生命之中，把捍卫真理作为毕生的追求。博士生更要学会如何面对干扰和诱惑，远离功利，保持安静、从容的心态。学术精神，特别是其中所蕴含的科学理性精神、学术奉献精神，不仅对博士生未来的学术事业至关重要，对博士生一生的发展都大有裨益。

独创性和批判性思维是博士生最重要的素质

博士生需要具备很多素质，包括逻辑推理、言语表达、沟通协作等，但是最重要的素质是独创性和批判性思维。

学术重视传承，但更看重突破和创新。博士生作为学术事业的后备力量，要立志于追求独创性。独创意味着独立和创造，没有独立精神，往往很难产生创造性的成果。1929 年 6 月 3 日，在清华大学国学院导师王国维逝世二周年之际，国学院师生为纪念这位杰出的学者，募款修造"海宁王静安先生纪念碑"，同为国学院导师的陈寅恪先生撰写了碑铭，其中写道："先生之著述，或有时而不章；先生之学说，或有时而可商；惟此独立之精神，自由之思想，历千万祀，与天壤而同久，共三光而永光。"这是对于一位学者的极高评价。中国著名的史学家、文学家司马迁所讲的"究天人之际，通古今之变，成一家之言"也是强调要在古今贯通中形成自己独立的见解，并努力达到新的高度。博士生应该以"独立之精神、自由之思想"来要求自己，不断创造新的学术成果。

诺贝尔物理学奖获得者杨振宁先生曾在 20 世纪 80 年代初对到访纽约州立大学石溪分校的 90 多名中国学生、学者提出："独创性是科学工作者最重要的素质。"杨先生主张做研究的人一定要有独创的精神、独到的见解和独立研究的能力。在科技如此发达的今天，学术上的独创性变得越来越难，也愈加珍贵和重要。博士生要树立敢为天下先的志向，在独创性上下功夫，勇于挑战最前沿的科学问题。

批判性思维是一种遵循逻辑规则、不断质疑和反省的思维方式，具有批判性思维的人勇于挑战自己，敢于挑战权威。批判性思维的缺乏往往被认为是中国学生特有的弱项，也是我们在博士生培养方面存在的一个普遍问题。2001 年，美国卡内基基金会开展了一项"卡内基博士生教育创新计划"，针对博士生教育进行调研，并发布了研究报告。该报告指出：在美国和欧洲,培养学生保持批判而质疑的眼光看待自己、同行和导师的观点同样非常不容易,批判性思维的培养必须成为博士生培养项目的组成部分。

对于博士生而言,批判性思维的养成要从如何面对权威开始。为了鼓励学生质疑学术权威、挑战现有学术范式,培养学生的挑战精神和创新能力,清华大学在2013年发起"巅峰对话",由学生自主邀请各学科领域具有国际影响力的学术大师与清华学生同台对话。该活动迄今已经举办了21期,先后邀请17位诺贝尔奖、3位图灵奖、1位菲尔兹奖获得者参与对话。诺贝尔化学奖得主巴里·夏普莱斯(Barry Sharpless)在2013年11月来清华参加"巅峰对话"时,对于清华学生的质疑精神印象深刻。他在接受媒体采访时谈道:"清华的学生无所畏惧,请原谅我的措辞,但他们真的很有胆量。"这是我听到的对清华学生的最高评价,博士生就应该具备这样的勇气和能力。培养批判性思维更难的一层是要有勇气不断否定自己,有一种不断超越自己的精神。爱因斯坦说:"在真理的认识方面,任何以权威自居的人,必将在上帝的嬉笑中垮台。"这句名言应该成为每一位从事学术研究的博士生的箴言。

提高博士生培养质量有赖于构建全方位的博士生教育体系

一流的博士生教育要有一流的教育理念,需要构建全方位的教育体系,把教育理念落实到博士生培养的各个环节中。

在博士生选拔方面,不能简单按考分录取,而是要侧重评价学术志趣和创新潜力。知识结构固然重要,但学术志趣和创新潜力更关键,考分不能完全反映学生的学术潜质。清华大学在经过多年试点探索的基础上,于2016年开始全面实行博士生招生"申请-审核"制,从原来的按照考试分数招收博士生,转变为按科研创新能力、专业学术潜质招收,并给予院系、学科、导师更大的自主权。《清华大学"申请-审核"制实施办法》明晰了导师和院系在考核、遴选和推荐上的权力和职责,同时确定了规范的流程及监管要求。

在博士生指导教师资格确认方面,不能论资排辈,要更看重教师的学术活力及研究工作的前沿性。博士生教育质量的提升关键在于教师,要让更多、更优秀的教师参与到博士生教育中来。清华大学从2009年开始探索将博士生导师评定权下放到各学位评定分委员会,允许评聘一部分优秀副教授担任博士生导师。近年来,学校在推进教师人事制度改革过程中,明确教研系列助理教授可以独立指导博士生,让富有创造活力的青年教师指导优秀的青年学生,师生相互促进、共同成长。

在促进博士生交流方面,要努力突破学科领域的界限,注重搭建跨学科的平台。跨学科交流是激发博士生学术创造力的重要途径,博士生要努力提升在交叉学科领域开展科研工作的能力。清华大学于 2014 年创办了"微沙龙"平台,同学们可以通过微信平台随时发布学术话题,寻觅学术伙伴。3 年来,博士生参与和发起"微沙龙"12 000 多场,参与博士生达 38 000 多人次。"微沙龙"促进了不同学科学生之间的思想碰撞,激发了同学们的学术志趣。清华于 2002 年创办了博士生论坛,论坛由同学自己组织,师生共同参与。博士生论坛持续举办了 500 期,开展了 18 000 多场学术报告,切实起到了师生互动、教学相长、学科交融、促进交流的作用。学校积极资助博士生到世界一流大学开展交流与合作研究,超过 60% 的博士生有海外访学经历。清华于 2011 年设立了发展中国家博士生项目,鼓励学生到发展中国家亲身体验和调研,在全球化背景下研究发展中国家的各类问题。

在博士学位评定方面,权力要进一步下放,学术判断应该由各领域的学者来负责。院系二级学术单位应该在评定博士论文水平上拥有更多的权力,也应担负更多的责任。清华大学从 2015 年开始把学位论文的评审职责授权给各学位评定分委员会,学位论文质量和学位评审过程主要由各学位分委员会进行把关,校学位委员会负责学位管理整体工作,负责制度建设和争议事项处理。

全面提高人才培养能力是建设世界一流大学的核心。博士生培养质量的提升是大学办学质量提升的重要标志。我们要高度重视、充分发挥博士生教育的战略性、引领性作用,面向世界、勇于进取,树立自信、保持特色,不断推动一流大学的人才培养迈向新的高度。

清华大学校长

2017 年 12 月 5 日

丛书序二

以学术型人才培养为主的博士生教育,肩负着培养具有国际竞争力的高层次学术创新人才的重任,是国家发展战略的重要组成部分,是清华大学人才培养的重中之重。

作为首批设立研究生院的高校,清华大学自 20 世纪 80 年代初开始,立足国家和社会需要,结合校内实际情况,不断推动博士生教育改革。为了提供适宜博士生成长的学术环境,我校一方面不断地营造浓厚的学术氛围,一方面大力推动培养模式创新探索。我校从多年前就已开始运行一系列博士生培养专项基金和特色项目,激励博士生潜心学术、锐意创新,拓宽博士生的国际视野,倡导跨学科研究与交流,不断提升博士生培养质量。

博士生是最具创造力的学术研究新生力量,思维活跃,求真求实。他们在导师的指导下进入本领域研究前沿,吸取本领域最新的研究成果,拓宽人类的认知边界,不断取得创新性成果。这套优秀博士学位论文丛书,不仅是我校博士生研究工作前沿成果的体现,也是我校博士生学术精神传承和光大的体现。

这套丛书的每一篇论文均来自学校新近每年评选的校级优秀博士学位论文。为了鼓励创新,激励优秀的博士生脱颖而出,同时激励导师悉心指导,我校评选校级优秀博士学位论文已有 20 多年。评选出的优秀博士学位论文代表了我校各学科最优秀的博士学位论文的水平。为了传播优秀的博士学位论文成果,更好地推动学术交流与学科建设,促进博士生未来发展和成长,清华大学研究生院与清华大学出版社合作出版这些优秀的博士学位论文。

感谢清华大学出版社,悉心地为每位作者提供专业、细致的写作和出版指导,使这些博士论文以专著方式呈现在读者面前,促进了这些最新的优秀研究成果的快速广泛传播。相信本套丛书的出版可以为国内外各相关领域或交叉领域的在读研究生和科研人员提供有益的参考,为相关学科领域的发展和优秀科研成果的转化起到积极的推动作用。

感谢丛书作者的导师们。这些优秀的博士学位论文,从选题、研究到成文,离不开导师的精心指导。我校优秀的师生导学传统,成就了一项项优秀的研究成果,成就了一大批青年学者,也成就了清华的学术研究。感谢导师们为每篇论文精心撰写序言,帮助读者更好地理解论文。

感谢丛书的作者们。他们优秀的学术成果,连同鲜活的思想、创新的精神、严谨的学风,都为致力于学术研究的后来者树立了榜样。他们本着精益求精的精神,对论文进行了细致的修改完善,使之在具备科学性、前沿性的同时,更具系统性和可读性。

这套丛书涵盖清华众多学科,从论文的选题能够感受到作者们积极参与国家重大战略、社会发展问题、新兴产业创新等的研究热情,能够感受到作者们的国际视野和人文情怀。相信这些年轻作者们勇于承担学术创新重任的社会责任感能够感染和带动越来越多的博士生,将论文书写在祖国的大地上。

祝愿丛书的作者们、读者们和所有从事学术研究的同行们在未来的道路上坚持梦想,百折不挠!在服务国家、奉献社会和造福人类的事业中不断创新,做新时代的引领者。

相信每一位读者在阅读这一本本学术著作的时候,在吸取学术创新成果、享受学术之美的同时,能够将其中所蕴含的科学理性精神和学术奉献精神传播和发扬出去。

清华大学研究生院院长

2018 年 1 月 5 日

导师序言

听闻周夏峰的优秀博士学位论文被清华大学出版社按专著方式出版，作为他的指导老师，我感到特别高兴。这既是对周夏峰博士期间科研成果的肯定，也为从事核电站耦合计算的同行提供了一个更好交流的机会，更是周夏峰学术生涯的一个新起点。感谢清华大学和清华大学出版社，提供专著的出版机会以及我写序的机会。

回想周夏峰的求学、研究经历，仍然历历在目。他潜心钻研，触类旁通；对发现的问题深追不放，对各种可能勇敢探索，勇于尝试；既敢于坚持自己的观点，又能虚心接受他人的建议。他先从反应堆物理计算方法出发，随后扩展到热工计算方法，再将结果反过来应用于反应堆物理计算，再应用于物理热工耦合，最终取得了出色的成果。这一直是我的希望，我的要求，也是我们团队的传统，而周夏峰做得也特别好，为师弟师妹做了一个好榜样。有学生如此，有科研同伴如此，人生一大快事、一大幸事。

对于周夏峰的论文内容，我就不在此啰嗦，请读者自己阅读、体会。在这里我想说说课题研究的大背景，也有助于大家了解此工作的来龙去脉、我们的长期探索、每一步遇到的艰辛，以及工作量的庞大和知识面的庞杂。

借助越来越强大的计算能力，我们可以把核电站的各个物理变量、各个子系统(包括核功率、燃料温度、冷却剂温度、冷却剂流量、蒸汽发生器参数、辅助系统的状态、汽轮机的状态等等)作为一个完整系统，联立、严格、准确地求解，而不满足于单独研究反应堆物理、反应堆热工、控制系统和蒸汽发生器；或者采用算符分解方式，仅通过各个物理场单独计算，再通过边界条件交换数据，进行一定程度的迭代，间接求解整个系统。耦合系统的联立计算更准确、更精细，也更难。这种耦合系统的高效求解，是学术界的热点和难点问题。至今，还没有能真正实现核电站全厂高效、准确、联立求解的方法。全范围模拟机的确覆盖了全电厂，但并没有真正做到所有物理场、所有系统联立求解，在数学上还属于算符分解方式。

清华大学核能与新能源技术研究院研究的球床式高温气冷堆核电站具

有所有核电站的多物理场耦合、多回路构成、空间和时间上多尺度耦合、高度非线性等通用复杂性，又具有很突出的特殊性，包括在线换料的球床，燃料颗粒、燃料球、球床三级非均匀性和空间多尺度耦合，核功率的快速响应、大热容的堆芯带来的堆芯温度的缓慢响应、直流蒸汽发生器的快速响应带来的时间多尺度耦合，多个核蒸汽供应模块通过蒸汽母管连接一个汽轮发电机组的超大型系统，等等。这些特殊性带来了更大规模、更复杂的耦合特性，因此高温气冷堆核电站的耦合计算也具有更大的挑战性。

同时，针对球床式高温气冷堆，由于采用单相惰性气体氦气作为冷却剂，对于大家比较关注的堆芯计算：堆芯物理计算会等效为均匀化物质进行计算，热工水力学计算也会等效为多孔介质进行计算。物理、热工、流体计算等本身在形式上都比较简单，三者可在一个统一的场下进行计算，天然具有采用联立方程进行多物理场耦合计算的优势，并可进一步把联立计算的范围扩展到整个氦气连接的一回路、蒸汽发生器和二回路，从而对整个核电站进行真正的联立求解。从理论上，上述方法更易于联立求解整个高温气冷堆核电站，更具可行性。

根据我们的调研、理解和尝试，针对复杂耦合非线性系统的联立求解，最简单的实现思路是算符分解、Picard 迭代；但对于复杂系统，牛顿法才是出路，才能保证全局性、稳定性、收敛性。在牛顿法的各种实现方法中，JFNK（Jacobian-Free Newton Krylov）方法比较精巧，成为首选方法或主干方法，它可以融合、接纳、支撑其他方法，特别是各种预处理方法。它在系统级描述、子系统划分、子物理场描述、空间离散化、矩阵高效运算、各种预处理方法的应用、基础算法库、通用软件平台等各方面都有平衡的考虑，留有优化空间，有成功尝试的例子，很有前途但也很复杂，涉及面很广。

遵循这个思路和框架，我们从不同方面、不同角度、不同环节进行了探索和验证：算符分解和 Picard 迭代；用 Picard 迭代扩展堆芯模型到整个一回路、蒸汽发生器、自然循环的舱室冷却系统；在全范围模拟机上用算符分解覆盖整个核电站；算符分解的各种技巧；针对堆芯物理、热工、流体计算之间的 JFNK 耦合计算；JFNK 与非线性消去法联合解决球床多尺度问题；堆芯物理和热工流体问题的有限差分求解；堆芯物理、热工、流体计算的节块法；修改传统的基于算符分解的工程软件并将其改造为 JFNK 求解；基于 JFNK 通用平台进行求解。这些都为本书的内容打下了良好的基础，证明了 JFNK 的可行性和先进性，同时也令我们体会到了 JFNK 的复杂性与巨大挑战。

在全面地用 JFNK 解决高温气冷堆核电站耦合系统的联立求解之前，我们发现还有很多问题需要解决，还有漫漫长路在等着我们。如何系统地描述整个电站，高效地把整个电站划分成独立子系统、子物理场；如何用尽量统一的形式描述各子系统、子物理场，把堆芯的复杂场模型与一回路、二回路等回路模型和部件模型统一。在时间离散和空间离散方面，如何用更少的变量达到更高的精度；如何减少耦合用到的中间变量、降低系统的变量规模；如何定义通用的框架来统一地、分层级地描述整个系统；如何提高软件模块的可重用性、反映高温气冷堆的特殊模型、实现并行以及并行环境下的负荷平衡；如何实现软件的实用化；如何将 JFNK 应用于高温气冷堆核电站的设计与运行支持，这些问题体现出此项目是一个长期、艰巨、系统的重大科研项目。当然，在整个核学科的大框架下，这也仅是沧海一粟。

在这个框架下，周夏峰提出了新的节块法形式，该方法能统一应用于物理、热工、流体计算，大大提高了堆芯计算的效率，当模型包含整个核电站时，意义尤为明显；他研究了新的节块法的稳定性问题，这对于流体计算特别有意义；还研究了在节块法框架下 JFNK 实现的途径，这远比有限差分方法复杂得多；他开发、验证了多种预处理技术，并开发了程序，进行了多方面的验证，等等。因此，他的工作具有基础性、关键性、承前启后性，是整个框架中闪亮的一环。

沿着我们团队探索出的这个大框架，已有多位同学做出了成果，周夏峰是其中突出的一位，现在还有很多同学，今后还有越来越多的同学，在此方面继续努力探索。

令我更加欣慰的是，周夏峰将继续在核电站耦合系统的高效求解方面努力探索，不但在高温气冷堆方面，还扩展到水冷堆方面和其他更多的领域，并不断有令人惊喜的新思路、新想法、新成果出现。他不满足于已有成绩，不断探索、不断进步，祝贺！加油！

祝周夏峰在教学、科研、人生的路上越走越顺！

李　富

2019 年 9 月 10 日于清华园

摘 要

高温气冷堆核电厂是一个包含多个物理场、多个回路甚至多个核蒸汽供应系统模块的复杂非线性强耦合系统。目前程序通常采用固定点迭代的思路求解,其收敛速度和计算精度无法得到保证,甚至可能出现不收敛现象,尤其是针对大规模复杂耦合系统。同时,现有的高温气冷堆程序采用有限差分或者有限体积法的离散格式,为了保证计算精度和格式稳定性,要求网格尺寸较小,导致计算规模非常大,计算效率无法得到保证。

为了同时保证复杂耦合系统求解的收敛性、计算精度和效率,本书课题扩展了高精度的粗网节块展开法(nodal expansion method,NEM)与强收敛、高效率的 JFNK(Jacobian-Free Newton Krylov)方法,并充分发挥各自优势将两种方法组合起来,开发了基于节块展开法的 JFNK 统一耦合计算平台 NEM_JFNK,实现了耦合系统的高效联立求解。

首先,将粗网节块展开法从反应堆物理推广到反应堆热工计算,开发了物理热工耦合模型的通用节块展开法。由于对流扩散问题的重要性和特殊性,通过详细的精度、稳定性、数值耗散特性分析,表明 3 阶和 4 阶展开的通用节块展开法的计算精度优于目前流行的二阶迎风格式和 QUICK 格式,同时考虑到特殊情况下可能出现的数值振荡和假扩散现象,专门开发了广义节块展开法和新高阶矩节块展开法,从而保证采用改进后的节块展开法求解各个物理模型的高效性和精确性。

其次,分析并解决了节块展开法统一求解耦合系统出现的新问题,包括耦合源项高阶信息传递、压力和速度场耦合处理、时间项处理等,最终在节块展开法的统一离散框架下,成功实现粗网格下耦合系统的高精度求解,减少了求解规模。其中,各个耦合源项之间高阶信息传递的实现,有效地提高了耦合问题的计算精度和效率,因而开发了适用于物理热工耦合模型统一求解的时间-空间全横向积分的广义节块展开法。

最后,在采用节块展开法统一求解耦合模型的离散框架下,开发了基于节块展开法的 JFNK 耦合求解平台 NEM_JFNK。采用新开发的局部消去技术、线性和非线性预处理技术、全局收敛技术，减小了问题求解的规模、提高了 Krylov 子空间的计算效率并改善了 Newton 步的局部收敛特性。数值实验表明：相比于传统的耦合方法，NEM_JFNK 联立求解耦合系统具有更高的计算精度和收敛特性，尤其在精度要求比较高的情况下，NEM_JFNK 的数值特性更加占优。

关键词：高温堆；Jacobian-Free Newton Krylov；节块展开法；耦合系统；联立求解

Abstract

The high temperature gas cooled reactor (HTR) power plant is a large-scale, complicated and tight-coupled nonlinear system with multiphysics, multi-loops, even with multiple nuclear steam supplying system modules. Up to now, the traditional fixed-point iteration method is typically used for most HTR coupled calculation analysis codes. However, the fixed-point iteration method can't ensure the convergence and efficiency and even fails to converge for some complicated and tight-coupled problems. In addition, the current HTR analysis code is normally based on finite volume methods or finite difference methods, which requires the fine mesh size in order to achieve the desired precision and to ensure the calculation stability, and thus the efficiency is very poor for the large-scale and multi-dimensional problems.

In order to ensure the convergence, accuracy and efficiency for the large-scale, complicated, tight-coupled HTR systems, the Nodal Expansion Method (NEM) and Jacobian-Free Newton Krylov (JFNK) are investigated, improved and combined. The new code, named as NEM_JFNK, is successfully developed and can simultaneously solve the HTR coupled problems by taking the advantages of the efficient coarse NEM and JFNK.

The NEM is firstly extended to the thermal hydraulics calculation from the reactor physics filed. The unified NEM is developed and can be applied to all the governing equations of the neutronics/thermal hydraulics coupled problems involved in the book. Due to the importance and specificity of the convective diffusion equation (CDE), the accuracy, stability and numerical diffusion properties of the unified NEM for the CDE are studied through the theoretical and numerical analysis. The results show that the accuracy of the unified NEM with three or four order basis functions is superior to that of second order upwind scheme and QUICK scheme. However, the unphysical oscillation behavior and false diffusion are discovered for the unified NEM in some numerical results. In order to solve these problems, a general nodal expansion method (GNEM) and a new nodal expansion method with high-order moments (NEM_HM) are successfully developed to reduce the unphysical oscillation and false diffusion drawback of the unified NEM. By using GNEM and NEM_HM, the high efficiency and accuracy of unified NEM can be ensured for different governing equations.

To develop the nodal expansion method for neutronics/thermal hydraulics coupled problems, the new technology challenges are researched like how to transfer the high-order information between the coupled terms, the coupled treatment between the pressure and velocity fields in the porous media model, time discretization for the coupled systems and so on. After that, the unified discrete framework of NEM is developed and the numerical solutions of the neutronics/thermal hydraulics coupled problems successfully achieve the high accuracy on the coarse meshes. The calculation scales of coupled problems are greatly reduced. In addition, the realization of the high-order information transfer between the coupled terms effectively improve the numerical accuracy of coupled problems, and also the full time-space transverse integral general nodal expansion method is developed for the simultaneous solutions of the neutronics/thermal hydraulics coupled problems.

To ensure the convergence and efficiency, the unified discrete framework of NEM is integrated into the calculation framework of JFNK. Finally the new coupled methods —NEM_JFNK are successfully developed for neutronics/thermal hydraulics coupled problems. The new developed elimination methods, linear and nonlinear preconditioning methods, global convergence methods are also developed, which can effectively reduce calculation scales, improve the efficiency of Krylov method and the convergence property of Newton's iterative steps. Numerical results show that the new coupled methods—NEM_JFNK have higher accuracy and faster convergence rate. In the case of the higher precision requirement, the advantages are more obvious.

Key words: High Temperature Gas Cooled Reactor; Jacobian-Free Newton Krylov; Nodal Expansion Method; Coupled System; Simultaneous Solution

目 录

Contents

第1章 绪 论

1.1 研究背景和意义

核电站系统是一个包含多个物理过程、多个回路、多个子系统的庞大系统,且各个物理场、系统和回路之间相互影响,相互关联,最终交织成一个非常复杂的耦合网络。回路和系统包括反应堆系统,一回路管路系统,蒸汽发生器一、二次侧回路,余热排出系统,蒸汽发电回路等,而涉及的物理场又包括反应堆中子通量场,堆芯燃料温度场,慢化剂温度场,冷却剂速度场、压力场、温度场,各个反应堆结构的应变场,蒸汽发生器一、二次侧回路的流量场、温度场等,且各个物理场通过热量传递和物性参数紧密耦合在一起。例如:中子通量场为反应堆提供核功率,将热量传递给燃料的温度场,而燃料的温度场又通过影响中子通量场的反应截面影响中子通量场核功率的产生;一回路管路系统及蒸汽发生器一次侧流场分布和温度场分布取决于反应堆的核功率、蒸汽发生器二次侧的给水流量、温度等。此外,不同的物理过程、不同的回路系统随着时间变化的快慢程度也不相同,例如:中子通量场是一个快速变化的过程,而燃料或者慢化剂的温度场则是一个变化相对缓慢的过程。因此,核电站系统是一个多物理场、多回路、多尺度耦合类型共存的复杂、非线性、多维、耦合系统。

目前中国正在研发的模块式球床高温气冷堆(以下简称"高温堆")作为新一代先进堆型之一,其对应的核电系统同样是多物理场、多回路、多尺度耦合类型共存的复杂系统,但同时也具有很多自身的特殊性。以模块式高温气冷堆核电站(HTR-PM)示范工程为例[1-2],高温堆堆芯出入口温差达到500℃,堆芯温度变化大,使得堆内物性参数变化更加剧烈,导致各个物理场之间的非线性耦合更强;采用的直流蒸汽发生器,相比于压水堆中采用的自然循环蒸汽发生器,具有更快速的响应,从而使一、二回路之间的耦合更加紧密;燃料元件采用全陶瓷型包覆颗粒随机弥散在石墨基体的球型元件,且采用燃料球多次通过堆芯的在线换料方式[3],使得在同一空间区域内需要同时计算包覆颗粒、燃料球内部石墨基体及固体球床这样一个多空间尺度的温度分布。此外,HTR-PM 采用了"两堆带一机"的运行模式[2],即两个核蒸汽供应系统共用一套发电系统,每个核蒸汽供应系统又包含一个反应堆系统和蒸汽发生器模块,这就使得核电系统之间的耦合更加复杂,再加上目前正在研究的"六堆带一机"的运行模式,如此复杂的耦合系统,无疑给高温堆系统的模拟带来了新的挑战。

无论是目前流行的压水堆,还是新一代先进堆型的高温堆,现有的设计和安全分析程序通常采用固定点迭代的思路对复杂的核电站耦合系统进行求解。具体来说,就是将相互耦合的复杂问题分解为多个子物理场或者多个子问题,对其单独求解,通过界面传递边界条件或者耦合参数的形式,最终达到耦合计算的目的。而这样的处理通常弱化了各个物理场之间的耦合作用,存在计算精度和计算效率低,尤其是收敛性无法得到保证等问题[4-5],从而使固定点迭代处理思路目前仅仅能够实现少数几个物理场或者少数几个子系统的耦合求解,很难推广到大型复杂耦合系统,尤其是整个核电站耦合系统。此外,采用现有分析程序对不同的物理场进行计算时,采用不同的离散格式,使得各个物理场之间的网格划分不同,从而导致各个物理场之间离散变量的传递需要复杂网格映射关系[6],比如:中子通量场通常采用粗网节块法,网格划分比较粗;而温度场通常采用有限体积法离散,网格划分相对比较细,这就使得两个物理场之间需要在粗网和细网之间进行反复的映射,且网格映射关系的选取是否合理将严重影响耦合系统的求解精度。

随着核安全性、经济性设计要求的提高,核电领域希望通过高性能计算、先进的数值计算方法和高精度的模型等,更加精确、快速、真实地模拟复杂核电站耦合系统的运行状况,揭示更多现象的本质,尽可能避免使用依据过去的经验和保守假设等设计思路,从而能够确切地预测和提高核反应堆的安全性、可靠性和经济性。现有耦合计算方法存在的种种问题使得实现上述目标的核心任务之一是需要探索和建立能够适用于求解多物理场、多回路、多尺度耦合类型共存的复杂、非线性、多维、耦合系统的统一框架。目前美国已经开展了相应的研究计划,进行压水堆核电耦合系统求解方法的探索[7-8]。而针对特殊的高温堆核电系统,如何建立一个统一的求解框架,实现整个高温堆核电耦合系统的高效、精确求解,也同样需要探索和研究,目前还没有成功的先例。

为了得到高效、精确的高温堆统一求解框架,需保证各个物理场具有高精度的离散格式、耦合求解方法具有强壮的收敛特性,以及数值求解器具有高效性。目前高温堆安全分析程序采用有限体积或者有限差分离散方法,对于全堆精细计算来说,为了保证计算精度和离散格式的稳定性,需要尺寸相对小的计算网格,这就意味着计算规模会非常大,尤其是对于整个多维复杂核电耦合系统这样一个大规模的高精度计算,其计算量将大大增加,计算精度和效率将会成为新的挑战。因此,需要探索和开发更高精度的离散格式。本书选取的高精度离散格式为节块展开法[9],这主要是由于该方法已在反应堆物理上得到了广泛应用,可以在大网格下实现高精度,其计算精度和效率优于传统的有限差分和有限体积方法。因此本书希望将反应堆物理中高效的节块展开法推广到反应堆热工计算,最终实现节块展开法在粗网下统一、高效地求解高温堆物理-热工耦合问题的目标。这样就可以在保证计算精度的前提下,加粗网格,从根本上减少耦合问题的求解规模,从而提高计算效率;同时也可在原有的网格划分下,得到更准确的数值解,从而获得更多的耦合信息。此外,为了保证耦合求解方法的强收敛性和数值求解器的高效性,本书在节块展开法高精度的离散格式下,采用了目前非常有潜力的耦合计算方法 JFNK,相比于传统固定点迭代耦合计算方法,它具有更好的收敛特性和更高的计算效率[10]。

综上所述,本书研究的核心是将高效、精确的节块展开法由反应堆物理计算推广到反应堆热工计算,实现节块展开法在粗网下统一、高效求解物理-热工耦合问题的目标,之后将节块展开法和 JFNK 结合,在统一的高精度离散格式——节块展开法下,开发基于节块展开法的 JFNK 统一耦合求解框架,从收敛性、计算精度、计算效率三个方面整体出发,保证复杂耦合系统求解的高效性和精确性。

本书的意义主要体现在:①为了实现整个高温堆核电耦合系统的高效、精确求解,能够确切地预测和提高高温堆的安全性、可靠性和经济性,本书致力于探索和开发一种能够适用于高温堆复杂耦合系统求解,并具有高精度、高效率、强收敛性的统一求解框架,为以后实际高温堆系统的统一求解提供理论依据和方法基础;②本书研究的 JFNK 方法、节块展开法求解耦合系统的研究均在探索阶段。虽然节块展开法求解反应堆物理计算相对比较成熟,但关于节块展开法求解热工问题的研究非常少,其中存在的问题和关键技术需要进一步探索。此外,将 JFNK 方法和节块展开法有机结合,开发基于节块展开法的 JFNK 方法,联立求解耦合系统的研究,目前尚未在国内外见到公开的报道,其中存在的关键问题和挑战需要进行深入的探索。本书将对上述问题进行详细的分析,力求填补该方面的空白。

1.2　国内外研究现状

1.2.1　高温堆耦合系统求解的研究现状

目前高温堆耦合系统的计算分析程序主要针对少数几个特定的子系统或者物理场进行模拟。计算程序核心考虑的系统和物理场,采用相对精确的模型和计算方法,与之关联耦合的其他系统和物理场则采用非常简化的模型,甚至通过设定保守边界条件的方式忽略其他系统和物理场的耦合影响。同时这些耦合系统分析程序通常采用固定点迭代的思路对各个物理场进行求解,具体而言,就是将相互耦合的问题分解为多个子物理场或者子问题,针对各个子物理场或子问题分别单独求解,之后通过界面传递边界条件或者耦合信息的形式,最终达到耦合计算的目的。上述处理思路通常导致高温堆耦合系统的计算精度低、计算效率差,尤其是耦合方法收敛性无法得到保证等问题。接下来将详细分析目前高温堆耦合系统分析程序的计算思路和存在的问题。

球床式高温堆分析计算程序通常采用 20 世纪 80 年代德国于利希研究中心开发的稳态物理设计程序 V. S. O. P.、系统分析程序 THERMIX、物理热工耦合的瞬态分析程序 TINTE。其中,V. S. O. P. 主要用于球床式高温堆的物理设计,可以进行能谱计算、共振处理、截面加工、燃耗计算等;中子场采用细网有限差分计算稳态二维或三维中子扩散方程得到;热工部分采用 THERMIX-KONVEK 模块计算(类似系统分析程序 THERMIX 中的模块),用以考虑温度的反馈效应,但该方法仅仅考虑了堆芯部分的热工计算,未考虑一回路系统等其他部分[11]。

系统分析程序 THERMIX 主要用于高温堆一回路系统的热工水力计算,已获得德国国家核安全管理当局和中国国家核安全局认证,作为高温堆主要的安全分析程序之一。THERMIX 程序主要包括:堆芯物理计算模块 KINEX、堆芯流体温度和流场计算模块 KONVEK、固相温度计算模块 THERMIX、回路管网计算模块 KISMET,以及蒸汽发生器计算模块 BLAST。各个模块均以子函数的形式存在,两两之间可以相互调用[12-14]。其中,堆芯物理计算模块 KINEX 采用了简化的点堆中子动力学模型,并没有考虑中子的空间效应,无法精确模拟中子通量在堆芯不同区域的具体分布,从而限制了 THERMIX 程序的计算精度。

堆芯流体温度和流场计算模块 KONVEK 采用了准稳态的多孔介质耦合模型,并采用有限体积法进行格式离散。这主要是由于高温堆冷却剂氦气的密度小,流动惯性小,对流动的响应快,在非常短的时间内即可得到新的平衡状态。此外,KONVEK 模块在计算时,将堆芯分为 5 种不同结构的流动区,分别为球床区、空腔区、一维竖管流动区、换热器区和不流动区,各个区域结构分别单独求解,之后通过各个区域的边界相互交换信息,反复迭代,直到收敛。而这样分区域迭代的求解过程严重影响了流场的计算效率和计算精度。这主要是由于压力场和速度场具有非常强的非线性耦合关系,尤其是高温堆的氦气流场模型,氦气的密度小,压力的微小变化将会导致氦气速度产生较大变化。因此,压力场的收敛精度将严重影响速度场的精度。采用分区域迭代思路时,当迭代矩阵的谱半径接近或者大于 1 时,就可能导致压力场收敛速度慢或者产生不收敛现象,使得压力场的求解精度无法得到保证,有可能引起速度场的不收敛,最终导致整个氦气流场的不收敛[15]。

固相温度计算模块 THERMIX 采用二维瞬态多孔介质固体导热模型,离散方法同样采用有限体积法,之后采用超松弛的 Gauss-Seidel 迭代求解离散后的线性方程组。燃料球温度分布采用一维瞬态固体导热模型,且堆芯内各个燃料球具有相同的燃耗状态,但并没有区分不同燃耗状态下各个燃料球的温度分布。回路管网计算模块 KISMET 中流体温度和流场采用的是一维的准稳态模型,通过节点和部件的形式,将一回路管路系统、蒸汽发生器、氦气风机等部件构成一个流体网络,采用流网的计算方法分别得到各个支路的流场和温度分布,流网形成的线性方程组也采用超松弛的 Gauss-Seidel 迭代求解。KISMET 模块与 KONVEK 模块、蒸汽发生器模块 BLAST 通过在边界处交换信息的形式达到耦合计算的目的,且系统分析程序 THERMIX 各个物理场、各个计算模块均通过边界交换信息和反复迭代的方法实现各个系统的耦合求解,即传统的固定点迭代思路。

TINTE 程序相比于 THERMIX 程序,具有更强大的瞬态物理热工耦合计算能力[16-18]。中子场计算采用了二维瞬态的中子扩散方程,充分考虑了中子通量在堆芯的空间分布,中子场的计算模型更加精确;由于压力场和速度场之间非常强的非线性耦合关系,TINTE 程序将堆芯内各个区域

（如球床区、空腔区、一维竖管流动区、换热器区）和一回路系统组成的流体网络中的各个节点对应的压力场联立，建立一个大矩阵，统一全局求解，从而避免由于多区域反复迭代计算带来的收敛速度慢或者不收敛问题，有效地保证了流场计算的效率和精度。此外，TINTE 采用了更加精确的衰变热模型，可以精确地给出堆芯的核功率；区分了堆芯不同区域对应的不同燃耗状态的燃料球，可以得到堆芯内更精确的燃料球内温度分布；增加了化学腐蚀模块，可以进行进水、进气事故的分析；内置了核截面产生模块，增加了用于复杂运行方式的控制模块，使用了更加强大的数值求解方法等。然而耦合系统的求解，即中子场、温度场、流场、化学腐蚀之间的耦合求解，与 THERMIX 程序处理思路一致，同样采用了固定点迭代的思路，且蒸汽发生器模型比 THERMIX 更加简化，仅仅建立了蒸汽发生器一次侧的简化模型。

　　为了提高高温堆物理热工耦合系统的求解精度，一些研究机构进行了相应的改进工作。由于高温堆系统分析程序 THERMIX 中热工计算部分得到了大量实验和工程验证，而中子学模块采用了简化的点堆动力学模块。因此很多研究机构将更高精度的中子学程序与系统分析程序 THERMIX 进行耦合。荷兰核研究与咨询公司（NRG）将三维、节块法离散的中子扩散计算程序 PANTHER 与 THERMIX/DIREKT 程序耦合，开发了 PANTHERMIX 程序，两者之间通过程序界面或边界条件进行耦合，也是传统的固定点迭代。此外，由于 PANTHER 程序仅仅能够针对矩形几何和六角形几何进行计算，其用三维六角形几何来近似处理高温堆的 R-Z 圆柱几何，其中，THERMIX/DIREKT 是高温堆 V. S. O. P. 中 THERMIX-KONVEK 模块的改进版本[19]。宾夕法尼亚大学采用三维节块展开法离散的中子扩散程序 NEM，在圆柱几何模型下与 THERMIX/DIREKT 进行耦合，在特定的温度下通过开发的温度和能谱的反馈模块得到对应的各个宏观的反应截面，传递给 NEM 程序用于堆芯的核功率计算，之后将 NEM 得到的核功率传递给 THERMIX/DIREKT，得到相应的热工数据，反复循环迭代，由此可见，两个程序同样是基于传统的固定点迭代耦合方法[20]。之后，宾夕法尼亚大学又将二维中子输运程序 DORT-TD 与 THERMIX/DIREKT 耦合[21]。普渡大学使用三维粗网有限差分离散的中子扩散程序 PARCS，在圆柱几何模型下与 THERMIX/DIREKT 进行耦合，两个程序通过自动网格映射实现变量传递，耦合方法为传统的固定点迭代[22]，之后 Volkan S 将 THERMIX/DIREKT 替换为三维的多孔介质求解程序

AGREE[23]。美国爱达荷国家实验室（Idaho National Laboratory，INL）将二维圆柱几何、采用粗网有限差分离散格式的中子扩散程序 CYNOD 与 THERMIX/KONVEK 耦合，对 Dodds 弹棒事故进行了计算[24]；荷兰代尔夫特大学将三维圆柱几何、采用有限体积离散格式的中子扩散程序 DALTON 与 THERMIX/DIREKT 耦合，但使用的是 DALTON 的二维计算模块[25]。以上耦合系统求解方法都是采用传统的固定点迭代思路，各个程序之间需要进行反复迭代。

为了将 TINTE 程序推广到三维，德国于利希研究中心在 TINTE 原有固定点迭代的基础上开发了三维计算程序 MGT-3D，计算精度明显提高，但是计算效率和收敛特性无法得到保证。德国斯图加特大学核能与能源系统研究所在 THERMIX 程序的基础上，开发了三维瞬态热工分析程序 TH3D[26]，其中子场采用的仍是点堆动力学程序。之后 TH3D 成为了目前的计算程序 ATTICA3D，将其与三维的中子输运程序 TORT-TD 耦合，实现了物理热工三维计算模拟，两个程序采用共用界面的形式，实现数据交换和反复迭代过程[27]。但上述耦合系统的求解仅仅局限于高温堆一回路系统，并没有实现更多系统的耦合。基于此，2011 年清华大学核能与新能源技术研究院（以下简称"核研院"）李富课题组采用等效部件的方法，实现了 TINTE 程序、蒸汽发生器程序 BLAST、余热排出系统程序 RHRS 之间的耦合计算，开发了 TINTE/BLAST/RHRS 耦合程序[28]，耦合方法同样为传统的固定点迭代。

由以上分析可知：上述程序的耦合使得各个物理场的计算模型更加精确，空间刻画能力更强。然而各个物理场和子系统之间的耦合求解仍然延续传统的固定点迭代思路，通过边界实现数据交换和反复迭代过程，其计算效率和收敛性无法得到保证，且仅仅有一阶收敛速度，很难推广到大型复杂耦合系统的求解，尤其是整个核电站耦合系统。近年来，随着计算能力的提高，国内外研究机构开始尝试使用更加高效的耦合计算方法 JFNK 进行高温堆耦合系统的求解，其基本思路是将耦合系统内的所有变量通过 Newton 方法联立隐式求解，同步更新，相比于传统的固定点迭代方法，具有更好的收敛特性。Krylov 目前已经成为求解大型稀疏线性方程组的主流方法，可以充分保证线性方程组的求解效率，而 Jacobian-Free 技术的巧妙使用，避免了 Newton 步中 Jacobian 矩阵的建立，从而在保证计算精度的同时，大大提高了 Newton 方法的计算效率[10]。目前美国已经开展的轻水堆先进仿真联盟（The Consortium for Advanced Simulation of Light Water

Reactors,CASL)研究计划,正在尝试使用 JFNK 方法进行压水堆核电耦合系统整体求解的探索[7],而针对高温堆的 JFNK 研究相对较少。2009 年美国爱达荷国家实验室基于多物理场耦合通用平台 MOOSE(multiphysics object-oriented simulation environment)开发了球床高温堆程序 PRONGHORN,空间采用有限元离散方法。一些简化的物理热工耦合模型的计算结果表明:JFNK 的收敛速率明显优于传统的固定点迭代的收敛速率,且计算效率是传统固定点迭代效率的 6～8.7 倍[29-30],目前 PRONGHORN 仅仅能够针对高温堆的简化模型进行计算,更复杂真实的问题,需要进一步完善。2015年清华大学核研院的李富课题组基于高温堆计算程序 TINTE 和 JFNK 方法,开发出了 TINTE_JFNK 程序,实现了 JFNK 方法求解真实的高温堆问题[31],目前正在针对 JFNK 求解高温堆多回路、多模块耦合系统进行探索和研究。

表 1-1 给出了针对高温堆耦合系统开发的不同耦合程序的计算模型、离散格式和耦合方法。由表 1-1 可知,高温堆耦合系统求解正在向着更高精度、更高效率、具有更复杂耦合系统求解能力的方向发展。然而随着需要求解的高温堆核电耦合系统复杂度的增加,如何建立一个统一的求解框架,实现整个高温堆核电耦合系统的高效、精确求解,目前还没有成功的先例,还需要不断探索和研究。因此,清华大学核研院的李富课题组正致力于开发联立高效求解整个高温堆核电耦合系统的方法。为了高效、精确地求解复杂的高温堆耦合系统,需保证各个物理场具有高精度的离散格式、耦合求解方法具有很强的收敛特性和高效的数值求解器,而本书就致力于探索和开发一种适用于复杂耦合问题求解,且离散格式精度高、收敛特性强、计算效率高的耦合计算平台,为以后实际高温堆耦合系统的统一求解建立理论依据和方法基础。

1.2.2　JFNK 求解耦合系统研究现状

根据 1.2.1 节的调研情况和作者所在的李富课题组开发的 TINTE_JFNK 程序求解真实高温堆问题的初步研究成果得出:JFNK 相比于传统的固定点迭代,具有更强壮的收敛特性,对于推广到大型复杂耦合系统的求解,尤其是整个核电站耦合系统求解具有非常大的潜力,在保证复杂耦合问题的收敛性方面更具优势。因此,接下来针对 JFNK 求解耦合系统的研究现状进行分析和总结。

表 1-1　高温堆耦合程序计算模型及耦合方法

耦合程序	物理计算		热工计算		耦合方法
	模型	离散	多孔介质模型	离散	
THERMIX	点堆动力学	—	二维圆柱	有限体积	固定点迭代
TINTE	二维扩散(六角形)	有限差分(泄漏迭代)[32]	二维圆柱	有限体积	固定点迭代
PANTHER+THERMIX	三维扩散(圆柱)	节块法	二维圆柱	有限体积	固定点迭代
NEM+THERMIX	三维扩散(圆柱)	节块展开法	二维圆柱	有限体积	固定点迭代
DORT-TD+THERMIX	二维输运(圆柱)	SN+有限体积	二维圆柱	有限体积	固定点迭代
PARCS+THERMIX	三维扩散(圆柱)	粗网有限差分	二维圆柱	有限体积	固定点迭代
PARCS+AGREE	三维扩散(圆柱)	细网有限差分	二维圆柱	有限体积	固定点迭代
CYNOD+THERMIX	二维扩散(圆柱)	粗网有限差分	二维圆柱	有限体积	固定点迭代
DALTON+THERMIX	二维扩散(圆柱)	有限体积	三维圆柱	有限体积	固定点迭代
MGT-3D	三维扩散(圆柱)	有限差分(泄漏迭代)	三维圆柱	有限差分(泄漏迭代)	固定点迭代
TH3D(ATTICA³ᴰ)	点堆动力学	—	三维圆柱	有限体积	固定点迭代
TORT-TD+ATTICA³ᴰ	三维输运(圆柱)	SN+有限体积	三维圆柱	有限体积	固定点迭代
TINTE+BLAST+RHRS	二维扩散(圆柱)	有限差分	—	—	固定点迭代
PRONGHORN	三维扩散(圆柱)	有限元	三维圆柱	有限元	JFNK
TINTE_JFNK	二维扩散(圆柱)	有限体积	二维圆柱	有限体积	JFNK

JFNK 方法是 Newton 方法、Krylov 子空间方法和 Jacobian-Free 三种技术的组合。Newton 方法是高效的非线性求解器,具有局部二阶收敛速度,复杂的耦合系统通过 Newton 步处理后形成一系列局部线性化的方程组。对于复杂的耦合系统,局部线性化方程组往往形成的是一个大规模的稀疏矩阵,同时 Newton 步的局部线性化过程中需要建立 Jacobian 矩阵,而 Jacobian 矩阵的构造将非常的耗时、耗内存,有时甚至根本给不出 Jacobian 矩阵。而针对局部线性化方程组为大规模的稀疏矩阵问题,为了保证计算效率,JFNK 方法采用了目前的主流方法——Krylov 子空间方法,同时由于 Krylov 子空间求解线性方程组仅仅需要 Jacobian 矩阵与向量乘积的结果,而并不需要 Jacobian 矩阵本身,为了避免在 Newton 步中构造 Jacobian 矩阵,JFNK 采用残差方程的有限差分近似处理 Jacobian 矩阵与向量乘积的结果。这样就巧妙地解决了大规模的稀疏矩阵求解和 Jacobian 矩阵建立的问题。因此,JFNK 在保证耦合系统的强收敛特性的情况下,有效地提高了求解效率[10]。而 Krylov 子空间求解线性方程组时,通常需要匹配高效的预处理技术,提高 Krylov 子空间收敛速率,否则 Krylov 子空间的各个基向量会随着迭代次数的增加失去正交性,从而影响 Krylov 子空间的收敛特性[33]。

Gill D F[34] 利用 JFNK 方法分别针对中子扩散方程和中子输运方程的 k 本征值问题进行了详细研究。传统的 k 本征值计算方法通常采用幂迭代的思路,经过中子通量的反复迭代计算得到。而 JFNK 方法需要将 k 本征值和中子通量均视为待求量,同步更新计算。对于中子扩散方程,采用有限体积法进行离散,计算结果表明:采用基于幂迭代预处理的 JFNK 计算效率优于 Chebyshev 加速的幂迭代方法,且 JFNK 方法的收敛特性和计算效率对 Krylov 子空间的收敛准则非常敏感,而 JFNK 初始值的选取、Jacobian-Free 技术差分步长的选取对 JFNK 方法的收敛特性和计算效率影响不大;对于中子输运方程,采用 SN 方法离散角度、有限体积法离散空间,计算结果表明:JFNK 方法计算的扫描迭代次数相比于传统方法减少了 5 倍,但 JFNK 方法在求解中子输运方程时,对初始值的选取非常敏感,当初始值的选取不合理时,计算结果可能不收敛或者收敛到非基态解。此外 Knoll D A[35] 和 Mahadevana V[36] 分别针对 JFNK 求解中子扩散方程的预处理和初值的选取进行了研究,相比于传统的计算方法,JFNK 的计算效率实现了不同程度的加速。

Mousseau V A 分别针对简化压水堆热工耦合模型[37]和物理热工耦合

模型[38-39]研究了 JFNK 的数值特性。热工模型采用了一维六方程的两相流模型、二维固体导热模型；而物理模型采用了二维瞬态单群中子扩散方程和一组缓发中子模型；采用了基于物理的预处理技术，即通过传统固定点迭代框架实现了预处理矩阵的构造。计算结果表明：虽然每个时间步 JFNK 的计算时间大于传统的固定点迭代方法，但是由于 JFNK 没有时间步长稳定性限制，且 JFNK 在大时间步长下即可获得高精度，因此 JFNK 的时间步长相对较大，最终导致 JFNK 相比于传统的固定点迭代方法，具有更高的计算精度和计算效率。为了提高离散格式的精度，Park H[40]尝试采用高精度的不连续 Galerkin 有限元替代有限体积法来离散空间区域，并分别针对一维、二维纳维-斯托克斯（Navier-Stokes）模型和二维空腔驱动流模型进行了计算，在 JFNK 框架下实现了空间的高精度离散。之后 Park H 利用基于有限元离散格式和 JFNK 开发的球床高温堆程序 PRONGHORN 对高温堆的简化模型进行了计算，相比于传统的固定点迭代方法，计算效率提高了 $6 \sim 8.7$ 倍[29-30]。清华大学核研院基于有限体积法的离散格式，使用 JFNK 对高温堆简化模型进行了计算[31]，计算结果表明：JFNK 方法相比于传统固定点迭代，计算效率提高了 $2.7 \sim 5.3$ 倍。为了不显式构造预处理矩阵，充分利用了原有固定点迭代方法的耦合计算程序。许云林[41]开发了基于非线性预处理的 JFNK 方法，从而避免了预处理矩阵和残差方程的显式建立，并实现了"黑箱"耦合。Gan J[42]在许云林研究的基础上，将基于非线性预处理的 JFNK 方法用于目前成熟的程序 TRAC-M/PARCS，并针对 OECD 主蒸汽管道破裂事故进行了分析，计算效率仅为传统耦合方法的 1/5。清华大学核研院基于目前高温堆主流分析程序 TINTE，使用基于非线性预处理的 JFNK 方法对高温堆真实模型进行了计算[31]，显示了非常好的收敛特性和计算精度，但计算效率为原 TINTE 的 1/2.7。由此可见：JFNK 对于简单的耦合问题，有非常好的计算效果，而针对真实复杂的反应堆系统，还存在挑战。

近年来，由于美国 CASL 计划的支持，JFNK 方法在压水堆耦合平台的建立过程中进行了一系列的研究，其中具有代表性的平台包括：KARMA，LIME，MOOSE。

KARMA(c(k)ode for accident and reactor modeling analysis)是由美国得克萨斯州农工大学开发的全隐式多物理场耦合瞬态计算平台[43-44]，其采用了目前主流的高性能大规模科学计算求解器 PETSc（portable，extensible toolkit for scientific computation)[45]；空间网格离散使用有限

元方法离散库 LibMesh[46]，可以实现基于拉格朗日基函数的连续有限元方法和基于勒让德基函数的不连续有限元方法；时间变量可以采用不同的 RK(Runge-Kutta)方法，并且可以实现自适应时间步长，比如：不同阶显式 RK(explicit RK)、对角隐式 RK(diagonally implicit RK)和将要实现的全隐式 RK(fully implicit RK)等，网格划分工具采用开源的三维有限元网格划分软件 Gmsh[47] 等。KARMA 平台可实现传统的固定点迭代方法和 JFNK 方法，并开发了相应的预处理技术。

　　LIME(lightweight integrating multi-physics environment for coupling codes)平台最早是由桑迪亚国家实验室(Sandia National Laboratories, SNL) 负责的 LDRD (Laboratory Directed Research and Development Program)开发的耦合计算平台，目前由 CASL 计划资助，作为将来复杂核电系统求解的耦合计算平台，在 2011 年就已经推出 LIME1.0 版本[4-6]。LIME 平台尤其适合将各个物理场和子系统现有的成熟计算程序通过 LIME 平台紧耦合在一起，进行全局隐式求解，从而实现复杂核电耦合系统的统一求解。具体来说，LIME 平台中的 Model Evaluator 模块可对每个物理场单独计算，之后为 Problem Manager 模块提供全局求解所需的各个变量，Problem Manager 模块利用另外一个高性能大规模科学计算求解器 Trilinos[48]，可实现传统固定点迭代、JFNK、非线性消去的 JFNK 等方法，对整个耦合系统进行全局求解。目前基于 LIME 耦合平台建立了快堆的安全分析程序 BRISC[6]。

　　MOOSE 平台是由美国爱达荷国家实验室基于 JFNK 方法开发的面向对象的多物理场耦合的通用平台[49-50]。其同样采用了有限元方法离散库 LibMesh，可实现不同有限元方法对空间进行离散，可以随意调用高性能大规模科学计算求解器 PETSc 和 Trilinos，也同样内置了空间和时间的自适应技术。重要的是 MOOSE 平台采用了模块化设计，将各个物理场设计为不同的计算模块，且每个物理场模块中又由边界条件模块、物理模型模块、材料属性模块、Krylov 子空间的预处理模块等组成，这些模块的设计使得基于 MOOSE 平台开发核电系统分析工具变得更加容易。目前基于 MOOSE 平台已经开发了多个程序，比如：多群中子输运方程求解程序 Rattle snake[51]、反应堆核燃料性能分析程序 BISON[52-53]、简化的高温堆物理热工耦合程序 PRONGHORN[29]，以及目前正在开发的 RELAP7 程序[54]等，而 MOOSE 平台也在进一步的完善和开发中。

　　综上所述，JFNK 方法对于联立统一求解复杂核电耦合系统，是一个非常有潜力的方法,其数值特性也得到了很好的验证。针对简化的物理热工耦合系统,JFNK 方法的计算效率远远优于传统的固定点迭代方法。然而,对于复杂、真实的核电耦合系统,JFNK 方法的计算效率目前仍然差于传统的固定点迭代,计算效率有待提高。同时,目前 JFNK 的研究主要针对堆芯和一回路,还没有扩展到复杂的多回路,甚至多模块系统。此外,目前 JFNK 方法主要针对压水堆模型进行研究,对高温堆模型的特殊性缺乏研究。因此,需要开发适用于高温堆复杂耦合系统求解的 JFNK方法。

1.2.3　节块法的研究现状

节块法相比于传统的有限差分法或有限体积法,可以在较大的网格下实现高精度,因而可以在保证计算精度的同时,大大提高计算效率,近年来已经成为了反应堆物理计算的主流程序。节块法最早被提出是为了充分利用有限差分方法和有限元法各自的优势。具体地说,为了提高数值离散的精度,每个离散节块内采用一系列特定基函数展开,这借鉴了有限元的思路;同时希望最终形成的系数矩阵尽可能地像有限差分一样稀疏,以便高效求解,因为有限元方法随着展开阶数的增加,最终形成的系数矩阵相对于有限差分更加稠密[55]。因此,在网格划分相对规则的情况下,节块方法采取一定的约束条件,消去其中的展开系数,使得其形成的系数矩阵尽可能稀疏。随着节块方法的不断发展,目前在反应堆物理计算中的主要节块法包括节块展开法[9]、节块格林函数法[56]、解析节块法[57]、半解析节块法[58]等。为了满足类似高温堆这样的圆柱几何下的反应堆物理计算,近年来开发了无须横向积分的全解析函数节块展开法[59]、保角变换和解析节块法结合[60]等方法。清华大学核研院的李富课题组也成功开发了圆柱几何下高温堆物理计算的节块展开法[61]。

然而节块法在反应堆热工计算方面研究相对较少。20 世纪 80 年代,Horak W C 和 Dorning J J[62]首次尝试将节块格林函数法用于求解稳态导热和不可压缩流场问题,Azmy Y Y 和 Dorning J J[63]在节块格林函数法的基础上提出了求解热工问题的节块积分方法(nodal integral method,NIM);1988 年,Wilson G L[64]扩展节块积分方法到时间相关的流场计算,这样就初步形成了节块积分方法的计算框架。此时的节块积分方法在建立横向积分方程时,将横向积分方向的对流项和其他方向的所有导数项均移到等式的右端,也就是说,横向积分方程所求的解析解仅仅获取了扩散项的信息,而并没有考虑对流项的影响。1993 年,Esser P[65]用上述节块积分法框架求解了二维不可压缩的纳维-斯托克斯方程(Navier-Stokes equations),其中采用的方法是涡量-流函数的方法。由于对流项在反应堆热工计算中具有重要的作用,对流项的处理是否合理,将严重影响反应堆热工计算的精度。1997 年 Uddin R[66]将横向积分方向的对流项留在了等式左边,充分考虑对流项的影响,从而提出了改进的节块积分方法(modified nodal integral method,MNIM),并用于求解一维瞬态线性对流扩散方程,且改进的节块积分方法具有固有迎风特性,能够捕捉大梯度的剧烈变化。这是由于对流项留在了等式左边,当对等式左边进行局部解析求解时(并非真正意义的解析),所得的解析解中不仅包含扩散项信息,也包含对流项信息。到目前为止,上述节块积分法和改进的节块积分方法的虚源项(横向泄漏项+真实源项)均采用零阶近似处理,具有二阶计算精度。

2000 年,Michael E P E[67-68]针对对流扩散方程,将虚源项采用一阶近似处理,使得 MNIM 具有三阶空间精度,但是由于三阶空间精度的 MNIM 需要的计算变量接近于二阶空间精度 MNIM 的 2 倍,在相同的计算精度下,二阶空间精度 MNIM 的计算效率优于三阶空间精度的 MNIM,因此,二阶空间精度 MNIM(以下简称"MNIM")成为了节块积分方法研究的主要方法。同时,在相同的计算精度下,MNIM 的计算效率优于 LECUSSO(locally exact consistent upwind scheme of second order),并且 Michael E P E 将 MNIM 推广到二维稳态、瞬态不可压缩的纳维-斯托克斯方程的求解[67]。其中,时间项的处理采用了两种处理思路,一种是采用有限差分(如隐式欧拉)离散时间项,离散后的时间项与原空间项一起采用 MNIM 方法进行空间离散;另一种是将时间变量和空间变量均采用横向积分技术,分别建立时间、空间方向的横向积分方程[69]。2002 年,Wang F[70]通过显式建立压力泊松方程的形式,实现了二维、三维不可压缩瞬态纳维-斯托克斯方程的求解。同年,为了使 MNIM 方法能够处理非规则几何,Toreja A J[71]开发了有限元法与 MNIM 结合、有限解析法与 MNIM 结合两种混合方法,具体思路是将计算区域分为矩形节块和三角形节块:针对矩形节块,采用 MNIM 方法;针对三角形节块,采用有限元法或有限解析法;同时发展了自适应网格加密技术。2008 年,Singh S[72]将 MNIM 用于求 k-ε 湍流模型。2011 年,为了进一步提高 MNIM 处理复杂几何结构的能力,Huang K[73]开发了任意凸四边形网格的 MNIM 方法,并在矩形网格下实现了基于单芯片多线程 GPU 并行计算的 MNIM。2012 年,Kumar N[74]基于类似 SIMPLE (semi-implicit method for pressure-linked equations)算法实现了二维稳态纳维-斯托克斯方程的求解。2011 年,Lee K B[75] 提出了节块积分展开法,但目前仅仅能够求解一维瞬态对流扩散方程。2013 年,清华大学核研院的李富课题组成功实现了高温堆温度场的节块展开法求解,并分别开发了二维直角几何和圆柱几何下的改进节块展开法[76](modified nodal expansion method,MNEM),虚源项同样采用零阶近似处理,其基本思路是根据一维稳态常系数对流扩散方程的解析解,构造出特殊的基函数作为节块展开法的基函数。其中,时间项采用了对角隐式 RK 方法,但是由于特殊基函数的选取没有考虑时间离散后遗留下来的项,瞬态问题的求解精度有待提高。

1.3 研究内容

随着核电安全性、经济性和设计要求的提高,模拟复杂核电站耦合系统的运行状况需要更加精确、快速和真实。然而传统的耦合计算方法存在计算精度低、计算效率差,尤其是收敛性无法得到保证等问题,使其很难推广到大型复杂耦合系统的求解,尤其是整个核电站耦合系统。因此,如何建立一个统一的求解框架,实现高温堆核电复杂耦合系统的高效、精确求解具有重要意义。本书的研究目标是在高精度的离散格式——节块展开法下,开发基于节块展开法的 JFNK 统一求解框架,从收敛性、计算精度、计算效率三个方面整体出发,保证复杂耦合系统求解的高效性和精确性,为以后实际高温堆耦合系统的统一求解提供理论依据和方法基础。

1.3.1 研究思路

为了建立高效、精确的高温堆统一求解框架,需保证各个物理场具有高精度的离散格式、耦合方法具有强大的收敛特性、数值求解器具有高效性。目前 JFNK 方法相比于传统的固定点迭代方法具有更好的收敛特性和计算精度,且 Krylov 子空间是目前大型稀疏矩阵求解的主流方法,可有效地保证数值求解的高效性,对于统一求解复杂核电耦合系统是一个非常有潜力的方法。因此本书选取 JFNK 方法进行研究。

对于离散格式,高温堆计算程序,尤其是热工计算,目前采用有限体积或者有限差分离散,为了保证计算精度和格式稳定性,网格尺寸相对较小。但对于全堆精细计算,或者像整个核电系统的一个多维、复杂的耦合计算,网格数量和计算规模将会非常大。因此,需要开发更高精度的离散格式,从而增大网格尺寸,从根本上减小问题的求解规模。而节块展开法可以在粗网格下实现高精度,已在反应堆物理上得到了广泛应用。只要将节块展开法从反应堆物理推广到反应堆热工计算,并结合成熟的反应堆物理计算的节块展开法,即可实现粗网下物理热工耦合问题的统一求解;同时,统一的离散格式还可避免各个物理场由于离散格式不统一带来的种种问题。此外,选取节块展开法而没有选取其他节块方法(比如:节块积分方法)是因为作者所在课题组对节块展开法具有长期的研究经验,已成功将节块展开法用于高温堆物理计算,且经过课题的初步研究得出:节块展开法经过特定的基函数选取,可以得到与节块积分方法相同的计算精度。

因此,本书的研究核心是使用高精度的节块展开法来离散物理热工耦合问题的各个物理模型,之后在节块展开法的统一离散框架下,建立 JFNK 的求解框架,即开发基于节块展开法的 JFNK。为了达到上述目标,首先需要开发物理热工耦合模型的通用节块展开法,也就是说,开发的节块展开法应该适用于耦合模型中各个物理场的求解,比如:对流换热模型、压力泊松方程、多孔介质模型等。尤其是节块展开法求解对流问题的数值特性需要进行详细的研究,并针对出现的数值振荡或者假扩散现象提出相应的解决方案。之后就需要针对节块展开法求解耦合系统中的关键技术进行研究,比如:各个物理场之间耦合源项如何处理、非线性如何处理、压力和速度场耦合如何处理等,最终在节块展开法的统一离散框架下,实现物理热工耦合模型的求解。在此基础上,将统一离散格式的节块展开法与 JFNK 方法结合,开发基于节块展开法的 JFNK 统一耦合求解平台,从而保证复杂耦合系统求解的高效性和精确性。

1.3.2　主要工作

为了在节块展开法的统一离散框架下实现物理热工耦合模型的求解,并将节块展开法与 JFNK 方法结合,开发基于节块展开法的 JFNK 统一耦合求解平台,本书的主要工作如下:

(1) 节块展开法和 JFNK 方法求解耦合系统的核心问题和关键技术分析

本书研究的 JFNK 方法、节块展开法求解耦合系统的研究均在探索阶段。虽然节块展开法在反应堆物理计算中已经非常成熟,但用节块展开法求解热工问题的研究非常少,其中存在的问题和关键技术需要进一步探索,这也使得关于节块展开法求解物理热工耦合系统的研究更少。同时将

JFNK 方法和节块展开法结合,开发基于节块展开法的 JFNK 联立求解耦合系统的研究,目前还未看到公开的资料。因此,本书首先针对耦合系统求解的特殊性、挑战、高温堆特殊性、传统耦合方法存在的问题、JFNK 方法,以及节块展开法等进行详细的分析,在此基础上,提炼出节块展开法统一求解耦合系统,以及开发基于节块展开法的 JFNK 需要研究的核心问题和关键技术,从而确定本书的研究重点。

（2）耦合系统的通用节块展开法的开发和研究

为了实现节块展开法统一求解物理热工耦合模型,本书首先研究了物理热工耦合系统求解的通用节块展开法,使其能够适用于求解本书涉及的所有物理热工控制方程。由于对流扩散方程的特殊性和重要性,本书着重针对节块展开法求解对流问题的计算精度、稳定性和数值耗散特性进行详细的理论分析和数值验证;并针对节块展开法可能出现的数值振荡行为和假扩散现象,开发新的节块展开法,从而充分保证节块展开法求解各个物理模型具有良好的数值特性,为实现节块展开法统一求解物理热工耦合模型奠定了方法基础。

（3）节块展开法统一求解耦合系统的实现及其中的关键技术研究

在成功实现节块展开法求解书中涉及的所有单个物理模型的基础上,研究节块展开法求解多个物理场耦合系统的关键技术。分别针对耦合源项的处理,以及高阶信息传递问题,非线性处理问题,多孔介质模型压力和速度场耦合处理,物理热工耦合模型时间项的处理问题,多区域、多类型耦合并存问题的统一求解等进行了详细研究,最终实现了节块展开法统一求解稳态、瞬态和复杂耦合系统的目标,并实现了耦合源项的高阶信息传递,从而提高了耦合系统的求解精度和计算效率。

（4）基于节块展开法的 JFNK 统一耦合求解平台的开发

在节块展开法的统一离散框架下,基于实现了物理热工耦合模型的求解,将节块展开法与 JFNK 方法结合,开发基于节块展开法的 JFNK 统一耦合求解平台,从精度、效率、收敛性三个方面出发保证复杂耦合系统求解的高效性和精确性。分别针对节块展开法与 JFNK 的结合问题、残差方程的建立问题、为减少问题求解规模而开发局部消去的技术问题、为提高 Krylov 子空间收敛速率和计算效率而开发线性和非线性预处理的技术问题、为解决初值选取不合理引起的 Newton 步不收敛而开发全局收敛的技术问题进行详细分析和研究。最终实现基于节块展开法的 JFNK 统一求解耦合系统的目标。

第 2 章　节块展开法和 JFNK 求解耦合系统的核心问题分析

本书研究的 JFNK 方法、节块展开法求解耦合系统的研究均在探索阶段，而且将 JFNK 方法和节块展开法有机结合，开展基于节块展开法的 JFNK 联立求解耦合系统的研究，目前还未看到公开的资料；再加上耦合系统，尤其是高温堆耦合系统，具有自身的特殊性。因此，本章有必要针对耦合系统的特殊性、耦合问题求解的难点、传统耦合方法存在的问题和挑战等进行深入分析，并提炼出 JFNK 方法、节块展开法，以及将两者结合求解耦合系统需要研究的核心问题和关键技术。

2.1　耦合系统的特殊性分析

2.1.1　多物理场多回路相互耦合

反应堆核电系统是一个多物理场相互耦合的复杂系统。比如：中子场产生的裂变能绝大部分转化为热能，加热燃料球/燃料元件，并通过固体导热将热量传递到燃料球/燃料元件的表面，之后一回路冷却剂流过燃料球/燃料元件将热量带出堆芯，进入蒸汽发生器一次侧，并通过固体导热和对流换热作用，将热量传递到蒸汽发生器二次侧，加热给水，产生蒸汽，推动汽轮机发电。在该过程中涉及的物理场包括中子场，固体和流体温度场、压力场、速度场，且各个物理场之间相互耦合。其中，中子场为温度场直接提供热源，而温度场又影响中子场的各个反应截面，进而影响中子场为温度场提供的热源分布；压力场与速度场之间又存在非常强的非线性耦合关系，而速度的大小又直接影响了流体和流固界面的对流换热，从而影响温度场的分布，且各个热工物性参数又几乎均与温度相关。可见，各个物理场之间存在着复杂的耦合关系。

此外反应堆核电系统由反应堆堆芯、一回路管路系统、蒸汽发生器、余热排出系统、蒸汽发电系统等多个回路和模块耦合构成。反应堆堆芯的功率和温度分布受一回路冷却剂流量的影响，同时受蒸汽发生器带走热量多少的影响，而蒸汽发生器带走热量的多少又取决于一回路冷却剂流量、温度，蒸汽发生器给水流量、温度以及蒸汽发电系统的工作状态等，这些又反过来会影响堆芯的温度分布，从而影响堆芯的各个反应截面，进而影响堆芯的热功率分布。因此反应堆核电系统还是多个回路相互耦合的复杂系统，要想精确地模拟各个子系统，就需要考虑多个物理场、多回路之间的相互影响。

2.1.2　时间多尺度-空间多尺度-求解变量多尺度耦合

不同物理场、不同回路和模块之间的时间变化各不相同，且相差较大，也就是说，各个物理场具有不同的时间尺度，从而使得反应堆核电系统存在多个时间尺度相互耦合的问题，比如：由于核反应链式裂变的特点，反应堆的核功率变化很快，而固体温度的变化相对较慢，且固体材料的比热容越大，温度变化就会越慢；对于密度很小的流体，如高温堆的冷却剂氦气，其流动惯性小，对流动的响应快，而相对密度较大的水（压水堆冷却剂或蒸汽发生器二回路介质），由于其密度较大，流动响应相对较慢，但其相变过程又是快速的，且反应堆堆芯的功率、温度，蒸汽发生器的温度、流量和余热排出系统的温度、流量等系统都具有不同的时间尺度，这就给瞬态问题的求解带来了很大挑战。

同时，对于复杂耦合的反应堆核电系统，还存在不同空间尺度的耦合特征。如对于压水堆来说，其堆芯由不同燃耗的组件按照一定的排布构成，而组件由上百根燃料棒组成，燃料棒又由燃料芯块组成。因此，要想精确地模拟整个堆芯的温度分布，发现局部热点，就需要计算燃料芯块温度分布、燃料棒温度分布、组件的温度分布、整个堆芯的温度分布，之后再到整个反应堆堆体温度分布，这样就构成由燃料芯块-燃料棒-组件-堆芯-整个反应堆堆体构成的多层空间尺度的耦合问题。对于高温堆来说，反应堆堆芯由流动的燃料球构成，各个堆芯区域具有不同燃耗的燃料球，燃料球又由包覆颗粒随机弥散在石墨基体构成，且每个燃料球的内部温度分布相差较大，因此包覆颗粒温度分布-燃料球内部石墨基体温度分布-固体球床温度分布等，形成了多层空间尺度的耦合特性。这为耦合问题求解的网格划分问题、各层尺度相互之间的耦合问题如何处理等都带来了新的挑战。

此外,由于不同的物理场具有不同的特征,各个物理场对应的求解变量的数量级具有较大差别,构成了各个求解变量数量级上的多尺度特征。中子场对应的求解变量为中子通量,其对应的数值通常在 $10^{15} \text{cm}^{-2} \cdot \text{s}^{-1}$ 量级,压力场(压差)通常在 $10^5 \sim 10^6$ Pa 量级,温度场通常在 $10^2 \sim 10^3 ℃$ 量级,而流场通常在 $1 \sim 100 \text{m/s}$ 量级,求解变量之间巨大的量级差别使得最终形成的线性方程组非常病态,加上耦合问题最终对应的线性方程组规模巨大,而大规模病态线性方程组的求解,目前同样是一个具有挑战性的问题。

2.1.3　多区域多种耦合类型并存

反应堆核电系统是一个多物理场、多回路相互耦合的复杂系统,存在复杂的物质分布和几何结构,每个结构区域会同时存在多个相互耦合的物理场,各个结构区域之间又通过边界相互耦合在一起,而两两之间的耦合类型又各不相同。通常来说,将耦合系统的类型大致分为三种[4]:

(1) 共同空间区域的耦合(shared spatial domain)

共同空间区域的耦合即不同的物理场具有相同的空间区域,比如高温堆堆芯区域中包含中子场、多孔介质固体温度场、多孔介质流体温度场、速度场和压力场等,这些物理场均需要在高温堆堆芯区域进行计算求解,如图 2.1(a)中的球床区域。通常对于流体来说,温度场、速度场、压力场具有相同的计算区域,属于典型的共同空间区域的耦合,如图 2.1(a)中绿色区域所示。

虽然各个物理场具有相同的空间区域,但是由于各个物理场的离散格式不同,或者求解精度不同,对应的网格划分也不同。这就使得各个物理场的离散变量之间存在着复杂的网格映射关系,如式(2-1)所示。

$$\begin{cases} f_1[x_1, r_1(x_2)] = 0 \\ f_2[r_2(x_1), x_2] = 0 \end{cases} \qquad (2\text{-}1)$$

其中,f_1,f_2 分别为两个物理场对应的控制方程;x_1,x_2 为两个物理场对应的离散变量;$r_1(x_2)$,$r_2(x_1)$ 为各个离散变量之间的网格映射关系,当两个物理场的网格划分一致时,$r_1(x_2) = x_2$,$r_2(x_1) = x_1$。网格映射关系选取的是否合理,将直接影响耦合问题的计算精度。

（2）基于边界的耦合（interfacially coupled systems）

基于边界的耦合类型指的是不同空间区域之间的耦合,各个空间区域之间共用一个边界区域,通过该边界区域或者边界条件,实现两个空间区域之间的信息传递。比如流固之间的对流换热、图 2.1(a)中堆芯出入口与图 2.1(b)中外回路之间的耦合、蒸汽发生器一次侧和二次侧之间的耦合等均属于基于边界的耦合。

因此,计算基于边界耦合问题的核心就变为如何处理公共边界处的耦合。同样,对于不同的物理场,在公共边界处会出现不一致的网格离散,也同样需要进行复杂的网格映射。

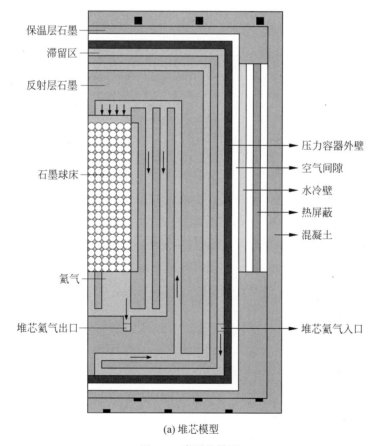

(a) 堆芯模型

图 2-1　高温堆模型

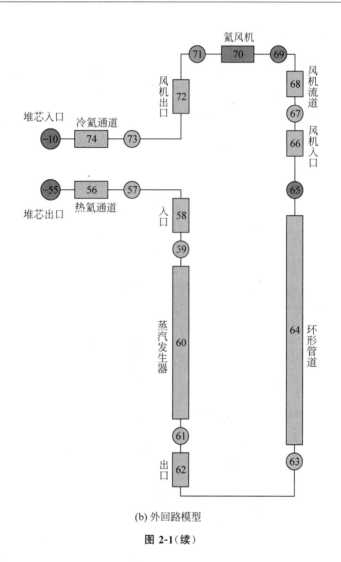

(b) 外回路模型

图 2-1(续)

（3）网络耦合（network systems）

网络耦合可以理解为基于边界耦合的升级版，也就是说，该耦合系统含有大量的结构和系统，形成了复杂的耦合网络，各个结构和系统相互连接，通过共用边界的形式耦合在一起。比如反应堆核电站系统就是一个复杂的网络耦合系统，如图 2.2 所示。反应堆堆芯、泵或风机、管道系统、蒸汽发生器、余热排出系统、蒸汽发电系统等各个结构或者系统通过共用边界耦合在一起。然而针对这样一个复杂的网络耦合系统，工程计算中通常关心的是该复杂耦合网络的宏观特性,因此目前对应的系统分析程序除了一些特殊结构部件外,通常采用简化的一维模型,并以所谓的"节点"形式将各个系统耦合在一起,形成节点耦合网络系统。

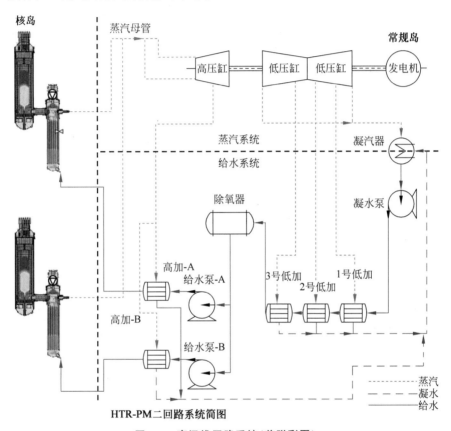

图 2-2　高温堆回路系统(前附彩图)

对于一个复杂耦合系统来说,往往多种耦合类型并存,同一个空间区域中含有多个耦合的物理场,各个物理场之间由于网格划分的不一致,还需要进行网格映射处理;而相同的物理场又需要在不同的空间区域中求解,且由于空间区域分布复杂,该物理场需要计算的空间区域零散地分布在不同位置,给该物理场的整体求解带来了很大挑战。此外每个结构或者系统都可能出现上述特点,如果再将这些结构或者系统形成一个耦合网络而不采用简化模型,将给耦合系统的求解带来更大的挑战。

2.1.4　高温堆耦合系统特殊性

高温堆耦合系统具有上述提到的所有耦合特征,但也存在其自身的特殊性,这些特殊性为高温堆耦合计算带来了新的挑战。

(1) 高温堆堆芯温度变化大,堆芯出、入口温度分别为 750℃和 250℃,在堆芯中心区域,球床温度高达 850℃,500～600℃的温差使得高温堆内的物性参数变化更加剧烈,从而引起堆芯的温度反馈加剧,导致各个物理场之间的非线性更强,使得耦合系统的求解更加困难。

(2) 高温堆堆芯存在大、小流量并存的现象,其中竖管流动区氦气的流速能够达到几十米/秒,而堆芯区流速仅仅几米/秒或者更小,这就给流场和对流换热计算带来了新的挑战,要求其对应的离散格式在对流占优(强流速)的情况下,同时保持格式稳定和高精度。

(3) 燃料球的流动和燃料球多次通过堆芯的特点,使得不同燃耗、不同温度的燃料球随机地分布在堆芯区域,即使在相同的空间区域,也会存在不同燃耗水平和不同温度分布的燃料球。因此,需要对全堆芯建立精细的二维或三维计算模型。此外由于存在燃料球的流动,堆芯中存在大量的横向流动,使其不宜像压水堆一样建立子通道模型,弱化其横向流动的作用。因此需要对高温堆堆芯建立多维的多孔介质模型并进行精细求解。

(4) 高温堆采用的“两堆带一机”或者“多堆带一机”的运行模式,使得其对应的耦合系统的复杂度成倍增加。且多个反应堆、多个蒸汽发生器共用一套发电系统,并不是简单地嵌套在一起,而是各个系统之间需要相互匹配,通过特定的运行模式复杂地耦合在一起,这无疑为高温堆耦合系统的求解带来了前所未有的挑战。此外,高温堆采用更加快速响应的直流蒸汽发生器,使其与反应堆一回路和蒸汽发电系统之间耦合得更加紧密。

2.2　耦合系统求解的挑战和关键问题

2.2.1　收敛性问题

对于任何数值求解问题,都希望首先能够得到一个合理的收敛解,如果该问题的数值解不收敛,就根本无法了解问题的特性。而目前耦合问题的挑战之一就是收敛性无法得到保证,即使每个物理场均采用稳定的离散格式和稳定的数值求解技术,也无法保证整个耦合系统的收敛性,且随着耦合系统复杂度的增加,其收敛性则更无法得到保证[4]。

目前,耦合系统通常采用固定点迭代的方法求解,各个物理场之间需要进行反复迭代,且该方法只能针对相对简单的耦合系统,或者一些局部系统进行计算,即使这样,仍有可能出现收敛性问题。如果将其推广到更复杂的耦合问题的求解,收敛性则更加难以保证,关于该方法的收敛性分析将在2.3.1 节中做详细说明。总之,耦合系统求解的收敛性是目前迫切需要解决的问题之一。

2.2.2　计算精度和效率问题

耦合系统包含大量的系统和回路,每个系统和回路又包含大量的计算区域和多个物理场,而每个物理场和计算区域本身的计算都非常复杂,同时还要考虑各个物理场、计算区域、回路和系统等随时间的变化行为,其中涉及的离散变量非常多,因此,耦合系统的求解通常是一个规模庞大的科学计算问题,这就导致提高耦合系统的计算精度和效率成为了新的挑战。如果要提高计算精度,通常要增加离散网格的数量或者数值计算的收敛精度,这就会导致计算成本的增加,而收敛精度的提高可能又会导致求解过程很难达到对应的收敛标准,从而降低了计算效率。如果要提高计算效率,通常需要在满足计算精度要求的同时,尽可能地减少计算网格数量,从而减少问题的计算规模,或者增加矩阵求解等数值方法的效率。而要想在保证计算精度的同时减少计算网格的数量,就需要提高数值离散方法的精度,因此高精度离散格式和大规模科学计算方法的开发成为了新的研究方向。也就是说,在保证计算精度的同时,采取何种方法和技术尽可能地提高耦合问题的计算效率,将是另一个需要解决的问题。

2.2.3　时间-空间离散格式问题

由于反应堆核电系统具有多时间尺度、多空间尺度相互耦合的特点,为了能够合理地计算各个物理场,不同的物理过程会有不同的时间、空间离散格式。其中,对于快瞬变过程,时间、空间离散格式需要具有精确描述该过程的能力,而对于变化相对缓慢的过程,如何选择合适的时间格式和时间步长,使其能够在特定的时间段,合理地与快瞬变过程交换信息,在保证计算精度的同时,提高计算效率,是耦合问题的研究内容之一。

不同物理场具有不同的空间离散格式,导致不同的网格划分,而不同的网格划分就会使得共同空间区域耦合和基于边界耦合的耦合系统存在网格映射的问题。比如中子场通常采用节块方法离散空间区域,网格划分比较粗;而温度场通常采用有限体积法离散,网格划分相对比较细,这就需要两个物理场变量之间的网格映射。因此,如何合理地选取网格映射关系或者避免网格映射,则是时间、空间离散格式不同带来的新问题。

2.3   耦合系统求解方法

2.3.1   传统耦合方法及其存在问题

传统的耦合方法通常采用固定点迭代的思路,即将相互耦合的复杂问题分解为多个子物理场或者子问题,之后针对各个子物理场或子问题分别逐次求解,而还未求解的物理场作为已知条件或者边界条件,等待下次更新,其基本计算流程如图 2-3 所示。此外,按照一个时间步内各个物理场之间是否反复迭代和是否迭代收敛为标准,通常将传统的耦合计算方法分为三种,分别为算符分解法(operator split,OS)、算符分解半隐式法(operator split semi-implicit,OSSI)和 Picard 迭代方法[43]。如图 2-3 所示,算符分解法[77-78]表示在每个时间步内各个子物理场或子问题按照顺序求解一遍,不需要进行反复迭代就直接进入下一时间步的计算;而算符分解半隐式法表示在每个时间步内各个子物理场或子问题分别依次求解,之后各个物理场之间进行反复迭代,但并不要求在每个时间步内各个物理场迭代收敛;最后 Picard 迭代方法则要求在每个时间步内各个物理场反复迭代,直到收敛为止[4,43]。

针对图 2-3 中描述的耦合问题,其离散后对应的非线性方程组可写为以下相似形式:

$$f\begin{pmatrix}X_1\\X_2\\X_3\end{pmatrix}=\begin{cases}f_1[X_1,r_1(X_2),r_1(X_3)]\\f_2[r_2(X_1),X_2,r_2(X_3)]\\f_3[r_3(X_1),r_3(X_2),X_3]\end{cases}=\begin{bmatrix}A_{11}&A_{12}&A_{13}\\A_{21}&A_{22}&A_{23}\\A_{31}&A_{32}&A_{33}\end{bmatrix}\begin{bmatrix}X_1\\X_2\\X_3\end{bmatrix}-\begin{bmatrix}b_1\\b_2\\b_3\end{bmatrix}=0$$

$$(2-2)$$

其中,X_1,X_2,X_3 分别为中子场求解变量、温度场求解变量、流场(压力场和速度场)求解变量形成的列向量;f_1,f_2,f_3 分别为中子场、温度场、流场对应的离散控制方程;$A_{i,j}$ 为关于 X_1,X_2,X_3 相关函数的块矩阵;b_1,b_2,b_3 为已知列向量。根据式(2-2),可写出固定点迭代耦合方法对应的迭代矩阵

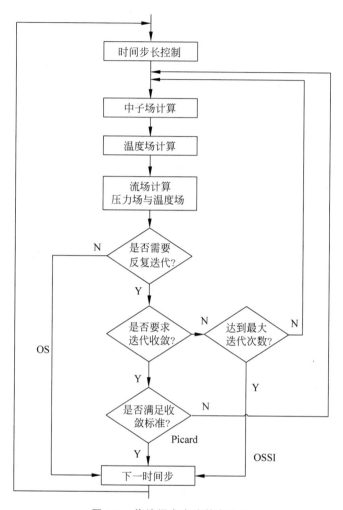

图 2-3　传统耦合方法基本流程

形式,如式(2-3)所示:

$$M \cdot X = N \cdot X + b \tag{2-3}$$

其中,

$$M = \begin{bmatrix} A_{11} & 0 & 0 \\ A_{21} & A_{22} & 0 \\ A_{31} & A_{32} & A_{33} \end{bmatrix}, \quad N = -\begin{bmatrix} 0 & A_{12} & A_{13} \\ 0 & 0 & A_{23} \\ 0 & 0 & 0 \end{bmatrix}, \quad X = \begin{bmatrix} X_1 \\ X_2 \\ X_3 \end{bmatrix}, \quad b = \begin{bmatrix} b_1 \\ b_2 \\ b_3 \end{bmatrix}$$
$$\tag{2-4}$$

假设 X 的真解为 $X^* = [X_1^*, X_2^* \, X_3^*]^{\mathrm{T}}$，则式(2-3)可转化为式(2-5)：

$$
\begin{bmatrix} A_{11} & 0 & 0 \\ A_{21} & A_{22} & 0 \\ A_{31} & A_{32} & A_{33} \end{bmatrix} \begin{bmatrix} X_1^n - X_1^* \\ X_2^n - X_2^* \\ X_3^n - X_3^* \end{bmatrix} = - \begin{bmatrix} 0 & A_{12} & A_{13} \\ 0 & 0 & A_{23} \\ 0 & 0 & 0 \end{bmatrix} \begin{bmatrix} X_1^n - X_1^* \\ X_2^n - X_2^* \\ X_3^n - X_3^* \end{bmatrix} \qquad (2\text{-}5)
$$

其中，n 为固定点迭代的迭代步，对式(2-5)左边矩阵进行求逆，可得

$$
\begin{bmatrix} X_1^n - X_1^* \\ X_2^n - X_2^* \\ X_3^n - X_3^* \end{bmatrix} = M^{-1} \cdot N \begin{bmatrix} X_1^{n-1} - X_1^* \\ X_2^{n-1} - X_2^* \\ X_3^{n-1} - X_3^* \end{bmatrix} \qquad (2\text{-}6)
$$

其中，

$$
M^{-1} \cdot N =
$$
$$
\begin{bmatrix} 0 & A_{11}^{-1}A_{12} & A_{11}^{-1}A_{13} \\ 0 & -A_{22}^{-1}A_{21}A_{11}^{-1}A_{12} & -A_{22}^{-1}A_{21}A_{11}^{-1}A_{13} + A_{22}^{-1}A_{23} \\ 0 & A_{33}^{-1}(A_{32}A_{22}^{-1}A_{21} - A_{31})A_{11}^{-1}A_{12} & A_{33}^{-1}(A_{32}A_{22}^{-1}A_{21} - A_{31})A_{11}^{-1}A_{13} - A_{33}^{-1}A_{32}A_{22}^{-1}A_{23} \end{bmatrix}
$$
$$
(2\text{-}7)
$$

设 G 为

$$
G =
$$
$$
\begin{bmatrix} -A_{22}^{-1}A_{21}A_{11}^{-1}A_{12} & -A_{22}^{-1}A_{21}A_{11}^{-1}A_{13} + A_{22}^{-1}A_{23} \\ A_{33}^{-1}(A_{32}A_{22}^{-1}A_{21} - A_{31})A_{11}^{-1}A_{12} & A_{33}^{-1}(A_{32}A_{22}^{-1}A_{21} - A_{31})A_{11}^{-1}A_{13} - A_{33}^{-1}A_{32}A_{22}^{-1}A_{23} \end{bmatrix}
$$
$$
(2\text{-}8)
$$

由式(2-6)可知：要想使变量的误差越来越小，就需要矩阵 $M^{-1} \cdot N$ 的谱半径小于 1，即在耦合求解过程中为了保证固定点迭代的收敛性，需要使矩阵 G 的谱半径[79]

$$
\rho_r(G) < 1 \qquad (2\text{-}9)
$$

且 $\rho_r(G)$ 越小，固定点迭代过程收敛就会越快；相反，如果 $\rho_r(G)$ 接近于 1 或者 $\rho_r(G) > 1$，则可能导致固定点迭代收敛速度非常慢，甚至会出现不收敛的现象，这与 Gauss-Seidel 求解矩阵的收敛要求相似，或者说是 Gauss-Seidel 收敛标准的一个推广。而式(2-8)中的 $A_{i,j}$ 是关于 X_1, X_2, X_3 相关函数的块矩阵，随着耦合系统求解问题复杂度的增加，每个块矩阵 $A_{i,j}$ 将会变得非常复杂，关系式(2-9)将会难以得到保证，这就是传统耦合方法最致命的缺点之一。

关于传统耦合方法的特点如下：

(1) 传统的耦合方法将相互耦合的复杂问题分解为多个子物理场或者

子问题,使得每个子物理场或者子问题可通过各自独立的计算程序分别求解,这样就可以充分利用各个模块现有的成熟计算程序。之后各个子物理场或者子问题通过耦合界面传递对应的耦合参数,即可相对容易地实现复杂耦合问题的求解。

(2)可以根据不同子物理场或者子系统之间的耦合强度,灵活地选择耦合系统求解在每个时间步内的迭代次数。比如对于弱耦合问题,为了提高计算效率,可以采用算符分解法,即可得到耦合系统的合理数值解,随着耦合强度的增加,采用算符分解半隐式法,增加每个时间步内的迭代次数。而对于强耦合问题,就要采用 Picard 迭代方法,反复迭代各个子系统,更新迭代参数,直到收敛为止,从而获得非线性强耦合问题的解。

(3)传统耦合方法通常只有一阶收敛精度,且随着耦合系统越来越复杂,关系式(2-9)可能无法得到满足,耦合系统的收敛速率可能会越来越慢,尤其是收敛精度要求很高时,甚至可能出现不收敛现象,因此其收敛性无法保证成为了其最大的缺点之一。

(4)为了尽可能地保证传统耦合方法满足关系式(2-9)的收敛要求,通常各个子物理场或者子系统的求解顺序有特定的要求和技巧,而同样随着耦合系统复杂度的提高,其求解顺序将无法确定,这将不利于扩展到复杂耦合系统的求解。

2.3.2　JFNK 耦合方法及其关键技术

JFNK 是在 Newton 方法的基础上逐渐发展而来的,它是 Newton 方法、Krylov 子空间方法和 Jacobian-Free 方法的有机结合,具体思路是:首先使用 Newton 方法将非线性耦合问题局部线性化,之后使用 Krylov 子空间方法求解局部线性化的线性方程组,由于 Newton 方法在局部线性化时需要建立 Jacobian 矩阵,但 Jacobian 矩阵的显式建立将非常的耗时、耗内存,因此基于 Newton 法和 Krylov 法,巧妙地实现了不显式构建 Jacobian 矩阵的功能,即 Jacobian-Free 技术,下面就详细地分析三种方法的基本思路和原理。

(1)Newton 方法

对于非线性耦合系统 $f(x)=0$,Newton 迭代过程来自泰勒展开:

$$f(x^{k+1}) = f(x^k) + f'(x^k) \cdot (x^{k+1} - x^k) + O(x^{k+1} - x^k) = 0 \quad (2\text{-}10)$$

相当于第 $(k+1)$ Newton 步对应的 x^{k+1} 在 x^k 处进行泰勒展开。其中,$f(x)$ 为耦合系统对应的残差方程,$O(x^{k+1} - x^k)$ 为泰勒展开的高阶项,忽

略高阶项之后,式(2-10)化简为

$$\mathbf{Ja}(\boldsymbol{x}^k) \cdot \delta \boldsymbol{x}^k = -\boldsymbol{f}(\boldsymbol{x}^k) \tag{2-11}$$

$$\boldsymbol{x}^{k+1} = \boldsymbol{x}^k + \delta \boldsymbol{x}^k \tag{2-12}$$

其中,$\delta \boldsymbol{x}^k = \boldsymbol{x}^{k+1} - \boldsymbol{x}^k$,$\mathbf{Ja}(\boldsymbol{x}^k) = \boldsymbol{f}'(\boldsymbol{x}^k)$ 为 Jacobian 矩阵,$\mathbf{Ja}(\boldsymbol{x}^k)$ 矩阵每个元素的具体求解方法为

$$\mathbf{Ja}_{i,j}(\boldsymbol{x}^k) = \frac{\partial \boldsymbol{f}_i(\boldsymbol{x}^k)}{\partial \boldsymbol{x}_j^k} \tag{2-13}$$

由式(2-13)可知:$\mathbf{Ja}(\boldsymbol{x}^k)$ 矩阵的每个元素 $\mathbf{Ja}_{i,j}(\boldsymbol{x}^k)$ 代表了第 i 个残差方程对于第 j 个求解变量的耦合强度。Newton 方法的具体求解流程见表 2-1。

表 2-1　Newton 方法计算流程

行号	Newton 法程序流程
1	赋初值 $\boldsymbol{x}^1$
2	for $k = 1, 2, 3, \cdots,$ do
3	构造残差方程 $\boldsymbol{f}(\boldsymbol{x}^k)$
4	测试 $\| \boldsymbol{f}(\boldsymbol{x}^k) \|_2$ 是否满足收敛标准 $\| \boldsymbol{f}(\boldsymbol{x}^k) \|_2 <$ tol
5	构造 Jacobian 矩阵 $\mathbf{Ja}(\boldsymbol{x}^k)$
6	求解局部线性化的方程组 $\mathbf{Ja}(\boldsymbol{x}^k) \cdot \delta \boldsymbol{x}^k = -\boldsymbol{f}(\boldsymbol{x}^k)$,得到 $\delta \boldsymbol{x}^k$
7	更新变量 $\boldsymbol{x}^{k+1} = \boldsymbol{x}^k + \delta \boldsymbol{x}^k$,进行下一步迭代,直到满足收敛准则则为止
8	end for

Newton 方法的关键技术和特点如下:

(a) 残差方程 $\boldsymbol{f}(\boldsymbol{x})$ 的建立——由于传统的耦合计算程序通常采用固定点迭代的思路,而这些计算程序通常无法直接提供 $\boldsymbol{f}(\boldsymbol{x})$,因此残差方程 $\boldsymbol{f}(\boldsymbol{x})$ 需要根据各个子物理场或者子系统的离散关系式重新构造。

(b) Jacobian 矩阵 $\mathbf{Ja}(\boldsymbol{x}^k)$ 的构造——根据式(2-13)即可建立对应的 Jacobian 矩阵,但是随着耦合问题复杂度的增加,Jacobian 矩阵的构造会非常的复杂和困难,将花费大量的时间和内存,代价非常巨大,从而影响 Newton 方法的计算效率。此外对于某些变量,根本无法解析地给出对应的 Jacobian 矩阵,比如冷却剂的状态方程和核反应截面随温度的变化规律,其通常采用插值表的形式计算得到。因此如何近似这些变量的 Jacobian 矩阵将是另外一个研究问题。

(c) 局部线性化方程组的求解——每个 Newton 步均需要进行线性方程组的求解,而耦合系统线性化后对应的方程组通常是非常稀疏的超大规模的线性方程组,传统稠密矩阵的高斯消元法和 Gauss-Seidel 类似的迭代

方法只能求解一些规模相对小的问题,很难推广到大型耦合问题对应的线性方程组的求解。因此,开发高效的大规模稀疏线性方程组求解技术将会直接提高 Newton 方法的计算效率。

（d）Newton 方法是局部二阶收敛——由于 Newton 方法通过 Jacobian 矩阵,使其能够同步更新所有变量,从而相比于传统的固定点迭代思路具有更高的收敛速度,通常具有局部二阶收敛速度。但是其局部收敛特性使得 Newton 步初值 x^1 的选取需要在其局部收敛区域之内,而如何保证初值 x^1 在其局部收敛区域之内,或者采用何种特殊技术将初值 x^1 拉回收敛区域之内,将是直接影响着 Newton 步是否收敛的关键因素[80]。

（2）Krylov 子空间方法

上述对 Newton 方法的基本思路、关键技术和特点进行了分析,而 Krylov 子空间方法就是为了解决"Newton 步中大规模稀疏线性方程组求解"的问题。对于一个线性方程组 $A \cdot x = b$,任意给定的初始值 x_0,线性方程组的求解转化为以下形式:

$$A \cdot z = r_0 \tag{2-14}$$

$$x = x_0 + z \tag{2-15}$$

其中,$r_0 = b - A \cdot x_0$,根据矩阵论相关知识[81],矩阵 A 满足以下特征方程:

$$A^n + \alpha_1 A^{n-1} + \alpha_2 A^{n-2} + \cdots + \alpha_n I = 0 \tag{2-16}$$

其中,$\alpha_1, \alpha_2, \cdots, \alpha_n$ 为矩阵 A 的特征多项式系数,n 为矩阵的阶数,I 为单位矩阵,根据式（2-16）即可得到

$$A^{-1} = -\frac{1}{\alpha_n}(A^{n-1} + \alpha_1 A^{n-2} + \cdots + \alpha_{n-1} I) \tag{2-17}$$

因此,

$$\begin{aligned} x &= x_0 + z = x_0 + A^{-1} r_0 \\ &= x_0 - \frac{1}{\alpha_n}(A^{n-1} r_0 + \alpha_1 A^{n-2} r_0 + \cdots + \alpha_{n-1} r_0) \end{aligned} \tag{2-18}$$

由式（2-18）可知,$K_n = \mathrm{Span}(r_0, Ar_0, A^2 r_0, \cdots, A^{n-1} r_0)$ 构成了 z 对应的空间,而 Krylov 子空间是利用 Garlerkin 权重残差原理,在一个远远小于 n 的子空间内找到 z 的近似解,即 $K_m = \mathrm{Span}(r_0, Ar_0, A^2 r_0, \cdots, A^{m-1} r_0)$,其中 $m \ll n$,这就是 Krylov 子空间的基本原理。对于复杂耦合问题,每个 Newton 步对应的局部线性方程组都是非常庞大的,因此 n 的值将会非常大,这就使得 m 虽然远远小于 n,但仍有可能导致 m 的数值也相当大,且随着 m 增加,其对应的子空间维数也越来越大,需要存储的正交基向量也越

来越多,这就会增加 Krylov 子空间的存储量和计算量,从而增加计算成本。因此,在使用 Krylov 子空间方法时,通常使用再启动技术,也就是限定 m 的最大值或者限定 Krylov 子空间的最大维数,以保证 Krylov 子空间的维数不会太大。其中,Krylov 子空间中的 GMRES(generalized minimal residual algorithm)方法,近年来已经成为当前大规模稀疏线性方程组求解的主要技术,因此非常适合用于复杂耦合问题的求解。关于 GMRES 方法计算 Newton 步内局部线性化方程(2-11)的基本流程见表 2-2。

表 2-2　GMRES 求解 Newton 步内局部线性化方程的基本流程

行号	GMRES 方法基本流程
1	赋初值 $\delta \boldsymbol{x}_0^k$,选择适当 Restart 值
2	for $i=1,2,\cdots,\text{Max}$
3	计算 $\boldsymbol{r}_0=-\boldsymbol{f}(\boldsymbol{x}^k)-\mathbf{Ja}(\boldsymbol{x}^k)\cdot\delta\boldsymbol{x}_0^k,\beta=\parallel\boldsymbol{r}_0\parallel_2$
4	判断 β 是否满足收敛标准 $\beta<\text{tol}_{\text{Krylov}}$,如果满足,跳出该循环
5	计算 $\boldsymbol{v}_1=\boldsymbol{r}_0/\beta$
6	for $n=1,2,\cdots,\text{Restart}$(GMRES 再启动循环)
7	$\boldsymbol{q}=\mathbf{Ja}(\boldsymbol{x}^k)\cdot\boldsymbol{v}_1$
8	for $j=1,\cdots,n$　do
9	$h_{j,n}=\boldsymbol{v}_j^{\mathrm{T}}\cdot\boldsymbol{q}$
10	$\boldsymbol{q}=\boldsymbol{q}-h_{j,n}\cdot\boldsymbol{v}_j$
11	end for
12	$h_{n+1,n}=\parallel\boldsymbol{q}\parallel_2,\boldsymbol{v}_{n+1}=\boldsymbol{q}/h_{n+1,n},\boldsymbol{H}=[h_{j,n}\text{ 与 }h_{n+1,n}\text{ 组成的矩阵}]$
13	求最小二乘问题 $\boldsymbol{y}_n=\min\parallel\beta\boldsymbol{e}_1-\boldsymbol{H}\cdot\boldsymbol{y}\parallel$(采用 Givens 旋转技术)
14	end for
15	计算 $\delta\boldsymbol{x}_0^k=\delta\boldsymbol{x}_0^k+\boldsymbol{V}_n\cdot\boldsymbol{y}_n$,其中 $\boldsymbol{V}_n=[\boldsymbol{v}_1,\boldsymbol{v}_2,\cdots,\boldsymbol{v}_n]$
16	end for

其中,$\boldsymbol{e}_1=[1,0,0,\cdots]$,表 2-2 中的 Restart 即为 Krylov 子空间的最大展开维数,$\boldsymbol{H}$ 为上 Hessenberg 矩阵。对于最小二乘问题的求解,此处采用 Givens 旋转变换技术将上 Hessenberg 矩阵转化为上三角阵,详细的求解思路和公式推导见参考文献[33],[82]。

但是由于数值误差的存在,Krylov 子空间对应的基向量 $\boldsymbol{v}_1,\boldsymbol{v}_2,\cdots$ 随着 Krylov 迭代次数的增加,会逐渐失去正交性,从而导致其收敛性逐渐下降[33]。因此需要采用一定的预处理技术,尽可能提高 Krylov 子空间收敛速率,减少其迭代次数,保证各个基向量 $\boldsymbol{v}_1,\boldsymbol{v}_2,\cdots$ 的正交性。当正交性得到保证后,反过来又可以提高 Krylov 子空间的收敛速率。否则,一旦失去正交性,Krylov 子空间迭代将会失去高效性。

（3）Jacobian-Free 技术

通常耦合问题对应的 Jacobian 矩阵都非常复杂、庞大,构造 Jacobian 矩阵时会花费大量的时间和内存,某些变量根本无法解析地构造出 Jacobian 矩阵,而 Jacobian-Free 技术可以解决上述显式构造 Jacobian 矩阵带来的困难。根据 Krylov 子空间 GMRES 的求解流程可知,Krylov 子空间仅仅需要 Jacobian 矩阵与向量的乘积,而并不是单独的 Jacobian 矩阵本身,如表 2-2 中行号为 3 和 7 中所示。因此,只要得到 Jacobian 矩阵与向量积的结果即可,而 Jacobian 矩阵具体是什么形式,并不需要知道。具体来说,Jacobian-Free 技术就是采用残差方程的有限差分来直接近似 Jacobian 矩阵和向量积的结果,从而避免了显式建立 Jacobian 矩阵带来的一系列问题,如式（2-19）所示:

$$\mathbf{Ja}(\boldsymbol{x}^k) \cdot \boldsymbol{v} \approx \frac{\boldsymbol{f}(\boldsymbol{x}^k + \varepsilon \cdot \boldsymbol{v}) - \boldsymbol{f}(\boldsymbol{x}^k)}{\varepsilon} \qquad (2\text{-}19)$$

其中,ε 为非常小的微扰量,式（2-19）近似处理的思路同样来自于泰勒展开,将 $\boldsymbol{f}(\boldsymbol{x}^k + \varepsilon \cdot \boldsymbol{v})$ 在 $\boldsymbol{x}^k$ 处进行泰勒展开:

$$\boldsymbol{f}(\boldsymbol{x}^k + \varepsilon \cdot \boldsymbol{v}) = \boldsymbol{f}(\boldsymbol{x}^k) + \boldsymbol{f}'(\boldsymbol{x}^k) \cdot \varepsilon \cdot \boldsymbol{v} + O(\varepsilon \cdot \boldsymbol{v}) \qquad (2\text{-}20)$$

其中,$O(\varepsilon \cdot \boldsymbol{v})$ 是关于 $\varepsilon \cdot \boldsymbol{v}$ 的高阶无穷小量,因此:

$$\frac{\boldsymbol{f}(\boldsymbol{x}^k + \varepsilon \cdot \boldsymbol{v}) - \boldsymbol{f}(\boldsymbol{x}^k)}{\varepsilon} \approx \frac{\boldsymbol{f}'(\boldsymbol{x}^k) \cdot \varepsilon \cdot \boldsymbol{v} + O(\varepsilon \cdot \boldsymbol{v})}{\varepsilon}$$

$$= \boldsymbol{f}'(\boldsymbol{x}^k) \cdot \boldsymbol{v} = \mathbf{Ja}(\boldsymbol{x}^k) \cdot \boldsymbol{v} \qquad (2\text{-}21)$$

将表 2-2 中所有 Jacobian 矩阵 $\mathbf{Ja}(\boldsymbol{x}^k)$ 与向量积部分替换式（2-19）,即可避免 Newton 步中 Jocabian 矩阵的建立,同时又可巧妙地利用 Krylov 子空间,实现局部线性方程组的高效求解。由式（2-19）可知,Jacobian 矩阵 $\mathbf{Ja}(\boldsymbol{x}^k)$ 与向量积的近似精度严重依赖于微扰量 ε 的选取。当微扰量 ε 选取过大时,泰勒展开的近似误差就大;而微扰量 ε 选取过小时,浮点运算误差就会增加。通常来说,微扰量 ε 有以下选择方法:

（1）选择 1

$$\varepsilon = \frac{\sum\limits_{i=1}^{N} b \mid x_i^k \mid}{N \parallel \boldsymbol{v} \parallel_2} + b \qquad (2\text{-}22)$$

其中,$\boldsymbol{v}$ 为 Krylov 子空间的基向量,x_i^k 为 $\boldsymbol{x}^k$ 的第 i 个元素,N 为局部线性方程组的维数,b 通常为机器精度的开方[10]。另外,还有一种与式（2-22）形式相似的选择方法,如式(2-23)[83],此处将式(2-22)与式(2-23)归为一类。

$$\varepsilon = \frac{\sum_{i=1}^{N} b\boldsymbol{x}_i^k}{N \parallel \boldsymbol{v} \parallel_2} \tag{2-23}$$

(2) 选择 2

$$\varepsilon = \frac{b}{\parallel \boldsymbol{v} \parallel_2} \max\{|(\boldsymbol{x}^k)^{\mathrm{T}} \cdot \boldsymbol{v}|, \mathrm{typ}(\boldsymbol{x}^k)^{\mathrm{T}} \cdot |\boldsymbol{v}|\} \mathrm{sign}[(x^k)^{\mathrm{T}} \cdot \boldsymbol{v}] \tag{2-24}$$

其中,$\mathrm{typ}(\boldsymbol{x}^k)^{\mathrm{T}} = [\mathrm{typ}\boldsymbol{x}_1^k, \cdots, \mathrm{typ}\boldsymbol{x}_N^k]$; $|\boldsymbol{v}| = [|\boldsymbol{v}_1|, \cdots, |\boldsymbol{v}_N|]^{\mathrm{T}}$; $\mathrm{typ}\boldsymbol{x}_i^k$ 为使用者提供的 $\boldsymbol{x}_i^k$ 标准尺寸(typical size),$\mathrm{typ}\boldsymbol{x}_i^k > 0$; sign 为符号运算符[84]。如果不考虑使用者提供的 $\mathrm{typ}\boldsymbol{x}_i^k$,而始终假定 $|(\boldsymbol{x}^k)^{\mathrm{T}}\boldsymbol{v}| > \mathrm{typ}(\boldsymbol{x}^k)^{\mathrm{T}}|\boldsymbol{v}|$,则式(2-24)化简为

$$\varepsilon = \frac{b(\boldsymbol{x}^k)^{\mathrm{T}} \cdot \boldsymbol{v}}{\parallel \boldsymbol{v} \parallel_2} \tag{2-25}$$

(3) 选择 3

$$\varepsilon = \frac{\sqrt{(1 + \parallel \boldsymbol{x}^k \parallel_2)b}}{\parallel \boldsymbol{v} \parallel_2} \tag{2-26}$$

其中,微扰量 ε 的选取方式在文献中得到了充分验证,其更详细的理论分析和其他选择方式见参考文献[41]。

以上分别针对 JFNK 方法中的 Newton 法、Krylov 子空间方法和 Jacobian-Free 技术的核心思路及关键技术进行了分析和说明,结合上述分析,很容易得到 JFNK 耦合方法的特点和关键技术:

(1) JFNK 能够同步更新所有变量,相比于传统的固定点迭代思路,具有更高的收敛速度,对于保证复杂耦合系统的收敛性,是一个非常有潜力的方法,目前在核工计算领域已得到关注。

(2) JFNK 方法中采用 Krylov 子空间——GMRES 方法计算局部线性化的方程组,而 GMRES 方法近年来已经成为当前大规模稀疏线性方程组求解的主要技术,充分保证了 JFNK 求解复杂耦合系统的计算效率。同时,Krylov 子空间方法在计算过程中,仅仅需要 Jacobian 矩阵与向量乘积的结果即可,并不需要 Jacobian 矩阵本身,因此为 Newton 步中不显式构造 Jacobian 矩阵提供了有利的基础。

(3) Jacobian-Free 技术的巧妙使用,使得 JFNK 无须显式构造 Jacobian 矩阵,避免了构造 Jacobian 矩阵时的种种困难,更有利于大规模复杂非线性耦合问题的求解。

（4）虽然 JFNK 具有以上诸多优点，但是 JFNK 也同样存在以下问题：

- 局部二阶收敛特性使得 Newton 步初值的选取需要在其局部收敛区域之内，否则就有可能引起不收敛问题。
- 由于数值误差的存在，Krylov 子空间需要采用一定的预处理技术，尽可能提高 Krylov 子空间收敛速率。否则，Krylov 子空间的收敛速率会非常慢，且随着迭代次数的增加，导致各个基向量 $v_1, v_2, \cdots$ 失去正交性，进而影响其计算效率。
- Jacobian 矩阵 $\mathbf{Ja}(x^k)$ 与向量乘积的近似精度严重依赖于微扰量 ε 的选取，微扰量 ε 选取的不合理，将会严重影响耦合问题的计算精度，尤其是对于非常复杂的耦合问题。

因此，Newton 步初值的选取、Krylov 子空间预处理技术的开发和微扰量的合理选取等成为了 JFNK 方法的关键技术。

2.4　开发基于节块展开法的 JFNK 耦合方法的关键问题

为了探索并开发一种适用于求解大规模复杂耦合系统，且具有强收敛、高精度、高效率的耦合计算方法，弥补现有耦合计算方法的不足，本书将节块展开法与 JFNK 方法结合，致力于开发一种基于节块展开法的 JFNK 耦合方法，从收敛性、精度、效率三个方面出发保证复杂耦合系统求解的高效性。

要想最终开发出基于节块展开法的 JFNK 方法，首先需要实现节块展开法求解物理-热工耦合系统的目标，节块展开法求解反应堆物理计算相对比较成熟，但对于节块展开法求解热工问题仍处在探索阶段，相关的研究非常少，其中存在的问题和关键技术需要进一步研究。此外，将节块展开法与 JFNK 结合，开发基于节块展开法的 JFNK 耦合方法，目前还尚未在国内外见到公开的研究报道，其中存在的关键问题和挑战有待探索和研究。因此，本章将针对"节块展开法求解物理-热工耦合系统"和"开发基于节块展开法的 JFNK 耦合方法"中需要解决的关键技术进行分析和提炼。

2.4.1　节块展开法统一求解耦合系统的关键问题

由于节块展开法能在粗网下实现高精度的要求，大大提高了问题的计算效率，其在反应堆物理计算中得到广泛应用，因此为了充分利用节块展开法的优势,本书希望将节块展开法由反应堆物理计算推广到反应堆热工计算,之后将反应堆物理、热工模型均采用节块展开法求解,这样整个耦合系统模型均可在粗网下实现求解,从而在保证计算精度的同时,大大减少问题计算规模,提高效率。因此,为了实现节块展开法统一求解耦合系统的目标,尤其是对于高温堆耦合系统,需要对以下关键技术进行研究:

(1) 含空腔区域中子扩散方程的求解

中子扩散方程如式(2-27)所示:

$$\nabla \cdot J_g + \Sigma_g^R \cdot \phi_g = Q_g = \sum_{\substack{g'=1 \\ g' \neq g}}^{G} \Sigma_{g' \to g}^s \phi_{g'} + \frac{\chi_g}{k_{\text{eff}}} \sum_{g'=1}^{G} \nu \Sigma_{g'}^f \phi_{g'} \qquad (2\text{-}27)$$

$$J_g = -D_g \nabla \cdot \phi_g \qquad (2\text{-}28)$$

其中,ϕ_g 为中子通量;D_g、Σ_g^R、$\Sigma_{g' \to g}^s$、$\nu \Sigma_{g'}^f$ 分别为中子的扩散系数、移出截面、散射截面和裂变截面;χ_g、k_{eff} 分别为中子份额和有效增殖系数。在高温堆的球床堆芯与顶反射层、堆芯与底反射层之间均存在空腔区域,而空腔区域的中子裂变、散射、吸收等截面均为零,从而导致传统的节块展开法无法建立节块平均中子通量与中子净流之间的关系式,最终导致传统节块展开法无法直接求解含空腔区域的中子扩散方程,具体分析如下:

将式(2-27)在离散节块(i,j,k)内进行体积平均,即可得到该离散节块对应的中子平衡方程(2-29):

$$\sum_{r=x,y,z} \frac{1}{2h_r^{i,j,k}} [J_{g,r+}^{i,j,k} - J_{g,r-}^{i,j,k}] + \bar{\Sigma}_g^{R,i,j,k} \cdot \bar{\phi}_g^{i,j,k} = \bar{Q}_g^{i,j,k} \qquad (2\text{-}29)$$

其中,$\bar{\Sigma}_g^{R,i,j,k}$、$\bar{Q}_g^{i,j,k}$ 分别为节块(i,j,k)内的平均值,$h_r^{i,j,k}$ 为节块(i,j,k)在 r 方向的半宽度,$J_{g,r\pm}^{i,j,k}$ 为节块(i,j,k)在各个边界处的净中子流。为了求解式(2-29),传统节块展开法通过横向积分技术,将式(2-29)分别转化为三个坐标方向对应的一维横向积分方程,每个坐标方向的横向积分方程均可建立节块平均中子通量 $\bar{\phi}_g^{i,j,k}$ 与净流 $J_{g,r\pm}^{i,j,k}$ 之间的关系式,这样三个关系式加上式(2-29),离散方程即可封闭,实现节块展开法的求解。然而,当各个反应截面为零时,式(2-29)化简为

$$\sum_{r=x,y,z} \frac{1}{2h_r^{i,j,k}} [J_{g,r+}^{i,j,k} - J_{g,r-}^{i,j,k}] = \bar{Q}_g^{i,j,k} \qquad (2\text{-}30)$$

由式(2-30)可知,式中已经不存在 $\bar{\phi}_g^{i,j,k}$,也就无法建立节块平均中子通量 $\bar{\phi}_g^{i,j,k}$ 与净流 $J_{g,r\pm}^{i,j,k}$ 之间的各个离散关系式,从而使得传统节块展开法无法求解含空腔区域的中子扩散方程。因此,需要对节块展开法求解含空腔区

域的中子扩散方程的问题进行研究。

（2）对流扩散方程求解及其数值特性

对流扩散方程如式（2-31）所示：

$$U\frac{\partial \phi}{\partial x} + V\frac{\partial \phi}{\partial y} + W\frac{\partial \phi}{\partial z} - \Gamma \cdot \left(\frac{\partial^2 \phi}{\partial x^2} + \frac{\partial^2 \phi}{\partial y^2} + \frac{\partial^2 \phi}{\partial z^2}\right) = Q \qquad (2\text{-}31)$$

其中，U,V,W 分别为对流项的系数；$\Gamma > 0$ 为扩散系数、导热系数或者黏性系数，需要根据实际物理过程，赋予不同的物理含义；ϕ 泛指对应的求解量。对流扩散方程是反应堆热工计算（流动传热）的核心模型和基础模型，它可以表示能量守恒方程，也可表示源项中含有压力梯度项的动量守恒方程，即 $Q = -\partial P/\partial x + f$，其中 f 代表惯性力。很多复杂的热工模型计算方法，比如纳维-斯托克斯模型和球流多孔介质模型计算等，都是在对流扩散模型计算的基础上开发的。因此，研究对流扩散方程的求解对于反应堆热工计算具有重要的意义，同时依据对流扩散方程的求解思路，可以很容易地推广到其他模型的求解。

由式（2-31）可知，对流扩散方程中同样不包含吸收项，也就是没有类似中子扩散方程中的 $\Sigma_g^R \phi_g$，这与含空腔区域的中子扩散方程一样，使得传统的节块展开法不能直接用于求解对流扩散方程，而是需要开发新的节块展开法。

此外，对流扩散方程不仅少了吸收项，还增加了特殊的对流项，而对流项是热工计算中最难进行离散处理的导数项，因为对流项代表的是迁移和输运过程，具有非常强的方向性，当对流作用非常强时，会使问题的变化趋势非常剧烈，梯度非常大，从而给问题的求解带来挑战。而当对流项的离散格式不合理时，就会出现假扩散现象或者数值振荡行为。假扩散现象主要是由于对流项在离散过程中，人为地引入了数值扩散过程，与真实问题相比，相当于夸大了扩散项的作用，从而引起数值解产生较大的数值误差；而数值振荡行为反映的是离散格式的不稳定性，尤其是在高流速或者网格较粗的情况下，如果离散格式不合理，数值振荡现象更容易发生。而高温堆堆芯是大、小流量并存，流速甚至能够达到几十米/秒，数值振荡很可能发生，需要引起足够的重视。

基于此，本书还需要研究节块展开法求解对流扩散方程的离散方法，并对开发的节块展开法的数值特性进行分析，尤其是对求解对流扩散方程可能出现的假扩散现象和数值振荡行为做详细分析，并做出相应的改进，以保证开发出的节块展开法具有更好的数值特性。

（3）耦合模型通用节块展开法的开发

为了实现节块展开法统一求解物理热工耦合模型的目标，本书需要开发耦合模型的通用节块展开法，也就是说，开发的节块展开法应该适用于书中提到的所有物理热工控制方程，比如对于空腔区域和非空腔区域的中子扩散方程均能求解，对于压力泊松方程、速度场方程、固体温度导热方程、流体对流换热模型、球流多孔介质模型（包括压力场、速度场、球床固体温度场、球床流体温度场）等也能求解。因此，本书开发的节块展开法需要有更广义的离散形式。

通过初步分析，可以将上述提到的各个控制方程写成以下形式：

$$\delta \frac{\partial \phi}{\partial t} + \boldsymbol{F} \cdot \nabla \phi - \Gamma \nabla^2 \phi + \sigma \cdot \phi = Q \qquad (2\text{-}32)$$

其中，$\delta = 0$ 为稳态问题，$\delta \neq 0$ 为瞬态模型；$\nabla \phi$ 为对流项；$\boldsymbol{F} = (U, V, W)$，$U, V, W$ 分别为 x, y, z 方向的速度分量；$\nabla^2 \phi$ 为扩散项；$\Gamma > 0$ 为扩散系数、导热系数或者黏性系数；σ 为吸收截面或者反应系数等；Q 为源项。通过选择不同的 $\boldsymbol{F}, \Gamma, \sigma$ 和 Q，控制方程（2-32）可描述不同的物理场，具体分析将在 3.1 节中说明。因此为了开发耦合模型的通用节块展开法，本书以方程（2-32）作为研究对象，且保证最终的节块展开法离散格式能够适用于参数 $\boldsymbol{F}, \Gamma, \sigma$ 和 Q 的不同选取方式。

此外，为了保证节块展开法求解框架的通用性，希望开发的节块展开法对于不同的耦合问题具有相同的求解框架，而不同类型的节块展开法也可以集成在同一个求解框架。这样就可以针对不同的问题，非常灵活地选取不同的方法。

（4）耦合源项传递高阶信息问题和非线性项处理

对于一个耦合系统来说，由于耦合源项的存在，各个物理场之间存在着信息传递。而各个物理场之间信息传递的精度将会直接影响耦合系统的求解精度。同时，由于节块展开法的一个特点就是具有高阶展开系数，而高阶展开系数也代表了数值解的高阶展开信息，如果能够将节块展开法的节块平均值和高阶展开系数均在各个耦合源项之间传递，那么相比于有限体积法或者有限差分法中仅仅传递节块的平均值或者某网格点的离散值来说，该方法无疑具有更好的计算精度，从而可以保证在网格较粗的情况下，得到耦合问题的合理解。

然而耦合源项之间高阶展开系数如何传递，能否把所有阶展开系数均进行传递，传递高阶系数对结果的影响或者可能引起什么问题等都需要进行专门的研究。此外,耦合问题中包含有大量的非线性项,比如各个反应截面和热工物性参数在通常情况下是温度的复杂关系式,求解多孔介质流场模型中的多孔介质阻力项是关于速度的复杂关系式,而这些项在节块展开法求解耦合问题过程中如何处理,也将成为研究内容的一部分。

2.4.2　基于节块展开法的 JFNK 的关键问题

节块展开法可在粗网下实现高精度,从而在保证计算精度的同时,大大减少耦合问题的计算规模,提高效率。另一方面,为了保证耦合系统的收敛性,目前 JFNK 是非常有潜力的方法,如果能够将节块展开法和 JFNK 方法进行有效的结合,就可以从收敛性、精度、效率三个方面整体出发,保证复杂耦合系统求解的高效性。此外,耦合问题的离散格式也可以统一,从而避免各个物理场离散格式不同给耦合问题求解带来的种种困难。然而要想将节块展开法和 JFNK 方法结合,开发基于节块展开法的 JFNK 耦合平台,就需要将以下关键技术作为研究的主要内容。

（1）节块展开法与 JFNK 结合的关键点分析

经过研究,并结合 2.3.2 节分析得出: JFNK 方法无论采用何种离散格式,比如有限体积法、有限差分法、有限元法还是节块展开法,其基本的计算框架都非常相似,不同之处在于残差方程的构造,也就是说,只要根据不同离散关系式得到其对应的残差方程,之后替换原 JFNK 方法的基本计算框架,即可从理论上实现 JFNK 方法的求解。因此,要想将节块展开法与 JFNK 方法结合,开发基于节块展开法的 JFNK 耦合平台,首先就需要研究如何从节块展开法的离散关系式中构造对应的残差方程。经过分析,得到了两种基本的构造思路:

第一种为针对节块展开法中出现的所有离散变量,根据其控制方程,一一构造其对应的残差方程。比如节块展开法中横向积分量、节块平均值、各阶展开系数、耦合源项系数、横向泄漏项系数、耦合问题的各个物性参数等,均建立对应的残差方程,假设所有离散变量构成的求解列向量为 x,其对应的离散关系式的广义形式为

$$A(x) \cdot x = b \tag{2-33}$$

其中,b 为已知量,$A(x)$ 是与 x 相关的矩阵,则所有离散变量对应的残差方程为

$$f(x) = A(x) \cdot x - b \tag{2-34}$$

其中,$f(x)$ 即为所求量 x 对应的残差方程形成的向量。

第二种为由于节块展开法中含有大量的展开系数和迭代过程中出现的中间变量,如果按照第一种思路构造残差方程,则会导致最终残差方程的数量增多,使得 JFNK 方法的求解规模大大增加,最终导致 Krylov 迭代数的增加,即计算成本也相应增加。所以此处的基本想法是:通过特定技术将其中的某些变量解析消去,使得最终显式表达的变量数目尽可能少,从而使需要建立对应的残差方程数量尽可能少,最终大大减少问题的求解规模,在保证计算精度和收敛性的同时提高其计算效率。而本书第 5 章将采用局部消去技术,将一些变量解析消去,其推导过程和技巧也将详细说明。

(2) 预处理技术的选取和构造思路分析

为了保证 Krylov 子空间求解大型稀疏线性方程组的计算效率,通常 Krylov 子空间方法要与对应的预处理技术匹配,否则 Krylov 子空间的收敛速度可能会非常慢。并且随着迭代次数的增加,当子空间对应的基向量失去正交性时,其收敛特性将无法得到保证。因此,需要根据求解矩阵建立对应的预处理矩阵,对于 Newton 步中局部线性化的方程来说,其预处理的具体形式如下所示:

$$\mathbf{Pre}^{-1} \cdot \mathbf{Ja}(x^k) \cdot \delta x^k = -\mathbf{Pre}^{-1} \cdot f(x^k) \tag{2-35}$$

其中,$\mathbf{Pre}$ 即为对应的预处理矩阵,根据式(2-19)的 Jacobian-Free 技术,即可得到 JFNK 方法中预处理技术的具体形式如式(2-36)所示:

$$\mathbf{Pre}^{-1} \cdot \mathbf{Ja}(x^k) \cdot \boldsymbol{v} \approx \frac{\mathbf{Pre}^{-1} \cdot f(x^k + \varepsilon \cdot \boldsymbol{v}) - \mathbf{Pre}^{-1} \cdot f(x^k)}{\varepsilon} \tag{2-36}$$

要想获得好的预处理效果,预处理矩阵 $\mathbf{Pre}$ 需要为 Jacobian 矩阵 $\mathbf{Ja}^k$ 的良好近似,且矩阵逆 $\mathbf{Pre}^{-1}$ 应尽可能地容易求解。因此,预处理矩阵 $\mathbf{Pre}$ 就需要根据 Jacobian 矩阵 $\mathbf{Ja}^k$ 的特征和信息来构造,而 JFNK 方法中 Jacobian 矩阵 $\mathbf{Ja}^k$ 并没有显式的构造,而是需要根据节块展开法的离散关系式重新进行分析和构造。因此如何根据节块展开法的离散关系式,显式构造出良好的预处理矩阵 $\mathbf{Pre}$ 及其中存在的关键技术将需要进一步研究。此处显式构造预处理矩阵 $\mathbf{Pre}$ 的思路,通常称为"线性预处理"。

此外,为了避免预处理矩阵 $\mathbf{Pre}$ 复杂的显式构造过程,还有一种预处理技术可以使用,即非线性预处理,其基本思路与 JFNK 中 Jacobian 矩阵与向量乘的思路相似,将预处理矩阵逆 $\mathbf{Pre}^{-1}$ 与残差方程 $f(x^k)$ 的乘积作为研究对象,只关心两者最后乘积 $\mathbf{Pre}^{-1} \cdot f(x^k)$ 的结果,而不关心 $\mathbf{Pre}$ 与 $f(x^k)$ 的具体表达形式。

有关线性预处理技术以及非线性预处理技术的特点、处理技巧、计算效率分析等关键技术将会在第 5 章做详细分析。

（3）初值选取和全局收敛技术分析

根据 2.3.2 节的分析可知，Newton 方法虽然具有非常强的收敛特性，但其是局部收敛的，也就是说，只有初值的选取非常接近真实解时，才能保证 Newton 方法的收敛。然而，对于实际的工程问题，无法判断初值选取是否在 Newton 步的收敛域内，且在使用基于节块展开法的 JFNK 求解稳态复杂耦合系统时，在初值选取不合理或者 Krylov 子空间预处理不充分的情况下，发现基于节块展开法的 JFNK 方法同样出现了不收敛现象。因此第 5 章详细分析了不收敛可能存在的原因，并采用了相应的全局收敛技术，在 Newton 步迭代过程中尽可能地找到非常接近于真实解的更新值，从而保证 Newton 步最终的收敛。

最终依据上面的分析思路和各个关键技术，搭建基于节块展开法的 JFNK 耦合计算平台，且保证耦合系统对应的各个物理场具有统一的离散格式和求解框架，可以根据实际工程需要，选取不同的处理技术。

2.5　本章小结

本章主要分析了复杂的核电站耦合系统求解的特点、高温堆耦合系统的特殊性、目前耦合系统求解存在的挑战和关键问题等，并针对传统耦合方法存在的问题进行了理论分析，指出了传统耦合方法很难推广到整个核电站这样一个复杂耦合问题的求解，而本书开发基于节块展开法的 JFNK 耦合方法，目的就是致力于探索并开发一种适用于求解大规模复杂耦合系统，并具有强收敛、高精度、高效率的耦合计算方法。基于此，本章又针对节块展开法和 JFNK 方法进行了详细的分析，并结合耦合系统求解的特殊性，提炼出开发基于节块展开法的 JFNK 耦合平台需要研究的核心问题和关键技术，从而确定了本书的研究重点。

第 3 章　耦合模型的通用节块展开法研究

为了解决各个物理场离散格式不同带来的耦合困难,并充分利用节块展开法的优势,实现粗网格下采用节块展开法统一求解物理热工耦合模型的目标,从而减少问题的计算规模,提高计算效率,本章开发了物理热工模型的通用节块展开法,其能够用于反应堆热工计算,特别是球流多孔介质耦合模型,并解决了原有节块展开法无法求解含有空腔区域的中子扩散方程的问题。

通过第 2 章的分析可知,对流项的离散是开发物理热工通用节块展开法的主要研究对象。此外,对流扩散方程是反应堆热工计算的核心模型,它既可以表示能量守恒方程,也可以表示源项中含有压力梯度项的动量守恒方程,也是构成球流多孔介质模型的基本模型;同时对流扩散方程也是热工问题中最难处理的模型之一,尤其是对流项,是数值计算误差的主要来源。因此,本章将对流扩散方程作为反应堆热工模型研究的重点,并开发了几种新的节块展开法;而对于包含速度场、压力场和温度场的球流多孔介质耦合模型求解将会在第 4 章中做详细介绍。

3.1　耦合模型通用节块展开法的初步开发

3.1.1　基本思路

反应堆物理热工的各个控制方程的统一形式如下:

$$\delta \frac{\partial \phi}{\partial t} + \boldsymbol{F} \cdot \nabla \phi - \Gamma \nabla^2 \phi + \sigma \cdot \phi = Q \tag{3-1}$$

其中,各个参数代表的物理意义已经在 2.4.1 节中进行了详细描述,通过选择不同的 $\boldsymbol{F}, \Gamma, \sigma$ 和 Q,控制方程(3-1)可描述不同的物理场,具体见表 3-1。

因此,要想开发物理热工通用的节块展开法,就需要针对方程(3-1)进行节块展开法的研究,并且开发的节块展开法要能够适用于表 3.1 中的各种控制方程。但由表 3.1 可知,对于压力泊松方程、固体导热模型、对流扩散方程(流体换热模型),其对应的 σ 均为 0,这和第 2 章中提到的含有空腔区域的中子扩散方程一样,都要面临原有的节块展开法无法直接建立净流和节块平均通量之间关系式的困难,这也成为开发通用节块展开法的关键问题之一。

表 3-1　不同参数的选取所代表的各个控制方程

参数 F,Γ,σ,Q	控制方程类型
$F=0,\Gamma\neq0,\sigma=0$	压力泊松方程或固体导热模型
$F\neq0,\Gamma\neq0,\sigma=0$	对流扩散方程(流体换热模型)
$F=0,\Gamma\neq0,\sigma\neq0,Q=$散射+裂变	中子扩散方程
$F=0,\sigma\neq0,\Gamma\neq0,Q=\alpha\cdot T_f$　α 为对流换热系数,T_f 为球床流体温度	多孔介质固体温度场模型
$F\neq0,\sigma\neq0,\Gamma\neq0,Q=\alpha\cdot T_s$　α 为对流换热系数,T_s 为球床流体温度	多孔介质流体温度场模型
$F\neq0,\sigma=0,\Gamma\neq0,Q=-\nabla P+$多孔介质阻力项　P 为压力	多孔介质流场模型

基于此,经过初步的分析和研究,并依据反应堆物理中节块展开法的基本思路,最终成功地将节块展开法推广到方程(3-1)的求解,具体求解框架与反应堆物理中的节块展开法非常相似:①通过横向积分技术,在形式上将多维问题转化为多个一维问题,各个一维问题通过横向泄漏项相互耦合;②将各个一维问题的数值解通过一系列勒让德多项式进行展开,相应的展开系数依据通量连续、流连续和 Galerkin 权重残差等式等一系列约束条件得到,之后消去展开系数,最终得到关于横向积分通量和节块平均通量的离散关系式。该方法并不像反应堆物理中的传统节块展开法一样,得到的是关于净流和平均通量的关系式;③依据节块平衡方程可额外建立横向积分通量和节块平均通量的离散关系式,消去平均通量即可最终得到一系列关于横向积分通量的耦合离散关系式。新的节块展开法不论 σ 是否为 0 均适用,这样就可有效地解决 σ 为 0 时原有节块展开法无法直接建立净流和节块平均通量之间关系式的问题,具体模型推导如 3.1.2 节所示。

3.1.2　模型推导

(1) 横向积分过程

节块展开法在求解方程(3-1)时,计算区域被划分为 $I\times J\times K$ 个网格,每个网格的尺寸为 $[-h_x^{i,j,k},h_x^{i,j,k}]\times[-h_y^{i,j,k},h_y^{i,j,k}]\times[-h_z^{i,j,k},h_z^{i,j,k}]$;其中,$i=1,\cdots,I,j=1,\cdots,J,k=1,\cdots,K$;$I,J,K$ 分别为 x,y,z 坐标方

向的网格数。此处先考虑稳态问题，即 $\delta = 0$，对于时间项的处理在后续章节介绍。首先使用横向积分技术，在离散节块(i,j,k)内对方程(3-1)沿其中任意两个坐标方向进行积分，可以在另外一个坐标方向得到对应的横向积分方程：

$$\overline{U} \cdot \frac{\mathrm{d}\phi_x(x)}{\mathrm{d}x} - \overline{\Gamma} \cdot \frac{\mathrm{d}^2\phi_x(x)}{\mathrm{d}x^2} + \bar{\sigma} \cdot \phi_x(x) = S_x(x) = Q_x(x) - L_x(x)$$

$$(3\text{-}2)$$

$$\overline{V} \cdot \frac{\mathrm{d}\phi_y(y)}{\mathrm{d}y} - \overline{\Gamma} \cdot \frac{\mathrm{d}^2\phi_y(y)}{\mathrm{d}y^2} + \bar{\sigma} \cdot \phi_y(y) = S_y(y) = Q_y(y) - L_y(y)$$

$$(3\text{-}3)$$

$$\overline{W} \cdot \frac{\mathrm{d}\phi_z(z)}{\mathrm{d}z} - \overline{\Gamma} \cdot \frac{\mathrm{d}^2\phi_z(z)}{\mathrm{d}z^2} + \bar{\sigma} \cdot \phi_z(z) = S_z(z) = Q_z(z) - L_z(z)$$

$$(3\text{-}4)$$

三个横向积分方程可以写成以下统一形式：

$$\begin{cases} F_r \cdot \dfrac{\mathrm{d}\phi_r(r)}{\mathrm{d}r} + \dfrac{\mathrm{d}J_r(r)}{\mathrm{d}r} + \bar{\sigma} \cdot \phi_r(r) = S_r(r) = Q_r(r) - L_r(r) \\[2mm] J_r(r) = -\overline{\Gamma} \cdot \dfrac{\mathrm{d}\phi_r(r)}{\mathrm{d}r} \end{cases}$$

$$(3\text{-}5)$$

其中，为简化书写及清晰了解核心思路，横向积分方程中所有变量节块索引(i,j,k)暂时被省去，稍后会加上。$\overline{U}$，$\overline{V}$，$\overline{W}$ 和 $\overline{\Gamma}$ 分别为每个节块(i,j,k)的平均值；$r = x, y, z$，$F_x = \overline{U}$，$F_y = \overline{V}$，$F_z = \overline{W}$。$\phi_r(r)$为 r 坐标方向的横向积分通量，如图 3-1 所示。

图 3-1 中，$J_r(r)$为 r 坐标方向的面净流；虚源项 $S_r(r)$由横向积分的真实源项 $Q_r(r)$和横向泄漏项 $L_r(r)$两部分组成。$\phi_r(r)$，$Q_r(r)$和 $L_r(r)$的定义如式(3-6)～式(3-8)：

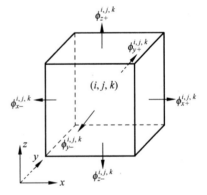

图 3-1　节块展开法的横向积分量

$$\phi_r(r) = \frac{1}{4h_\xi h_\eta} \int_{-h_\xi}^{h_\xi} \int_{-h_\eta}^{h_\eta} \phi(r, \xi, \eta) \mathrm{d}\xi \mathrm{d}\eta$$

$$(3\text{-}6)$$

$$Q_r(r) = \frac{1}{4h_\xi h_\eta} \int_{-h_\xi}^{h_\xi} \int_{-h_\eta}^{h_\eta} Q(r, \xi, \eta) \mathrm{d}\xi \mathrm{d}\eta$$

$$(3\text{-}7)$$

$$L_r(r) = \frac{1}{4h_\xi h_\eta} \int_{-h_\xi}^{h_\xi} \int_{-h_\eta}^{h_\eta} \left(F_\xi \frac{\partial \phi}{\partial \xi} - \bar{\Gamma} \frac{\partial^2 \phi}{\partial \xi^2} + F_\eta \frac{\partial \phi}{\partial \eta} - \bar{\Gamma} \frac{\partial^2 \phi}{\partial \eta^2} \right) d\xi d\eta \quad (3\text{-}8)$$

其中，$r = x, y, z \neq \xi \neq \eta$；$\xi = y, z, x$；$\eta = z, x, y$；保证每次 r, ξ, η 均不同。$L_r(r)$ 相当于将方程(3-1)中非 r 方向的偏微分项移到等式右端，之后对其沿 ξ, η 进行积分，这样 $L_r(r)$ 就变为仅仅与 r 相关的量。由 $L_r(r)$ 可以看出，各个坐标方向对应的横向积分式(3-2)～式(3-4)通过横向泄漏项 $L_r(r)$ 相互耦合。横向积分方程具体求解过程如下。

（2）横向积分方程的求解

为了求解横向积分方程(3-5)，$\phi_r(r)$，$Q_r(r)$ 和 $L_r(r)$ 在每个节块(i, j, k)内分别通过一系列勒让德多项式进行展开：

$$\phi_r(r) \approx \sum_{n=0}^{N_\phi} a_{r,n} f_n(r) \quad (3\text{-}9)$$

$$Q_r(r) \approx \sum_{n=0}^{N_Q} q_{r,n} f_n(r) \quad (3\text{-}10)$$

$$L_r(r) \approx \sum_{n=0}^{N_L} l_{r,n} f_n(r) \quad (3\text{-}11)$$

其中，$a_{r,n}$，$q_{r,n}$ 和 $l_{r,n}$ 分别为 $\phi_r(r)$，$Q_r(r)$ 和 $L_r(r)$ 的展开系数，$f_n(r)$ 为第 n 阶勒让德多项式：

$$f_0(r) = 1 \quad (3\text{-}12)$$

$$f_1(r) = \frac{r}{2h_r} \quad (3\text{-}13)$$

$$f_2(r) = 3\left(\frac{r}{2h_r}\right)^2 - \frac{1}{4} \quad (3\text{-}14)$$

$$f_3(r) = \frac{r}{2h_r}\left(\frac{r}{2h_r} - \frac{1}{2}\right)\left(\frac{r}{2h_r} + \frac{1}{2}\right) \quad (3\text{-}15)$$

$$f_4(r) = \left[\left(\frac{r}{2h_r}\right)^2 - \frac{1}{20}\right]\left(\frac{r}{2h_r} - \frac{1}{2}\right)\left(\frac{r}{2h_r} + \frac{1}{2}\right) \quad (3\text{-}16)$$

以上勒让德多项式和反应堆物理中节块展开法中的多项式完全一样，其同样满足式(3-17)和式(3-18)的条件：

$$\frac{1}{2h_r} \int_{-h_r}^{h_r} f_n(r) dr = 0, \quad 1 \leqslant n \leqslant 4 \quad (3\text{-}17)$$

$$f_n(r = \pm h_r) = 0, \quad 3 \leqslant n \leqslant 4 \quad (3\text{-}18)$$

满足式(3-17)是为了保证节块平均值等于 0 阶展开系数；满足式(3-18)是

为了保证节块边界横向积分通量的表达式仅仅与 $0,1,2$ 阶展开系数有关，而与更高阶的展开系数没有关系，即

$$\bar{\phi} = \frac{1}{2h_r} \int_{-h_r}^{h_r} \phi_r(r)\mathrm{d}r = a_{r,0} \tag{3-19}$$

$$\phi_{r-} \equiv \phi_r(r = -h_r) = a_{r,0} - \frac{a_{r,1}}{2} + \frac{a_{r,2}}{2} \tag{3-20}$$

$$\phi_{r+} \equiv \phi_r(r = +h_r) = a_{r,0} + \frac{a_{r,1}}{2} + \frac{a_{r,2}}{2} \tag{3-21}$$

为了得到 $(N_\phi + 1)$ 个展开系数的表达式，此处需要建立 $N_\phi + 1$ 个特定约束条件：

（1）节块平衡方程

$$\sum_{r=x,y,z} \frac{\phi_{r+}^{i,j,k} - \phi_{r-}^{i,j,k}}{2h_r^{i,j,k}} + \sum_{r=x,y,z} \frac{J_{r+}^{i,j,k} - J_{r-}^{i,j,k}}{2h_r^{i,j,k}} + \sigma \cdot \bar{\phi}^{i,j,k} = \bar{Q}^{i,j,k} \tag{3-22}$$

（2）节块边界处横向积分通量 $\phi_r(r)$ 连续（以 $r=x$ 方向为例）

$$\phi_{x-}^{i+1,j,k} = \phi_{x+}^{i,j,k} \tag{3-23}$$

（3）节块边界处净流 $J_r(r)$ 连续（以 $r=x$ 方向为例）

$$J_x(x = -h_x^{i+1,j,k}) \equiv J_{x-}^{i+1,j,k} = J_{x+}^{i,j,k} \equiv J_x(x = +h_x^{i,j,k}) \tag{3-24}$$

（4）$(N_\phi - 2)$ 个 Galerkin 权重残差等式

$$\frac{1}{2h_r} \int_{-h_r}^{h_r} f_n(r) \cdot [式(3\text{-}1)]\mathrm{d}r, \quad n = 1, \cdots, N-2 \tag{3-25}$$

对于反应堆物理中求解中子扩散方程的节块展开法，通过节块平衡方程和三个横向积分方程，建立四个平均通量 $\bar{\phi}^{i,j,k}$ 和净流 $J_{r+}^{i,j,k}(r=x,y,z)$ 相互耦合的离散关系式，之后消去平均通量 $\bar{\phi}^{i,j,k}$，最后得到关于净流 $J_{r+}^{i,j,k}(r=x,y,z)$ 的耦合离散关系式。但是前面已经提到对于 σ 均为 0，原有的节块展开法就无法直接建立平均通量 $\bar{\phi}^{i,j,k}$ 和净流 $J_{r+}^{i,j,k}(r=x,y,z)$ 之间的离散关系式，这样原有的节块展开法就无法直接推广到方程（3-1）的求解。此处的基本思路是：如果能够选择一个新变量，使得节块平衡方程和各个横向积分方程都能建立平均通量 $\bar{\phi}^{i,j,k}$ 和该新变量的关系，那么原有中子扩散方程的节块展开法就可以很容易推广到方程（3-1）的求解。经过分析，最终选择横向积分边界通量 $\phi_{r+}^{i,j,k}$ 来代替净流 $J_{r+}^{i,j,k}$，即可解决上述提到的问题。首先由式（3-19）～式（3-21）和式（3-25）可得到各个展开系数关于平均通量 $\bar{\phi}$ 和横向积分通量 ϕ_{r+} 的关系式：

$$a_{r,0} = \bar{\phi} \tag{3-26}$$

$$a_{r,1} = \phi_{r+} - \phi_{r-} \tag{3-27}$$

$$a_{r,2} = \phi_{r+} + \phi_{r-} - 2\bar{\phi} \tag{3-28}$$

$$a_{r,3} = \frac{10}{60D_r + \Lambda_r} [\Lambda_r \cdot a_{r,1} + 6F_r \cdot a_{r,2} - 2h_r \cdot (q_{r,1} - l_{r,1})] \tag{3-29}$$

$$a_{r,4} = \frac{35[10F_r\Lambda_r \cdot a_{r,1} + (60^2 + 60D_r \cdot \Lambda_r + (\Lambda_r)^2)a_{r,2}}{-20h_rF_r \cdot (q_{r,1} - l_{r,1}) - 2h_r(60D_r + \Lambda_r) \cdot (q_{r,2} - l_{r,2})]}{(60D_r + \Lambda_r)(140D_r + \Lambda_r)} \tag{3-30}$$

其中，$D_r = \Gamma/2h_r$，$\Lambda_r = \sigma \cdot 2h_r$；此处以 $r=x$ 为例，依据连续性条件式(3-23)和式(3-24)，即可得到关于横向积分通量 $\phi_{r+}^{i-1,j,k}$，$\phi_{r+}^{i,j,k}$，$\phi_{r+}^{i+1,j,k}$ 的离散关系式：

$$Aw_x \cdot \phi_{x+}^{i-1,j,k} + Ap_x \cdot \phi_{x+}^{i,j,k} + Ae_x \cdot \phi_{x+}^{i+1,j,k} - Bp_x \cdot \bar{\phi}^{i,j,k} - Be_x \cdot \bar{\phi}^{i+1,j,k}$$
$$= Cp_x \cdot (q_{x,1}^{i,j,k} - l_{x,1}^{i,j,k}) + Ce_x \cdot (q_{x,1}^{i+1,j,k} - l_{x,1}^{i+1,j,k}) +$$
$$Dp_x \cdot (q_{x,2}^{i,j,k} - l_{x,2}^{i,j,k}) + De_x \cdot (q_{x,2}^{i+1,j,k} - l_{x,2}^{i+1,j,k}) \tag{3-31}$$

其中，

$$Aw_x = 2D_x^{i,j,k} + \frac{KR_x^{i,j,k}}{2}\left(F_x^{i,j,k} - \frac{\Lambda_x^{i,j,k}}{6}\right) + \frac{\Upsilon_x^{i,j,k}}{20}\Lambda_x^{i,j,k} \tag{3-32}$$

$$Ae_x = 2D_x^{i+1,j,k} - \frac{KL_x^{i+1,j,k}}{2}\left(F_x^{i+1,j,k} + \frac{\Lambda_x^{i+1,j,k}}{6}\right) + \frac{\Upsilon_x^{i+1,j,k}}{20}\Lambda_x^{i+1,j,k} \tag{3-33}$$

$$Ap_x = 4D_x^{i,j,k} + \frac{KR_x^{i,j,k}}{2}\left(F_x^{i,j,k} + \frac{\Lambda_x^{i,j,k}}{6}\right) + \frac{\Upsilon_x^{i,j,k}}{20}\Lambda_x^{i,j,k} +$$
$$4D_x^{i+1,j,k} - \frac{KL_x^{i+1,j,k}}{2}\left(F_x^{i+1,j,k} - \frac{\Lambda_x^{i+1,j,k}}{6}\right) + \frac{\Upsilon_x^{i+1,j,k}}{20}\Lambda_x^{i+1,j,k} \tag{3-34}$$

$$Bp_x = 6D_x^{i,j,k} + KR_x^{i,j,k}F_x^{i,j,k} + \Upsilon_x^{i,j,k}\Lambda_x^{i,j,k}/10 \tag{3-35}$$

$$Be_x = 6D_x^{i+1,j,k} - KL_x^{i+1,j,k}F_x^{i+1,j,k} + \Upsilon_x^{i+1,j,k}\Lambda_x^{i+1,j,k}/10 \tag{3-36}$$

$$Cp_x = h_x^{i,j,k}KR_x^{i,j,k}/6 \tag{3-37}$$

$$Ce_x = -h_x^{i+1,j,k}KL_x^{i+1,j,k}/6 \tag{3-38}$$

$$Dp_x = h_x^{i,j,k}\Upsilon_x^{i,j,k}/10 \tag{3-39}$$

$$De_x = h_x^{i+1,j,k}\Upsilon_x^{i+1,j,k}/10 \tag{3-40}$$

同理也可通过相似的思路分别得到与式(3-31)形式相同的 y 和 z 方向的离散关系式,且对于不同阶展开的节块展开法,通过选取合适的 $KL_r^{i,j,k}$、$KR_r^{i,j,k}$ 和 $\Upsilon_x^{i,j,k}$,均可表示成式(3-31)的形式,具体见表 3-2。

表 3-2   离散关系式(3-31)中不同阶展开的节块展开法对应参数的选取

参数	节块展开法的展开阶数 N_ϕ		
	2	3	4
$KL_r^{i,j,k}$	0	$\dfrac{60D_r^{i,j,k}}{60D_r^{i,j,k}+\Lambda_r^{i,j,k}}$	$\dfrac{60D_r^{i,j,k}}{60D_r^{i,j,k}+\Lambda_r^{i,j,k}}\left(1-\dfrac{F_r^{i,j,k}}{10D_r^{i,j,k}}\cdot\Upsilon_x^{i,j,k}\right)$
$KR_r^{i,j,k}$	0	$\dfrac{60D_r^{i,j,k}}{60D_r^{i,j,k}+\Lambda_r^{i,j,k}}$	$\dfrac{60D_r^{i,j,k}}{60D_r^{i,j,k}+\Lambda_r^{i,j,k}}\left(1-\dfrac{F_r^{i,j,k}}{10D_r^{i,j,k}}\cdot\Upsilon_x^{i,j,k}\right)$
$\Upsilon_x^{i,j,k}$	0	0	$\dfrac{140D_r^{i,j,k}}{140D_r^{i,j,k}+\Lambda_r^{i,j,k}}$

为了求解离散关系式(3-31),还需要建立节块平均通量($\bar{\phi}^{i,j,k}$)和横向积分通量 $\phi_{r+}^{i,j,k}$ 之间的关系,此处由节块平衡方程(3-22)、净流 $J_r(r)$ 与横向积分通量 $\phi_r(r)$ 关系式(3-5)、$\phi_r(r)$ 的勒让德展开式(3-9)及各阶展开系数的表达式(3-26)~式(3-30)即可得到节块平均通量 $\bar{\phi}^{i,j,k}$ 与横向积分通量 $\phi_{r+}^{i,j,k}$ 的额外关系式:

$$H^{i,j,k}\bar{\phi}^{i,j,k}=\bar{Q}^{i,j,k}+\sum_{r=x,y,z}\left[GR_r^{i,j,k}\phi_{r+}^{i,j,k}+GL_r^{i,j,k}\phi_{r-}^{i,j,k}\right]-$$
$$\sum_{r=x,y,z}\left[S1_r^{i,j,k}(q_{x,1}^{i,j,k}-l_{x,1}^{i,j,k})+S2_r^{i,j,k}(q_{x,2}^{i,j,k}-l_{x,2}^{i,j,k})\right]$$

$$(3\text{-}41)$$

其中,

$$H^{i,j,k}=6\sum_{r=x,y,z}\frac{D_r^{i,j,k}}{h_r^{i,j,k}}+\sum_{r=x,y,z}\frac{F_r^{i,j,k}(KR_r^{i,j,k}-KL_r^{i,j,k})}{2h_r^{i,j,k}}+$$
$$\sigma^{i,j,k}\left(1+\sum_{r=x,y,z}\frac{\Upsilon_r^{i,j,k}}{5}\right) \qquad (3\text{-}42)$$

$$GL_r^{i,j,k}=\frac{F_r^{i,j,k}}{2h_r^{i,j,k}}+\frac{3D_r^{i,j,k}}{h_r^{i,j,k}}+\frac{KR_r^{i,j,k}-KL_r^{i,j,k}}{4h_r^{i,j,k}}\left(F_r^{i,j,k}-\frac{\Lambda_r^{i,j,k}}{6}\right) \quad (3\text{-}43)$$

$$GR_r^{i,j,k}=-\frac{F_r^{i,j,k}}{2h_r^{i,j,k}}+\frac{3D_r^{i,j,k}}{h_r^{i,j,k}}+\frac{KR_r^{i,j,k}-KL_r^{i,j,k}}{4h_r^{i,j,k}}\left(F_r^{i,j,k}+\frac{\Lambda_r^{i,j,k}}{6}\right) \quad (3\text{-}44)$$

$$S1_r^{i,j,k} = (KR_r^{i,j,k} - KL_r^{i,j,k})/12 \qquad (3-45)$$

$$S2_r^{i,j,k} = \Upsilon_r^{i,j,k}/10 \qquad (3-46)$$

将离散关系式(3-41)代入离散关系式(3-31),消去其中的节块平均通量 $\bar{\phi}^{i,j,k}$ 和 $\bar{\phi}^{i+1,j,k}$,最终得到关于横向积分通量 $\phi_{r+}^{i,j,k}(r=x,y,z)$ 的耦合离散关系式,之后通过求解矩阵得到所有坐标方向的横向积分通量 $\phi_{r+}^{i,j,k}(r=x,y,z)$,再根据离散关系式(3-41),即可得到每个节块的平均通量。

(3) 横向泄漏项的处理

对于中子扩散方程的节块展开法,工程上普遍处理横向泄漏项的基本思路为每个坐标方向都假设三个相邻节块内的横向泄漏项服从一个相同的二次多项式,根据这样一个假设来求解横向泄漏项的展开系数 $l_{r,n}(n=1,2)$。由等式(3-11)可知,$L_r(r) \approx \sum_{n=0}^{N_L} l_{r,n} f_n(r)$,以 $r=x$ 为例,那么上述假设三个相邻节块内的横向泄漏项都服从一个相同二次多项式的思路,可表示为以下数学形式:

$$\frac{1}{2h_x^{i-1,j,k}} \int_{-h_x^{i,j,k}-2h_x^{i-1,j,k}}^{-h_x^{i,j,k}} \left(\sum_{n=0}^{2} l_{r,n}^{i,j,k} f_n^{i,j,k}(x) \right) dx = \bar{L}_x^{i-1,j,k} \qquad (3-47)$$

$$\frac{1}{2h_x^{i,j,k}} \int_{-h_x^{i,j,k}}^{h_x^{i,j,k}} \left(\sum_{n=0}^{2} l_{r,n}^{i,j,k} f_n^{i,j,k}(x) \right) dx = \bar{L}_x^{i,j,k} \qquad (3-48)$$

$$\frac{1}{2h_x^{i+1,j,k}} \int_{h_x^{i,j,k}}^{h_x^{i,j,k}+2h_x^{i+1,j,k}} \left(\sum_{n=0}^{2} l_{r,n}^{i,j,k} f_n^{i,j,k}(x) \right) dx = \bar{L}_x^{i+1,j,k} \qquad (3-49)$$

根据式(3-47)~式(3-49)即可得到节块(i,j,k)内横向泄漏项的展开系数 $l_{x,n}^{i,j,k}(n=1,2)$ 的式(3-50)~式(3-51)。但是对于含有对流项的方程,比如对流扩散方程,由于对流项具有很明显的方向性和输运特性,也就是说某一点的信息只能向下游传播而不能逆向传播,所以中子扩散方程中横向泄漏项的普遍处理思路,并不能直接推广到含有对流项的方程中,比如对流扩散方程使用了中子扩散方程的泄漏项处理方法,反而会使计算精度降低,这在参考文献[76]中有明确的说明。此外,参考文献[67]中使用节块积分方法求解对流扩散方程时,等式中也含有类似横向泄漏项部分,该文献提出了 0 阶和 1 阶的近似处理方法,但 1 阶处理方法的计算量非常大,综合考虑计算精度和效率的平衡,节块积分方法通常采用 0 阶的横向泄漏近似。

$$l_{x,1}^{i,j,k} = \frac{\begin{aligned}h_x^{i,j,k}\big[&-(h_x^{i,j,k}+h_x^{i+1,j,k})(h_x^{i,j,k}+2h_x^{i+1,j,k})\overline{L}_x^{i-1,j,k}+\\&(h_x^{i-1,j,k}+h_x^{i+1,j,k})(2h_x^{i-1,j,k}+3h_x^{i,j,k}+2h_x^{i+1,j,k})\overline{L}_x^{i,j,k}+\\&(h_x^{i-1,j,k}+h_x^{i+1,j,k})(2h_x^{i-1,j,k}+h_x^{i,j,k})\overline{L}_x^{i+1,j,k}\big]\end{aligned}}{(h_x^{i-1,j,k}+h_x^{i,j,k})(h_x^{i,j,k}+h_x^{i+1,j,k})(h_x^{i-1,j,k}+h_x^{i,j,k}+h_x^{i+1,j,k})}$$

$$(3\text{-}50)$$

$$l_{x,2}^{i,j,k} = \frac{\begin{aligned}(h_x^{i,j,k})^2\big[&-(h_x^{i,j,k}+h_x^{i+1,j,k})\overline{L}_x^{i-1,j,k}+\\&(h_x^{i-1,j,k}+2h_x^{i,j,k}+h_x^{i+1,j,k})\overline{L}_x^{i,j,k}+\\&(h_x^{i-1,j,k}+h_x^{i,j,k})\overline{L}_x^{i+1,j,k}\big]\end{aligned}}{(h_x^{i-1,j,k}+h_x^{i,j,k})(h_x^{i,j,k}+h_x^{i+1,j,k})(h_x^{i-1,j,k}+h_x^{i,j,k}+h_x^{i+1,j,k})}$$

$$(3\text{-}51)$$

因此,针对初步开发的物理热工通用节块展开法,当求解没有对流项的方程时,采用与中子扩散一样的 2 阶横向泄漏近似;当求解含有对流项的方程时,暂时采用 0 阶横向泄漏项近似,即 $l_{x,1}^{i,j,k}=l_{x,2}^{i,j,k}=0$。含有对流项的方程的更高阶横向泄漏项的处理方法将在 3.5 节探索和开发。

3.2　通用节块展开法求解含空腔区域中子扩散方程问题

对于空腔区域,中子扩散方程中的散射、裂变、吸收截面均为零,而扩散系数相当于无穷大,即对应方程(3-1)中的 $F=0,\Gamma=\infty,\sigma=0,Q=0$。根据3.1 节可知,初步开发的物理热工通用节块展开法能够处理 σ 为 0 时对应的方程(3-1),也就是说其有能力处理含有空腔区域的中子扩散方程。由式(3-41)和式(3-42)可明显看出:无论 σ 是否为 0,节块平衡方程均可建立 $\overline{\phi}^{i,j,k}$ 和 $\phi_{r\pm}^{i,j,k}(r=x,y,z)$ 之间的离散关系式。本节主要研究通用节块展开法求解含有空腔区域的中子扩散方程的数值特性,实现空腔区域和非空腔区域的统一求解。其中空腔区域扩散系数设定为 1.0E+06,代表无穷大。计算模型采用 4 阶展开的节块展开法,横向泄漏项采用 2 阶近似处理,其已在 3.1 节详细描述,而中子扩散方程的非空腔区域的源项可表示为式(3-52)～式(3-54)。下面通过几个算例来分析和验证其数值特性。

$$\overline{Q}^{i,j,k} = \sum_{g'=1}^{G}\left(\Sigma_{g'g}^{i,j,k}+\frac{\chi_g}{k_{\text{eff}}}\nu\Sigma_{g'}^{f,i,j,k}\right)\overline{\phi}_{g'}^{i,j,k}$$

$$(3\text{-}52)$$

$$q_{r,1}^{i,j,k} = \sum_{g'=1}^{G} \left(\Sigma_{g'g}^{i,j,k} + \frac{\chi_g}{k_{\text{eff}}} \nu\Sigma_{g'}^{f,i,j,k} \right) \left(a_{r,1}^{i,j,k} - \frac{a_{r,3}^{i,j,k}}{10} \right) \tag{3-53}$$

$$q_{r,2}^{i,j,k} = \sum_{g'=1}^{G} \left(\Sigma_{g'g}^{i,j,k} + \frac{\chi_g}{k_{\text{eff}}} \nu\Sigma_{g'}^{f,i,j,k} \right) \left(a_{r,2}^{i,j,k} - \frac{a_{r,4}^{i,j,k}}{35} \right) \tag{3-54}$$

（1）含空腔区域的 TWIGL 问题

含空腔区域 TWIGL 问题的几何结构和材料如图 3-2 和附录 A 中的表 A-1 所示[86]，与原有 TWIGL 基准题[87]相比，在原有堆芯的中心挖去一部分，形成空腔区域，即区域 4。图 3-2 为 TWIGL 问题的 1/4 堆芯几何结构示意图，左侧和上侧边界为对称边界，右侧和下侧边界为零通量边界。为了验证通用节块法处理空腔问题的能力，此处使用网格划分非常精细的有限体积法（FVM）的计算结果作为参考解。

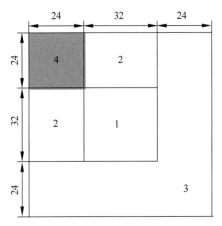

图 3-2　1/4 堆芯几何结构示意图

通用节块展开法的计算结果如表 3-3 和图 3-3 所示。k_{eff} 的相对误差为 0.004 13%，为了对比通用节块展开法在较粗的网格下（10×10）的通量计算结果与网格划分非常细（160×160）的 FVM 的计算结果，首先将 FVM 的计算结果体积平均到 10×10 的网格上，作为参考解。由图 3-3 可知，通量最大相对误差为 0.289%，能够非常好地进行含空腔区域中子扩散方程的求解。

表 3-3　有效增殖系数计算结果分析

程序名称	k_{eff}	k_{eff} 的相对误差
NEM（10×10）	0.929 733 75	4.134 76E−05
FVM（160×160）	0.929 695 3	——

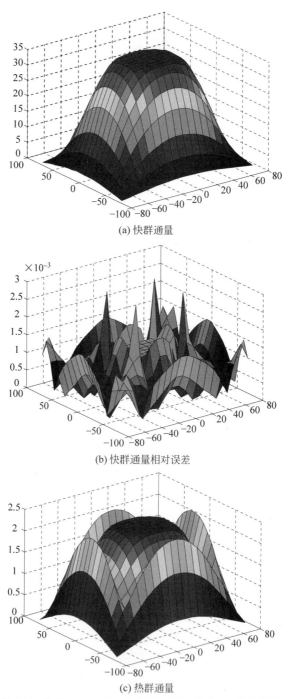

(a) 快群通量

(b) 快群通量相对误差

(c) 热群通量

图 3-3　快群和热群通量分布及相对误差分布(前附彩图)

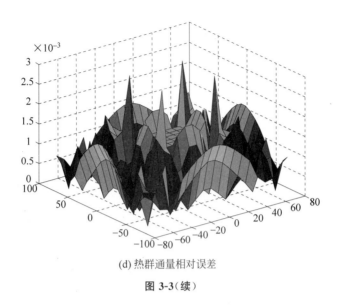

(d) 热群通量相对误差

图 3-3（续）

（2）IAEA2D 问题

IAEA 基准题[88]是典型的压水堆简化模型,堆芯由 177 个燃料组件组成,组件尺寸为 20cm×20cm,其 1/8 堆芯的几何结构和材料特性如图 3-4和附录 A 中表 A-2 所示。堆芯外围由 20cm 厚的水反射层组成(材料 4 填充区域),同时堆芯还有 9 根控制棒插在相应的燃料组件中(材料 3 填充区域),而这些控制棒和反射层使得通量变化非常剧烈,通常用该问题来验证算法的数值特性。

压水堆组件的固有排布问题使该基准体的右边界和下边界组成的计算区域并不是一个完整的矩形结构,而是一个类似于锯齿形的结构,给计算时边界区域的处理带来了一定的麻烦。然而实际上,可以将计算区域的右下角理解为空腔区域,即图 3-4 中的材料 5 填充区域,这样就可以将计算区域从锯齿形结构变为矩形结构。

计算时的网格尺寸与组件尺寸一样,即一个组件对应一个网格;且左侧和上侧边界为对称边界,右侧和下侧边界条件为零入射分中子流。通用节块展开法的计算结果如图 3-5 和表 3-4 所示。由表 3-4 可知,k_{eff} 与参考解相比,相对误差为 0.005 92%。由图 3-5 可知,每个组件的平均功率与参考功率相比,吻合比较好,最大相对误差为 -2.66%。由此可见,此边界处理方法较为合理,从而为锯齿形边界条件的处理提供了新的思路;同时也说明了通用节块展开法统一求解空腔区域和非空腔区域的正确性。

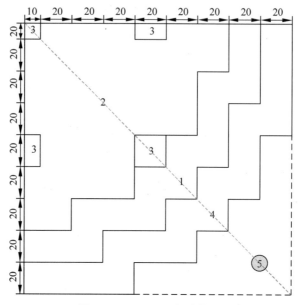

图 3-4   IAEA2D 几何结构图

0.7456	—— Reference			
0.7288(−2.66)	—— NEM (相对误差/%)			
1.3097	1.4351			
1.3206(0.83)	1.4520(1.18)			
1.4537	1.4799	1.4694		
1.4826(1.98)	1.5043(1.65)	1.4902(1.42)		
1.2107	1.3149	1.3451	1.1929	
1.2254(1.21)	1.3281(1.00)	1.3579(0.95)	1.1998(0.58)	
0.6100	1.0697	1.1792	0.9670	0.4706
0.6044(−0.92)	1.0723(0.24)	1.1812(0.17)	0.9697(0.28)	0.4653(−1.13)
0.9351	1.0361	1.0705	0.9064	0.6856	0.5849
0.9333(−0.18)	1.0322(−0.38)	1.0669(−0.34)	0.9000(−0.71)	0.6793(−0.92)	0.5703(−2.50)
0.9343	0.9504	0.9752	0.8461	0.5972
0.9266(−0.82)	0.9425(−0.84)	0.9674(−0.80)	0.8340(−1.43)	0.5861(−1.89)
0.7549	0.7358	0.6921
0.7395(−2.04)	0.7241(−1.59)	0.6829(−1.33)

图 3-5   组件的平均功率和相对误差

表 3-4　IAEA2D 有效增殖系数计算结果

程序名称	k_{eff}	k_{eff} 的相对误差
NEM	1.029 661	5.924 63E−05
Reference	1.029 6	—

3.3　通用节块展开法求解对流扩散方程的数值特性分析

3.1～3.2 节对通用节块展开法求解含有空腔区域的中子扩散方程进行了分析和数值验证；接下来需要研究通用节块法求解热工问题的数值特性。由于对流扩散方程是反应堆热工计算的核心模型和基本模型，也是最难处理的模型之一，尤其是对流项的处理[89-90]，下面专门针对通用节块展开法求解对流扩散方程的数值特性进行分析。

此外，当对通用节块展开法求解对流扩散方程的数值特性进行研究时，部分数值解中发现了数值振荡行为和假扩散现象，数值振荡行为反映的是离散格式的不稳定性，假扩散现象反映的是离散格式的数值耗散特性。又由于计算传热学和计算流体力学中离散格式的稳定性和数值耗散特性是学科研究的核心和重点，且两者相互联系、相互影响[91-92]，因此接下来着重研究通用节块展开法求解对流扩散方程的稳定性和数值耗散特性。

3.3.1　稳定性理论分析

稳定性分析通常是针对均匀网格划分、常系数、无源、第一类边界条件问题进行的[91]，因此假设各个方向的网格尺寸 $h_x^{i,j,k}$，$h_y^{i,j,k}$，$h_z^{i,j,k}$ 均为 h，等式(3-1)中 $Q=0$。根据表 3-1 可知，对于对流扩散方程，$\boldsymbol{F}\neq 0$，$\boldsymbol{\Gamma}\neq 0$，$\sigma=0$。根据 3.1.2 节的模型推导可知，将离散关系式(3-31)代入离散关系式(3-41)，消去其中的节块平均通量 $\bar{\phi}^{i,j,k}$ 和 $\bar{\phi}^{i+1,j,k}$，最终即可得到关于横向积分通量 $\phi_{r+}^{i,j,k}(r=x,y,z)$ 的一系列耦合离散关系式，此处以 $r=x$ 为例，给出 $\phi_{r+}^{i,j,k}(r=x,y,z)$ 之间的耦合关系式，由于在稳定性分析时的 $Q=0$，此处直接忽略与 Q 相关的离散源项，具体表达形式如式(3-55)：

$$Fw_x\phi_{x+}^{i-1,j,k}+Fp_x\phi_{x+}^{i,j,k}+Fe_x\phi_{x+}^{i+1,j,k}$$
$$=Bp_x\cdot GL_y^{i,j,k}/H^{i,j,k}\cdot\phi_{y+}^{i,j-1,k}+Bp_x\cdot GR_y^{i,j,k}/H^{i,j,k}\cdot\phi_{y+}^{i,j,k}+$$
$$Be_x\cdot GL_y^{i+1,j,k}/H^{i+1,j,k}\cdot\phi_{y+}^{i+1,j-1,k}+Be_x\cdot GR_y^{i+1,j,k}/H^{i+1,j,k}\cdot\phi_{y+}^{i+1,j,k}+$$

$$Bp_x \cdot GL_z^{i,j,k}/H^{i,j,k} \cdot \phi_{z+}^{i,j,k-1} + Bp_x \cdot GR_z^{i,j,k}/H^{i,j,k} \cdot \phi_{z+}^{i,j,k} +$$
$$Be_x \cdot GL_z^{i+1,j,k}/H^{i+1,j,k} \cdot \phi_{z+}^{i+1,j,k-1} + Be_x \cdot GR_z^{i+1,j,k}/H^{i+1,j,k} \cdot \phi_{z+}^{i+1,j,k}$$

$$(3\text{-}55)$$

$$Fw_x = Aw_x - Bp_x \cdot GL_x^{i,j,k}/H^{i,j,k} \tag{3-56}$$

$$Fp_x = Ap_x - Be_x \cdot GL_x^{i,j,k}/H^{i+1,j,k} - Bp_x \cdot GR_x^{i,j,k}/H^{i,j,k} \tag{3-57}$$

$$Fp_x = Ae_x - Be_x \cdot GR_x^{i+1,j,k}/H^{i+1,j,k} \tag{3-58}$$

式（3-55）中的 11 个横向积分通量 $\phi_{r+}^{i,j,k}$（$r=x,y,z$）相互耦合，$\phi_{x+}^{i-1,j,k}$，$\phi_{x+}^{i,j,k}$，$\phi_{x+}^{i+1,j,k}$，$\phi_{y+}^{i,j-1,k}$，$\phi_{y+}^{i,j,k}$，$\phi_{y+}^{i+1,j-1,k}$，$\phi_{y+}^{i+1,j,k}$，$\phi_{z+}^{i,j,k-1}$，$\phi_{z+}^{i,j,k}$，$\phi_{z+}^{i+1,j,k-1}$ 和 $\phi_{z+}^{i+1,j,k}$ 相互之间的耦合关系如图 3-6 所示。$r=y,z$ 也可得到相似的离散耦合关系式。

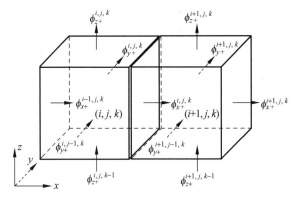

图 3-6 x 方向横向积分方程中各个离散变量之间的耦合关系

根据图 3-6 中各个变量所在的网格坐标，可将式（3-55）用同一套变量进行重写，具体如式（3-59）：

$$Fw_x \cdot C_{i-1,j,k} + Fp_x \cdot C_{i,j,k} + Fe_x \cdot C_{i+1,j,k}$$
$$= Bp_x \cdot GL_y^{i,j,k} \cdot C_{i-1/2,j-1/2,k} + Bp_x \cdot GR_y^{i,j,k} \cdot C_{i-1/2,j+1/2,k} +$$
$$Be_x \cdot GL_y^{i+1,j,k} \cdot C_{i+1/2,j-1/2,k} + Be_x \cdot GR_y^{i+1,j,k} \cdot C_{i+1/2,j+1/2,k} +$$
$$Bp_x \cdot GL_z^{i,j,k} \cdot C_{i-1/2,j,k-1/2} + Bp_x \cdot GR_z^{i,j,k} \cdot C_{i-1/2,j,k+1/2} +$$
$$Be_x \cdot GL_z^{i+1,j,k} \cdot C_{i+1/2,j,k-1/2} + Be_x \cdot GR_z^{i+1,j,k} \cdot C_{i+1/2,j,k+1/2} \tag{3-59}$$

其中，$C_{i,j,k}$ 为 $C(x,y,z)$ 的离散值，接下来对 $C(x,y,z)$ 进行傅里叶展开：

$$C(x,y,z) = C_0 \cdot e^{i\omega x} \cdot e^{i\omega y} \cdot e^{i\omega z} \tag{3-60}$$

此处假设 $C_{i,j,k}$ 对应的离散坐标为 x_0,y_0,z_0，则式（3-59）中的 11 个离散变量的傅里叶展开为

$$C_{i,j,k} = \phi_0 \mathrm{e}^{\mathrm{i}\omega x_0} \cdot \mathrm{e}^{\mathrm{i}\omega y_0} \cdot \mathrm{e}^{\mathrm{i}\omega z_0} = \phi_0 \mathrm{e}^{\mathrm{i}\omega(x_0+y_0+z_0)} \tag{3-61}$$

$$C_{i-1,j,k} = \phi_0 \mathrm{e}^{\mathrm{i}\omega(x_0-2h)} \cdot \mathrm{e}^{\mathrm{i}\omega y_0} \cdot \mathrm{e}^{\mathrm{i}\omega z_0} = \phi_0 \mathrm{e}^{\mathrm{i}\omega(x_0+y_0+z_0)} \mathrm{e}^{-\mathrm{i}\cdot 2\omega h} \tag{3-62}$$

$$C_{i+1,j,k} = \phi_0 \mathrm{e}^{\mathrm{i}\omega(x_0+2h)} \cdot \mathrm{e}^{\mathrm{i}\omega y_0} \cdot \mathrm{e}^{\mathrm{i}\omega z_0} = \phi_0 \mathrm{e}^{\mathrm{i}\omega(x_0+y_0+z_0)} \mathrm{e}^{\mathrm{i}\cdot 2\omega h} \tag{3-63}$$

$$C_{i-1/2,j-1/2,k} = \phi_0 \mathrm{e}^{\mathrm{i}\omega(x_0-h)} \cdot \mathrm{e}^{\mathrm{i}\omega(y_0-h)} \cdot \mathrm{e}^{\mathrm{i}\omega z_0} = \phi_0 \mathrm{e}^{\mathrm{i}\omega(x_0+y_0+z_0)} \mathrm{e}^{-\mathrm{i}\cdot 2\omega h} = C_{i-1,j,k} \tag{3-64}$$

$$C_{i-1/2,j+1/2,k} = \phi_0 \mathrm{e}^{\mathrm{i}\omega(x_0-h)} \cdot \mathrm{e}^{\mathrm{i}\omega(y_0+h)} \cdot \mathrm{e}^{\mathrm{i}\omega z_0} = \phi_0 \mathrm{e}^{\mathrm{i}\omega(x_0+y_0+z_0)} = C_{i,j,k} \tag{3-65}$$

$$C_{i+1/2,j-1/2,k} = \phi_0 \mathrm{e}^{\mathrm{i}\omega(x_0+h)} \cdot \mathrm{e}^{\mathrm{i}\omega(y_0-h)} \cdot \mathrm{e}^{\mathrm{i}\omega z_0} = \phi_0 \mathrm{e}^{\mathrm{i}\omega(x_0+y_0+z_0)} = C_{i,j,k} \tag{3-66}$$

$$C_{i+1/2,j+1/2,k} = \phi_0 \mathrm{e}^{\mathrm{i}\omega(x_0+h)} \cdot \mathrm{e}^{\mathrm{i}\omega(y_0+h)} \cdot \mathrm{e}^{\mathrm{i}\omega z_0} = \phi_0 \mathrm{e}^{\mathrm{i}\omega(x_0+y_0+z_0)} \mathrm{e}^{\mathrm{i}\cdot 2\omega h} = C_{i+1,j,k} \tag{3-67}$$

$$C_{i-1/2,j,k-1/2} = \phi_0 \mathrm{e}^{\mathrm{i}\omega(x_0-h)} \cdot \mathrm{e}^{\mathrm{i}\omega y_0} \cdot \mathrm{e}^{\mathrm{i}\omega(z_0-h)} = \phi_0 \mathrm{e}^{\mathrm{i}\omega(x_0+y_0+z_0)} \mathrm{e}^{-\mathrm{i}\cdot 2\omega h} = C_{i-1,j,k} \tag{3-68}$$

$$C_{i-1/2,j,k+1/2} = \phi_0 \mathrm{e}^{\mathrm{i}\omega(x_0-h)} \cdot \mathrm{e}^{\mathrm{i}\omega y_0} \cdot \mathrm{e}^{\mathrm{i}\omega(z_0+h)} = \phi_0 \mathrm{e}^{\mathrm{i}\omega(x_0+y_0+z_0)} = C_{i,j,k} \tag{3-69}$$

$$C_{i+1/2,j,k-1/2} = \phi_0 \mathrm{e}^{\mathrm{i}\omega(x_0+h)} \cdot \mathrm{e}^{\mathrm{i}\omega y_0} \cdot \mathrm{e}^{\mathrm{i}\omega(z_0-h)} = \phi_0 \mathrm{e}^{\mathrm{i}\omega(x_0+y_0+z_0)} = C_{i,j,k} \tag{3-70}$$

$$C_{i+1/2,j,k+1/2} = \phi_0 \mathrm{e}^{\mathrm{i}\omega(x_0+h)} \cdot \mathrm{e}^{\mathrm{i}\omega y_0} \cdot \mathrm{e}^{\mathrm{i}\omega(z_0+h)} = \phi_0 \mathrm{e}^{\mathrm{i}\omega(x_0+y_0+z_0)} \mathrm{e}^{\mathrm{i}\cdot 2\omega h} = C_{i+1,j,k} \tag{3-71}$$

将离散系数式(3-32)～式(3-40),式(3-42)～式(3-44),式(3-55)～式(3-58)和傅里叶展开式(3-61)～式(3-71)代入关系式(3-59)并进行化简,可得到以下关系式:

$$-\alpha \cdot C_{i-1,j,k} + \beta \cdot C_{i,j,k} - \gamma \cdot C_{i+1,j,k} = 0 \tag{3-72}$$

$$\alpha = D_x^{i,j,k} + (6D_x^{i,j,k} + U \cdot KR_x^{i,j,k}) \cdot H^{i,j,k} \cdot \frac{U^{i,j,k} + V^{i,j,k} + W^{i,j,k}}{2h} \tag{3-73}$$

$$\gamma = D_x^{i,j,k} + (U \cdot KL_x^{i,j,k} - 6D_x^{i,j,k}) \cdot H^{i,j,k} \cdot \frac{U^{i,j,k} + V^{i,j,k} + W^{i,j,k}}{2h} \tag{3-74}$$

$$\beta = \alpha + \gamma \tag{3-75}$$

式(3-72)为 2 阶线性差分方程,由差分方程有关的数学理论知识[93],可得到其解析解为

$$C_{i,j,k} = d_1 \cdot (\lambda_1)^i + d_2 \cdot (\lambda_2)^i \tag{3-76}$$

其中,λ_1 和 λ_2 分别为特征方程 $-\alpha + \beta \cdot \lambda - \gamma \cdot \lambda^2 = 0$ 的根,系数 d_1 和 d_2

由所给的边界条件决定。为了保证 $C_{i,j,k}$ 不发生数值振荡,由式(3-76)可知,λ_1 和 λ_2 必须为正;否则,若 λ_1 和 λ_2 只要有一个为负数,$(\lambda_1)^i$ 或者 $(\lambda_2)^i$ 便会随着 i 的奇偶,交替正负,引起数值解的振荡[94-95],即

$$\lambda_1 = 1 > 0; \quad \lambda_2 = \alpha/\gamma > 0 \tag{3-77}$$

式(3-77)等效于以下表达:

$$\alpha \cdot \gamma > 0 \tag{3-78}$$

为了能够更清晰地得到稳定性条件的显式表达形式,假设 $U^{i,j,k} = V^{i,j,k} = W^{i,j,k}$,定义无量纲数 $Pe_x^{i,j,k} = 2hU^{i,j,k}/\Gamma^{i,j,k}$,$Pe_y^{i,j,k} = 2hV^{i,j,k}/\Gamma^{i,j,k}$,$Pe_z^{i,j,k} = 2hW^{i,j,k}/\Gamma^{i,j,k}$,且假设 $Pe_x^{i,j,k} = Pe_y^{i,j,k} = Pe_z^{i,j,k} = Pe$。

图 3-7 给出了不同阶展开的通用节块展开法对应的 $\alpha \cdot \gamma$ 随着 Pe 变化的关系曲线,而满足等式(3-78)对应的稳定性条件见表 3-5。由图 3-7 和表 3-5 可知,对于奇数阶展开的通用节块展开法,比如 3 阶展开的通用节块展开法(3NEM),其对应的 $\alpha \cdot \gamma$ 始终大于零,其为无条件稳定的;而对于偶数阶展开的通用节块展开法,比如 2,4 阶展开的通用节块展开法(2NEM,4NEM),其对应的 $\alpha \cdot \gamma$ 在一定范围内大于零,说明是条件稳定的,需要在一定约束条件下,才能保证其不发生数值振荡。

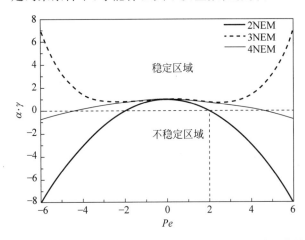

图 3-7　不同阶展开的通用节块展开法对应的 $\alpha \cdot \gamma$ 随 Pe 变化的关系曲线

表 3-5　不同阶展开的通用节块展开法的稳定性条件

计算方法	NEM		
	$N_\Phi = 2$	$N_\Phi = 3$	$N_\Phi = 4$
稳定性条件	$|Pe| < 2$	$|Pe| < \infty$	$|Pe| < 4.644\,37$

3.3.2 耗散特性理论分析

对偏微分方程进行离散时,势必会人为地增加或减少对流方程中扩散项的作用,研究数值扩散与真实扩散之间的差距,即所谓的数值耗散特性分析。当数值扩散大于真实扩散时(即数值耗散过大),会使大梯度问题的数值解与真实解相比变得平缓,且数值扩散比真实扩散大得越多,大梯度就越平缓,无法真实模拟出该大梯度现象,这就是通常所谓的假扩散现象。对于通常的 1 阶迎风格式来说,就会产生明显的假扩散现象。当数值扩散小于真实扩散时,相对来说,相当于增加了对流项的作用,可能引起离散格式的不稳定,进而引起数值振荡现象的发生。

为了分析不同阶展开的节块展开法的数值耗散特性,首先将式(3-72)变换为以下形式:

$$(C_{i+1,j,k} - C_{i-1,j,k}) - \text{Diff} \cdot (C_{i+1,j,k} - 2C_{i,j,k} + C_{i-1,j,k}) = 0 \quad (3-79)$$

其中,

$$\text{Diff} = \frac{\alpha + \gamma}{\alpha - \gamma} \quad (3-80)$$

接着对式(3-1)中的变量 ϕ 进行傅里叶展开,即 $\phi = \phi_0 \cdot e^{i\omega x} \cdot e^{i\omega y} \cdot e^{i\omega z}$,当 $Q=0, \sigma=0, Pe_x^{i,j,k} = Pe_y^{i,j,k} = Pe_z^{i,j,k} = Pe$ 时,式(3-1)能够化简为

$$\frac{\partial \phi}{\partial r} - \frac{2h}{Pe} \frac{\partial^2 \phi}{\partial r^2} = 0 \quad (3-81)$$

根据常微分方程的理论知识,式(3-81)的解析解为

$$\phi = d_3 + d_4 \cdot e^{Pe \cdot r / 2 / h} \quad (3-82)$$

其中,系数 d_3 和 d_4 同样由边界条件决定,将式(3-82)中的解析解代入式(3-79),即可得到真实问题对应的 Diff:

$$\text{Diff}_{\text{true}} = \frac{\sinh(Pe)}{\cosh(Pe) - 1} \quad (3-83)$$

之后对比数值离散对应的式(3-80)和真实问题对应的式(3-83),即可得到不同阶展开的通用节块展开法的数值耗散误差 $\Delta \text{Diff} = \text{Diff} - \text{Diff}_{\text{true}}$ 随 Pe 变化的关系曲线,如图 3-8 所示。

由图 3-8 可知,$|\Delta \text{Diff}|$ 随着展开阶数的增加($N_\Phi = 2, 3, 4$),数值耗散误差越来越小,ΔDiff 的正负取决于展开阶数 N_Φ 的奇偶性。具体来说,对于奇数阶展开的通用节块展开法(3NEM),其数值扩散大于真实扩散,且 Pe 越大,误差越大,虽然奇数阶展开的通用节块展开法(3NEM)是无条件

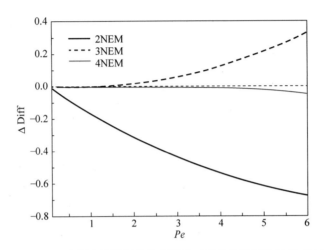

图 3-8　不同阶展开的通用节块展开法对应的数值耗散误差 ΔDiff

稳定的,但假扩散现象却可能发生,尤其是针对大网格、高流速问题;相反,对于偶数阶展开的通用节块展开法(2NEM,4NEM),其数值扩散小于真实扩散,这相当于对流项的作用增加了,且 Pe 越大,差别越大,从而可能引起不稳定,产生数值振荡现象。

3.3.3　数值验证和分析

（1）二维解析问题

为了数值验证上述通用节块展开法求解对流扩散方程的稳定性、数值耗散特性的理论分析结果和计算精度,首先选取二维解析问题进行数值实验。该二维解析问题[96]的控制方程和解析解为

$$U \frac{\partial T}{\partial x} + V \frac{\partial T}{\partial y} = \left(\frac{\partial^2 T}{\partial x^2} + \frac{\partial^2 T}{\partial y^2} \right) \tag{3-84}$$

$$T(x, y) = \frac{1 - \exp[U(x-1)]}{1 - \exp(-U)} \cdot \frac{1 - \exp[V(y-1)]}{1 - \exp(-V)} \tag{3-85}$$

计算区域为$[0,1] \times [0,1]$,其边界条件可从解析解式(3-85)中获得。均方根误差 RMS 误差(root mean square error)的定义为

$$\text{RMS} = \sqrt{\sum_{j=1}^{J} \sum_{i=1}^{I} |T_{i,j}^{\text{computed}} - T_{i,j}^{\text{exact}}|^2 / (I \times J)} \tag{3-86}$$

其中,I 和 J 分别为 x 和 y 坐标方向网格数。$T_{i,j}^{\text{computed}}$ 和 $T_{i,j}^{\text{exact}}$ 分别为数值

解和解析解。

　　为了分析不同阶展开的通用节块展开法的计算精度,该二维解析问题分别在不同网格尺寸划分下进行求解。其中,$U=V=20$,并将计算结果同目前非常流行的 2 阶迎风差分离散格式(second-order upwind scheme,SUS)和 QUICK 差分离散格式(quadratic interpolation for convective kinematics)进行对比。图 3-9 分别给出了不同阶展开的通用节块展开法(2NEM,3NEM,4NEM),SUS 格式和 QUICK 格式对应的 RMS 与网格尺寸的关系曲线,由图可知:2NEM,3NEM,4NEM,SUS 格式和 QUICK 格式的计算精度分别为 2 阶,4 阶,6 阶,2 阶和 2 阶。对于相同的工程计算误差 0.1%(图 3-9 中虚线对应的位置),2NEM,3NEM,4NEM 分别需要的网格数仅仅为 SUS格式对应网格数的 1/2.24,1/80,1/324;而 NEM 与 QUCIK 格式相比,2NEM 大约需要与 QUICK 格式相同的网格数,3NEM 和 4NEM 仅仅需要QUICK 格式对应网格数的 1/24,1/99。由此可见,通用节块展开法的计算精度相比于 SUS 格式和 QUICK 格式,具有更大的优势。

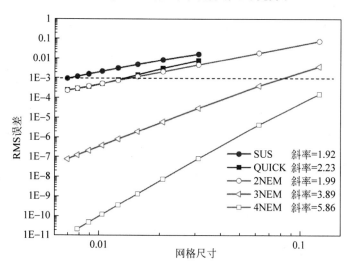

图 3-9　不同离散方法对应的 RMS 与网格尺寸的关系曲线

　　为了数值验证通用节块展开法求解对流扩散方程的稳定性、数值耗散特性的理论分析结果,该二维解析问题将在不同的 Pe 下进行求解,网格划分固定为 10×10。根据 Pe 的定义可知,不同的 Pe 可通过选取不同的 U 和 V 来实现。通用节块展开法的数值计算结果如图 3-10 和表 3-6所示。

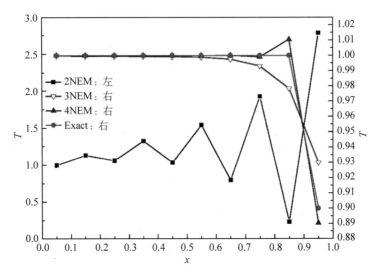

图 3-10　当 $U＝V＝100$（$Pe＝10$）时，通用节块展开法在 $y＝0.55$ 处的数值计算结果

图中两侧 T 符号相同，但适用范围不同

表 3-6　不同 Pe 时通用节块展开法在 $y＝0.55$ 处的数值计算结果

x	2NEM			4NEM		
	$Pe＝1.5$	$Pe＝2.5$	$Pe＝3.5$	$Pe＝4$	$Pe＝5$	$Pe＝6$
0.05	0.998 83	0.999 94	1	1	1	1
0.15	0.999 05	0.999 93	1	1	1	1
0.25	0.999 21	0.999 95	1	1	1	1
0.35	0.999 33	0.999 96	1	1	1	1
0.45	0.999 37	0.999 97	1	1	1	1
0.55	0.999 12	0.999 93	1.000 10	1	1	1
0.65	0.997 53	1.000 30	0.999 89	1	1	1
0.75	0.988 41	0.997 16	1.000 60	0.999 96	0.999 99	0.999 92
0.85	0.930 33	1.022 40	0.997 96	0.996 79	1.001 20	1.003 60
0.95	0.533 26	0.784 94	1.006 20	0.753 24	0.798 81	0.829 78

由表 3-6 可知，当 Pe 小于 2 时，2NEM 对应的数值解是稳定的，否则数值振荡现象就会发生；当 Pe 小于 4.644 37 时，4NEM 的数值解才是稳定的。此外，由图 3-10 可知，虽然 3NEM 的数值解是稳定的，但是其计算结果产生了较大的假扩散，即大梯度处的数值解相比于真实解过于平缓，也产生了较大的数值误差。同时，随着展开阶数的增加，数值解的计算误差也越来越小。由此可见，上述的数值计算结果与理论分析结果是一致的。

（2）不连续问题求解

该问题是一个不连续分布解在几乎纯对流情况下的输运问题[96-97]，在控制方程（3-84）中，$U,V \gg 1$。很多数值方法都很难得到该问题的精确数值解，因此它也经常被选择用来验证方法的数值特性，该问题及其边界条件如图 3-11 所示。在 AB 线两侧 T 的分布存在不连续性，即 AB 线左上侧区域 T 为 1，AB 线右下侧区域 T 为 0。然而由于离散格式的数值耗散误差，AB 两侧的数值解在 0 和 1 之间成大梯度的

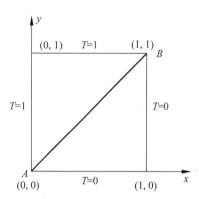

图 3-11 不连续问题和边界条件

连续分布，且数值耗散误差越大，数值解就越不精确，无法精确地刻画不连续分布。

图 3-12 给出了在 $U=V=10^6 \gg 1$、均匀网格 40×40 下，3 阶和 4 阶展开的通用节块展开法（3NEM，4NEM）对应的数值计算结果，该问题的参考解由更细的网格划分 480×480 下 QUCIK 格式的计算结果通过体积权重平

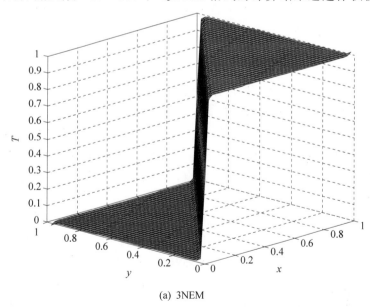

(a) 3NEM

图 3-12 不同离散方法对应的数值解

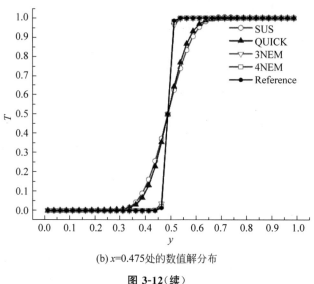

(b) x=0.475处的数值解分布

图 3-12（续）

均得到。由图 3-12 可知，3NEM 和 4NEM 能够非常好地吻合参考解，然而 2 阶迎风格式 SUS 和 QUICK 离散格式却产生了假扩散现象，使得大梯度变得更加平缓。由此可见，对于该不连续问题，3NEM 和 4NEM 优于 SUS 格式、QUICK 格式。

3.3.4 特性总结和存在问题分析

数值实验表明，3 阶、4 阶展开的通用节块展开法（3NEM，4NEM）能够非常好地吻合参考解或解析解，计算精度优于 2 阶迎风格式 SUS 和 QUICK 格式，即使是不连续问题也是如此。但是部分数值解却出现了假扩散现象和数值振荡，对此下文阐述了其中的原因，并分别从理论分析和数值验证两个方面对通用节块展开法的精度、稳定性和数值耗散特性进行了分析。

通用节块展开法的计算精度随着展开阶数 N_Φ 的增大而增加，通过数值算例，2NEM，3NEM，4NEM 的计算精度分别为 2 阶、4 阶和 6 阶。此外，对于稳定性和数值耗散特性，奇数阶展开的通用节块展开法的数值耗散大于真实问题的数值耗散，是无条件稳定的，但过大的数值耗散，可能会导致假扩散现象的发生，同样可能产生较大的数值误差，尤其是针对大网格和高流速问题。相反，偶数阶展开的通用节块展开法是条件稳定的，即在一定的约束范围内才是稳定的,其数值耗散小于真实问题的数值耗散,这也是造成其条件稳定的主要原因之一。

通过研究可知,解决或削弱通用节块展开法求解对流扩散问题的假扩散现象和数值振荡行为是研究的主要问题,此处的理论分析和数值实验为后续新的节块展开法的开发提供了重要的指导意义。

3.4　广义节块展开法的开发与验证

3.4.1　基本思路

由 3.3 节可知,虽然初步开发的通用节块展开法具有良好的数值特性,但部分数值解中出现的数值振荡行为和假扩散现象,使得通用节块展开法推广到复杂热工问题的求解受到一定限制,因此希望通过接下来的研究对初步开发的通用节块展开法做进一步的改进,解决或者削弱其数值振荡行为和假扩散现象,提高通用节块展开法求解对流扩散问题的数值特性,增加其求解复杂问题的计算能力。

基于此,本节开发了一种用于求解稳态和瞬态对流扩散问题的广义节块展开法(GNEM),尽量削弱上述提到的问题。该广义节块展开法的基本思路是:充分利用节块积分方法(nodal integral method,NIM 或 modified nodal integral method,MNIM)和通用节块展开法各自的优势;对于节块积分方法,利用其横向积分等式在每个节块内被解析求解,且时间项、空间项均采用横向积分技术的思路;对于通用节块展开法,采用其节块平衡方程和通用节块展开法的求解框架等技术。具体来说,通过选取特殊的基函数,在通用节块展开法的思路框架下实现横向积分等式的局部解析求解;而节块平衡方程的合理使用,使得各个坐标方向的节块平均值和虚源项自动满足唯一性,从而避免了节块积分法中各个坐标方向节块平均值和虚源项的复杂推导和计算。同时,本章开发的广义节块展开法还实现了稳态问题和瞬态问题离散格式的统一,以及广义节块展开法(GNEM)与原有通用节块展开法(NEM)离散格式的统一,这使得将原有通用节块展开法(NEM)推广到广义节块展开法(GNEM)变得更加容易。

3.4.2　模型推导和理论分析

由于广义节块展开法的时间变量和空间变量均采用横向积分技术,广义节块展开法相比于原有通用节块展开法多出一个时间方向的横向积分方程。此外,广义节块展开法是在通用节块展开法的框架下实现的,因此,其求解框架与通用节块展开法的框架非常相似,同样需要横向积分过程、横向积分方程的求解和节块平均通量的计算等步骤。下面就根据这些步骤详细介绍广义节块展开法的不同之处,由等式(3-1)可得到三维对流扩散:

$$\delta\left(\frac{\partial\phi}{\partial t}\right)+U\frac{\partial\phi}{\partial x}+V\frac{\partial\phi}{\partial y}+W\frac{\partial\phi}{\partial z}-\Gamma\left(\frac{\partial^2\phi}{\partial x^2}+\frac{\partial^2\phi}{\partial y^2}+\frac{\partial^2\phi}{\partial z^2}\right)=Q \quad (3\text{-}87)$$

采用广义节块展开法在求解式(3-87)时,计算区域被划分为 $I\times J\times K\times M$ 个节块,每个节块的尺寸为 $[-h_x^{i,j,k},h_x^{i,j,k}]\times[-h_y^{i,j,k},h_y^{i,j,k}]\times[-h_z^{i,j,k},h_z^{i,j,k}]\times[-\tau_m,\tau_m]$。其中,$i=1,\cdots,I$;$j=1,\cdots,J$;$k=1,\cdots,K$;$m=1,\cdots,M$。此处 M 为时间方向的网格数,相比于原有通用节块展开法,多出了时间方向的相关变量。

(1) 横向积分过程

在时间-空间节块 (i,j,k,m) 内使用横向积分技术,首先得到空间坐标方向对应的横向积分方程:

$$\overline{U}\cdot\frac{\mathrm{d}\phi_x(x)}{\mathrm{d}x}-\overline{\Gamma}\cdot\frac{\mathrm{d}^2\phi_x(x)}{\mathrm{d}x^2}=S_x(x)=Q_x(x)-L_x(x) \quad (3\text{-}88)$$

$$\overline{V}\cdot\frac{\mathrm{d}\phi_y(y)}{\mathrm{d}y}-\overline{\Gamma}\cdot\frac{\mathrm{d}^2\phi_y(y)}{\mathrm{d}y^2}=S_y(y)=Q_y(y)-L_y(y) \quad (3\text{-}89)$$

$$\overline{W}\cdot\frac{\mathrm{d}\phi_z(z)}{\mathrm{d}z}-\overline{\Gamma}\cdot\frac{\mathrm{d}^2\phi_z(z)}{\mathrm{d}z^2}=S_z(z)=Q_z(z)-L_z(z) \quad (3\text{-}90)$$

三个横向积分方程可以写成以下统一形式:

$$\begin{cases} F_r\cdot\dfrac{\mathrm{d}\phi_r(r)}{\mathrm{d}r}+\dfrac{\mathrm{d}J_r(r)}{\mathrm{d}r}=S_r(r)=Q_r(r)-L_r(r) \\ J_r(r)=-\overline{\Gamma}\cdot\dfrac{\mathrm{d}\phi_r(r)}{\mathrm{d}r} \end{cases} \quad (3\text{-}91)$$

此处同样为了简化书写横向积分方程中所有变量,节块索引 (i,j,k,m) 暂时被省去。$\overline{U},\overline{V},\overline{W}$ 和 $\overline{\Gamma}$ 分别为每个节块 (i,j,k,m) 的平均值;$r=x,y,z$;$F_x=\overline{U}$;$F_y=\overline{V}$;$F_z=\overline{W}$。对比式(3-88)～式(3-91)与式(3-2)～式(3-5)可知,当 $\sigma=0$ 时,两者形式上完全一样。对于稳态问题,即 $\delta=0$,$\phi_r(r),Q_r(r)$ 和 $L_r(r)$ 的定义如下:

$$\phi_r(r)=\frac{1}{4h_\xi h_\eta}\int_{-h_\xi}^{h_\xi}\int_{-h_\eta}^{h_\eta}\phi(r,\xi,\eta)\mathrm{d}\xi\mathrm{d}\eta \quad (3\text{-}92)$$

$$Q_r(r)=\frac{1}{4h_\xi h_\eta}\int_{-h_\xi}^{h_\xi}\int_{-h_\eta}^{h_\eta}Q(r,\xi,\eta)\mathrm{d}\xi\mathrm{d}\eta \quad (3\text{-}93)$$

$$L_r(r) = \frac{1}{4h_\xi h_\eta} \int_{-h_\xi}^{h_\xi} \int_{-h_\eta}^{h_\eta} \left(F_\xi \frac{\partial \phi}{\partial \xi} - \bar{\Gamma} \frac{\partial^2 \phi}{\partial \xi^2} + F_\eta \frac{\partial \phi}{\partial \eta} - \bar{\Gamma} \frac{\partial^2 \phi}{\partial \eta^2} \right) \mathrm{d}\xi \mathrm{d}\eta$$

(3-94)

其中,$r = x, y, z \neq \xi \neq \eta, \xi = y, z, x; \eta = z, x, y$。同样对比式(3-92)~
式(3-94)与式(3-6)~式(3-8)可知,两者完全一样。由此可见,对于稳态问
题,广义节块展开法与原有通用节块展开法在形式上完全一样。

而对于瞬态问题,即 $\delta \neq 0$,其空间坐标对应的横向积分方程与稳态问
题的完全一样,不同的是需要对 $\phi_r(r), Q_r(r)$ 和 $L_r(r)$ 进行额外的时间
积分:

$$\phi_r(r) = \frac{1}{2\tau} \cdot \frac{1}{4h_\xi h_\eta} \int_{-\tau}^{\tau} \int_{-h_\xi}^{h_\xi} \int_{-h_\eta}^{h_\eta} \phi(r, \xi, \eta, t) \mathrm{d}\xi \mathrm{d}\eta \cdot \mathrm{d}t \qquad (3-95)$$

$$Q_r(r) = \frac{1}{2\tau} \cdot \frac{1}{4h_\xi h_\eta} \int_{-\tau}^{\tau} \int_{-h_\xi}^{h_\xi} \int_{-h_\eta}^{h_\eta} Q(r, \xi, \eta, t) \mathrm{d}\xi \mathrm{d}\eta \cdot \mathrm{d}t \qquad (3-96)$$

$$L_r(r) = \frac{1}{2\tau} \cdot \frac{1}{4h_\xi h_\eta} \int_{-\tau}^{\tau} \int_{-h_\xi}^{h_\xi} \int_{-h_\eta}^{h_\eta} \left(\delta \frac{\partial \phi}{\partial t} + F_\xi \frac{\partial \phi}{\partial \xi} - \Gamma \frac{\partial^2 \phi}{\partial \xi^2} + \right.$$
$$\left. F_\eta \frac{\partial \phi}{\partial \eta} - \Gamma \frac{\partial^2 \phi}{\partial \eta^2} \right) \mathrm{d}\xi \mathrm{d}\eta \cdot \mathrm{d}t$$

(3-97)

除此之外,瞬态问题的时间坐标方向也会产生一个横向积分方程:

$$\delta \frac{\mathrm{d}\phi_t(t)}{\mathrm{d}t} = S_t(t) = Q_t(t) - L_t(t) \qquad (3-98)$$

$$Q_t(t) = \frac{1}{8h_x h_y h_z} \int_{-h_x}^{h_x} \int_{-h_y}^{h_y} \int_{-h_z}^{h_z} Q(x, y, z, t) \mathrm{d}x \mathrm{d}y \mathrm{d}z \qquad (3-99)$$

$$L_t(t) = \frac{1}{8h_x h_y h_z} \int_{-h_x}^{h_x} \int_{-h_y}^{h_y} \int_{-h_z}^{h_z} \left(U \frac{\partial \phi}{\partial x} + V \frac{\partial \phi}{\partial y} + W \frac{\partial \phi}{\partial z} - \right.$$
$$\left. \Gamma \frac{\partial^2 \phi}{\partial x^2} - \Gamma \frac{\partial^2 \phi}{\partial y^2} - \Gamma \frac{\partial^2 \phi}{\partial z^2} \right) \mathrm{d}x \mathrm{d}y \mathrm{d}z$$

(3-100)

在时间-空间节块 (i, j, k, m) 内,$\phi_r(r), \phi_t(t)$ 的定义也可如图 3-13 所示,其
中为了表达方便,z 方向的横向积分通量并没有在图中标出。由以上分析
可知,对于稳态和瞬态问题,空间方向的横向积分方程在形式上完全一样,仅
仅瞬态问题在时间方向上增加了一个横向积分方程。横向积分方程(3-91)和
方程(3-98)的求解将在下面介绍。

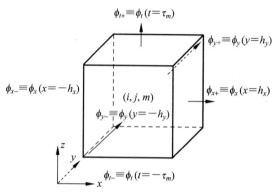

图 3-13　空间-时间方向横向积分通量

（2）空间方向横向积分方程的求解

同样为了求解横向积分方程（3-91），$Q_r(r)$ 和 $L_r(r)$ 在每个时间-空间节块（i,j,k,m）内分别通过一系列勒让德多项式进行展开：

$$Q_r(r) \approx \sum_{n=0}^{N_Q=2} q_{r,n} f_n(r) \tag{3-101}$$

$$L_r(r) \approx \sum_{n=0}^{N_L=0} l_{r,n} f_n(r) \tag{3-102}$$

其中，$q_{r,n}$ 和 $l_{r,n}$ 分别为 $Q_r(r)$ 和 $L_r(r)$ 的展开系数，$f_n(r)$ 为第 n 阶勒让德多项式，如式（3-12）～式（3-14）。对于通用节块展开法、节块积分法、广义节块展开法，一个非常重要的不同就是空间横向积分方程的求解方法不同。对于通用节块展开法来说，$\phi_r(r)$ 通过一系列勒让德多项式展开来近似，如式（3-9）所示，这些展开系数通过通量连续、流连续和 Galerkin 权重残差等式等一系列约束条件得到；对于节块积分方法来说，先将每个节块边界处横向积分通量作为边界条件，并假设每个节块内的物性参数为常数的情况下，局部解析求解式（3-91）；而对于广义节块展开法来说，通过选取特殊的基函数，在通用节块展开法的思路框架下实现横向积分等式的局部解析求解，具体如下：

对于式（3-91），当 $Q_r(r)$ 和 $L_r(r)$ 分别采用式（3-101）和式（3-102）的近似处理时，其在节块内的局部解析解可表示为

$$\phi_r(r) = C_0 + C_1 r + C_2 r^2 + C_3 r^3 + C_4 e^{r \cdot F_r / \overline{\Gamma}} \tag{3-103}$$

很明显，式（3-103）能够写成式（3-104）：

$$\phi_r(r) = \sum_{n=0}^{N=4} \tilde{a}_{r,n} \tilde{f}_n(r) \tag{3-104}$$

其中，$\tilde{f}_n(r)$ 是一系列特殊基函数，基本形式主要来自式(3-103)，具体见表 3-7。

表 3-7　广义节块展开法对应的基函数

基函数阶数 n	$\tilde{f}_n(\chi)(\chi = r/(2h_r) \, ; \, R_r = F_r \cdot h_r / \overline{\Gamma})$
0	$\tilde{f}_0(\chi) = 1$
1	$\tilde{f}_1(\chi) = \chi$
2	$\tilde{f}_2(\chi) = 3\chi^2 - 0.25$
3	$\tilde{f}_3(\chi) = \chi(\chi - 0.5)(\chi + 0.5)$
4	$\tilde{f}_4(\chi) = -\dfrac{R_r}{\cosh[R_r]}\exp[R_r \cdot 2\chi] + 2(R_r - \tanh[R_r]) \cdot f_2(\chi) +$ $2R_r\tanh[R_r] \cdot f_1(\chi) + \tanh[R_r] \cdot f_0(\chi)$

表 3-7 中的基函数同样满足原有通用节块展开法中基函数所需满足的条件：

$$\frac{1}{2h_r}\int_{-h_r}^{h_r} \tilde{f}_n(r)\mathrm{d}r = 0, \quad 1 \leqslant n \leqslant 4 \tag{3-105}$$

$$\tilde{f}_n(r = \pm h_r) = 0, \quad 3 \leqslant n \leqslant 4 \tag{3-106}$$

对比广义节块展开法的基函数和通用节块展开法的基函数可知，当 $0 \leqslant n \leqslant 3$ 时，两者的基函数完全一样，它们的不同仅仅表现在 $f_4(r)$ 和 $\tilde{f}_4(r)$，等式(3-104)中的展开系数可通过节块平均通量 $\overline{\phi}$、每个节块的横向积分边界通量 $\phi_{r\pm}$ 和 $N-2$ 个 Galerkin 权重残差等式求得。计算方法与通用节块展开法完全一样。

$$\tilde{a}_{r,0} = \overline{\phi} \tag{3-107}$$

$$\tilde{a}_{r,1} = \phi_{r+} - \phi_{r-} \tag{3-108}$$

$$\tilde{a}_{r,2} = \phi_{r+} + \phi_{r-} - 2\overline{\phi} \tag{3-109}$$

$$\tilde{a}_{r,3} = 2h_r/F_r \cdot q_{r,2} \tag{3-110}$$

$$\tilde{a}_{r,4} = \frac{D_r}{F_r - 2D_r\tanh(F_r/(2D_r))}\left(-a_{r,2} + \frac{h_r}{3F_r}q_{r,1} + \frac{2h_r D_r}{(F_r)^2}q_{r,2}\right) \tag{3-111}$$

其中, $D_r = \bar{\Gamma}/2/h_r$, $q_{r,n}(n=0,1,2)$ 很容易通过真实源项 Q 计算得到。接下来通过通量连续 $\phi_r(r)$ 和净流连续 $J_r(r)$ 条件(以 x 坐标方向为例)

$$\phi_x(x=h_x^{i,j,k,m}) \equiv \phi_{x+}^{i,j,k,m} = \phi_{x-}^{i+1,j,k,m} \equiv \phi_x(x=-h_x^{i+1,j,k,m}) \quad (3\text{-}112)$$

$$J_x(x=h_x^{i,j,k,m}) \equiv J_{x+}^{i,j,k,m} = J_{x-}^{i+1,j,k,m} \equiv J_x(x=-h_x^{i+1,j,k,m}) \quad (3\text{-}113)$$

即可得到 x 坐标方向关于横向积分通量 $\phi_{r+}^{i-1,j,k,m}$, $\phi_{r+}^{i,j,k,m}$, $\phi_{r+}^{i+1,j,k,m}$ 的离散关系式:

$$A\tilde{w}_x \cdot \phi_{x+}^{i-1,j,k,m} + A\tilde{p}_x \cdot \phi_{x+}^{i,j,k,m} + A\tilde{e}_x \cdot \phi_{x+}^{i+1,j,k,m} -$$

$$B\tilde{p}_x \cdot \bar{\phi}^{i,j,k,m} - B\tilde{e}_x \cdot \bar{\phi}^{i+1,j,k,m}$$

$$= C\tilde{p}_x \cdot q_{x,1}^{i,j,k,m} + C\tilde{e}_x \cdot q_{x,1}^{i+1,j,k,m} + D\tilde{p}_x \cdot q_{x,2}^{i,j,k,m} + D\tilde{e}_x \cdot q_{x,2}^{i+1,j,k,m}$$

$$(3\text{-}114)$$

其中,

$$Aw_x = 2D_x^{i,j,k,m} + \frac{KR_x^{i,j,k,m}}{2} F_x^{i,j,k,m} \quad (3\text{-}115)$$

$$Ap_x = 4D_x^{i,j,k,m} + \frac{KR_x^{i,j,k,m}}{2} F_x^{i,j,k,m} +$$

$$4D_x^{i+1,j,k,m} - \frac{KL_x^{i+1,j,k,m}}{2} F_x^{i+1,j,k,m} \quad (3\text{-}116)$$

$$Ae_x = 2D_x^{i+1,j,k,m} - \frac{KL_x^{i+1,j,k,m}}{2} F_x^{i+1,j,k,m} \quad (3\text{-}117)$$

$$Bp_x = 6D_x^{i,j,k,m} + KR_x^{i,j,k,m} F_x^{i,j,k,m} \quad (3\text{-}118)$$

$$Be_x = 6D_x^{i+1,j,k,m} - KL_x^{i+1,j,k,m} F_x^{i+1,j,k,m} \quad (3\text{-}119)$$

$$Cp_x = h_x^{i,j,k,m} KR_x^{i,j,k,m}/6 \quad (3\text{-}120)$$

$$Ce_x = -h_x^{i+1,j,k,m} KL_x^{i+1,j,k,m}/6 \quad (3\text{-}121)$$

$$Dp_x = h_x^{i,j,k,m}/10 \quad (3\text{-}122)$$

$$De_x = h_x^{i+1,j,k,m}/10 \quad (3\text{-}123)$$

上述式(3-114)～式(3-123)与原通用节块展开法完全一样, KL_r 和 KR_r 的定义见表 3-8。对于不同的展开阶数 N, KL_r 和 KR_r 的表达式就是表 3-2 中的当 $\bar{\sigma}=0$ 时 $KL_r^{i,j,k}$ 和 $KR_r^{i,j,k}$ 化简的结果,与表 3-2 中的定义完全一致。广义节块展开法与原通用节块展开法唯一的不同就是 KL_r 和 KR_r 的表达不同。

表 3-8　广义节块展开法与原通用节块展开法对应的 KL_r 和 KR_r（$Pe_r = F_r/D_r$）

参数	通用节块展开法（NEM）			广义节块展开法（GNEM）
	$N=2$	$N=3$	$N=4$	
KL_r	0	1	$1-\dfrac{Pe_r}{10}$	$1-\dfrac{6Pe_r\coth(Pe_r/2)-(Pe_r)^2-12}{Pe_r(2-Pe_r\coth(Pe_r/2))}$
KR_r	0	1	$1-\dfrac{Pe_r}{10}$	$1+\dfrac{6Pe_r\coth(Pe_r/2)-(Pe_r)^2-12}{Pe_r(2-Pe_r\coth(Pe_r/2))}$

为了分析广义节块展开法与原通用节块展开法的关系，此处将广义节块展开法对应的 KL_r 和 KR_r 进行泰勒展开，也就是说，将 KL_r 和 KR_r 分别在 $Pe_r=0$ 处泰勒展开到 3 阶：

$$KL_r(Pe_r)=1-\frac{6Pe_r\coth(Pe_r/2)-(Pe_r)^2-12}{Pe_r(2-Pe_r\coth(Pe_r/2))}$$

$$\approx 1-\frac{Pe_r}{10}+\frac{(Pe_r)^2}{1400}+O(Pe_r)^4 \tag{3-124}$$

$$KR_r(Pe_r)=1+\frac{6Pe_r\coth(Pe_r/2)-(Pe_r)^2-12}{Pe_r(2-Pe_r\coth(Pe_r/2))}$$

$$\approx 1+\frac{Pe_r}{10}-\frac{(Pe_r)^2}{1400}+O(Pe_r)^4 \tag{3-125}$$

由式（3-124）和式（3-125）可知，3 阶展开的通用节块展开法对应的 KL_r 和 KR_r 是广义节块展开法对应的 KL_r 和 KR_r 的 0 阶泰勒展开项；而 4 阶展开的通用节块展开法对应的 KL_r 和 KR_r 是广义节块展开法对应的 KL_r 和 KR_r 的 0 阶和 1 阶泰勒展开项。也就是说，广义节块展开法相比于 3 阶、4 阶或者更高阶展开的通用节块展开法来说，具有更广义的形式。但是广义节块展开法对应的 KL_r 和 KR_r 的泰勒展开项没有包括 2 阶展开的通用节块展开法对应的 $KL_r=KR_r=0$ 的情况。因此，此处采取了以下措施：

如果 $|Pe_r|\leqslant Pe_{\text{low}}$，则有

$$KL_r=KR_r=0 \tag{3-126}$$

否则

$$\begin{cases} KL_r(Pe_r)=1-\dfrac{6Pe_r\coth(Pe_r/2)-(Pe_r)^2-12}{Pe_r(2-Pe_r\coth(Pe_r/2))} \\[4mm] KR_r(Pe_r)=1+\dfrac{6Pe_r\coth(Pe_r/2)-(Pe_r)^2-12}{Pe_r(2-Pe_r\coth(Pe_r/2))} \end{cases} \tag{3-127}$$

当 $Pe_{\text{low}}=0$ 时，仅仅广义节块展开法被使用，否则就会在 $|Pe_r|\leqslant Pe_{\text{low}}$ 的区域使用 2 阶展开的通用节块展开法，在 $|Pe_r|>Pe_{\text{low}}$ 的区域使用广义节块展开法。这样通过合理地选择 Pe_{low}，增加了节块展开法使用的灵活度，且针对某些问题可以得到更加合理的数值解，比如 3.4.4 节的 Smith-Hutton 问题。

（3）时间方向横向积分方程的求解

为了求解时间方向的横向积分方程(3-98)，首先将 $Q_t(t)$ 和 $L_t(t)$ 采用 0 阶勒让德多项式展开：

$$Q_t(t)\approx q_{t,0}P_0(t)=q_{t,0},\quad L_t(t)\approx l_{t,0}P_0(t)=l_{t,0}\quad(3\text{-}128)$$

之后通过连续性条件

$$\phi_t(t=-\tau_m)=\phi_t(t=\tau_{m-1})\quad(3\text{-}129)$$

即可得到 $\phi_t(t=\tau_m)$ 与 $\phi_t(t=\tau_{m-1})$ 之间的离散关系式：

$$\phi_{t+}^{i,j,k,m}\equiv\phi_t(t=\tau_m)=2\bar{\phi}^{i,j,k,m}-\phi_t(t=-\tau_m)$$

$$=2\bar{\phi}^{i,j,k,m}-\phi_t(t=\tau_{m-1})=2\bar{\phi}^{i,j,k,m}-\phi_{t+}^{i,j,k,m-1}\quad(3\text{-}130)$$

（4）节块平均通量 $\bar{\phi}^{i,j,k,m}$ 的求解

为了求解式(3-114)和式(3-130)，还需要建立节块平均通量 $\bar{\phi}^{i,j,k,m}$ 和横向积分通量 $\phi_{r+}^{i,j,k,m}(r=x,y,z,t)$ 之间的关系。首先通过对式(3-87)进行时间-空间的体积平均，得到时间-空间平均的节块平衡方程：

$$\delta\cdot\frac{\phi_{t+}^{i,j,k,m}-\phi_{t-}^{i,j,k,m}}{2\tau_m}+\sum_{r=x,y,z}\frac{\phi_{r+}^{i,j,k,m}-\phi_{r-}^{i,j,k,m}}{2h_r^{i,j,k,m}}+\sum_{r=x,y,z}\frac{J_{r+}^{i,j,k,m}-J_{r-}^{i,j,k,m}}{2h_r^{i,j,k,m}}=\bar{Q}^{i,j,k,m}$$

$$(3\text{-}131)$$

之后根据净流 $J_r(r)$ 与横向积分通量 $\phi_r(r)$ 关系式，以及式(3-130)等，即可得到节块平均通量 $\bar{\phi}^{i,j,k,m}$ 和横向积分通量 $\phi_{r+}^{i,j,k,m}(r=x,y,z,t)$ 之间的额外关系：

$$\bar{\phi}^{i,j,k,m}=\delta\cdot\frac{\phi_{t+}^{i,j,k,m-1}}{\tau_m}+\bar{Q}^{i,j,k,m}+\sum_{r=x,y,z}\left[GR_r^{i,j,k,m}\phi_{r+}^{i,j,k,m}+GL_r^{i,j,k,m}\phi_{r-}^{i,j,k,m}\right]-$$

$$\sum_{r=x,y,z}\left[S1_r^{i,j,k,m}q_{r,1}^{i,j,k,m}+S2_r^{i,j,k,m}q_{r,2}^{i,j,k,m}\right]\quad(3\text{-}132)$$

其中，

$$H^{i,j,k,m}=\left[\delta\cdot\frac{1}{\tau_m}+6\sum_{r=x,y,z}\frac{D_r^{i,j,k,m}}{h_r^{i,j,k,m}}+\sum_{r=x,y,z}\frac{F_r^{i,j,k,m}(KR_r^{i,j,k,m}-KL_r^{i,j,k,m})}{2h_r^{i,j,k,m}}\right]^{-1}$$

$$(3\text{-}133)$$

$$GL_r^{i,j,k,m} = H^{i,j,k,m}\left(\frac{F_r^{i,j,k,m}}{2h_r^{i,j,k,m}} + \frac{3D_r^{i,j,k,m}}{h_r^{i,j,k,m}} + \frac{KR_r^{i,j,k,m} - KL_r^{i,j,k,m}}{4h_r^{i,j,k,m}}F_r^{i,j,k,m}\right)$$

$$(3\text{-}134)$$

$$GR_r^{i,j,k,m} = H^{i,j,k,m}\left(-\frac{F_r^{i,j,k,m}}{2h_r^{i,j,k,m}} + \frac{3D_r^{i,j,k,m}}{h_r^{i,j,k,m}} + \frac{KR_r^{i,j,k,m} - KL_r^{i,j,k,m}}{4h_r^{i,j,k,m}}F_r^{i,j,k,m}\right)$$

$$(3\text{-}135)$$

$$S1_r^{i,j,k,m} = H^{i,j,k,m}(KR_r^{i,j,k,m} - KL_r^{i,j,k,m})/12 \tag{3-136}$$

$$S2_r^{i,j,k,m} = H^{i,j,k,m}/10 \tag{3-137}$$

式(3-132)和式(3-137)与原通用节块展开法的离散格式完全一致,瞬态问题相对于稳态问题,仅仅增加了一些额外项,即含有 β 的项,因此原通用节块展开法能够非常容易地推广到广义节块展开法,并且实现了稳态和瞬态问题离散格式的统一。

3.4.3　方法特点

通过对比广义节块展开法、通用节块展开法和节块积分方法,并根据以上模型推导和分析,可看出广义节块展开法具有以下优势和特点:

(1)广义节块展开法的横向积分等式的求解与节块积分方法的思路类似,都是在每个节块内局部解析求解,因此两者具有相似的数值特性。此外广义节块展开法实现了稳态和瞬态问题离散格式的统一,瞬态问题相对于稳态问题,仅仅增加了一些额外项,且增加项的表达形式非常简单;同时广义节块展开法的离散形式与原通用节块展开法的离散形式完全一样,实现了通用节块展开法与广义节块展开法之间的统一,它们仅仅是参数 KL_r 和 KR_r 表达形式的不同。因此,很容易将原有通用节块展开法程序简单更改,实现广义节块展开法的求解。

(2)广义节块展开法中节块平衡方程的使用,使得各个坐标方向的节块平均值和虚源项自动满足唯一性条件。然而节块积分法中各个方向的虚源项平均值均需要计算,且各个坐标方向的节块通量平均值也需要依据各自方向横向积分方程的局部解析解计算得到,上述的计算会非常的复杂和烦琐,且问题的维数越高,计算量越大。而针对广义节块展开法,无论问题是几维,其节块平均值仅仅需要计算一次,且离散方程中并没有出现虚源项,也就是不需要单独去处理虚源项。因此广义节块展开法可以有效地避免节块积分法中各个坐标方向节块平均值及虚源项的复杂推导和计算,且可以得到与节块积分方法相同的计算精度。

（3）由于广义节块展开法与通用节块展开法具有相同的离散格式，两者仅有的不同就是参数 KL_r 和 KR_r 的选取。因此可以根据需要，针对同一个问题的不同计算区域，选取不同参数 KL_r 和 KR_r，从而使用不同的节块方法，增加使用的灵活性，也能提高计算的精度或效率。

3.4.4　数值特性分析

为了验证广义节块展开法的数值特性，3.3.3 节中的二维解析问题被再次选用来验证广义节块展开法的计算精度和效率；接下来选择了富有挑战性的 Smith-Hutton 问题，因为该问题是一个旋转流场内的大梯度温度分布问题，很多数值方法都不能合理地模拟其数值解，因此用它来验证广义节块展开法计算高对流、大梯度复杂问题的能力。最后选择了一个典型的瞬态问题用以验证广义节块展开法求解瞬态问题的能力。

（1）二维解析问题

该二维解析问题与 3.3.3 节中的二维解析问题中的控制方程、解析解分布、计算区域、边界条件完全一样。图 3-14 给出了 $Pe_{low}=0$ 时广义节块展开法（GNEM）的计算结果，并将计算结果与不同阶展开的通用节块展开法（2NEM，3NEM，4NEM）、节块积分方法（MNIM）进行对比。其中，$U=V=100$，为了方便对比实验结果，图 3-14 给出了 $x=0.65$ 处的数值解分布。由图可知，广义节块展开法与节块积分方法能够非常好地与解析解吻合，而通用节块展开法出现了数值振荡或者假扩散现象，这在 3.3.3 节中已经详细说明。

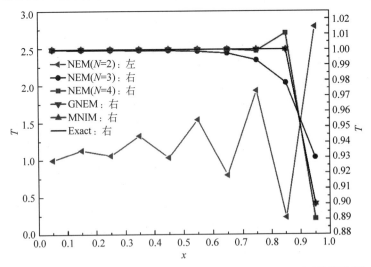

图 3-14　不同节块方法数值结果对比（$x=0.65,U=V=100$）（前附彩图）

为了进一步分析广义节块展开法的数值特性,此处在不同网格尺寸、不同流速的情况下分别进行了数值计算,表 3-9 给出了不同流速、不同网格尺寸下,广义节块展开法(GNEM)、通用节块展开法(2NEM,3NEM,4NEM)和节块积分方法(MNIM)对应的 RMS 误差。由表 3-9 可知,广义节块展开法和节块积分方法对于所有的情况都具有相同的计算精度,这是由于两种方法都实现了横向积分方程的局部解析求解的缘故,且这两种方法均优于通用节块展开法的计算精度。

表 3-9　不同网格尺寸、不同流速下,不同节块方法的 RMS 误差

$U=V$	网格	RMS 误差				
		NEM			GNEM	MNIM
		$N=2$	$N=3$	$N=4$		
20	5×5	2.0192E−1	1.1543E−2	1.0840E−3	1.9412E−10	1.9412E−10
	10×10	4.7183E−2	1.9723E−3	5.2651E−5	4.7651E−11	4.7651E−11
	15×15	2.1059E−2	5.1088E−4	6.2751E−6	1.6829E−11	1.6828E−12
	20×20	1.1938E−2	1.7980E−4	1.2595E−6	8.5870E−12	8.5773E−12
100	5×5	4.6016E+0	5.8710E−2	1.6334E−2	5.3427E−10	5.3427E−10
	10×10	8.0756E−1	1.6653E−2	6.3119E−3	4.8857E−10	4.8857E−10
	15×15	3.1311E−1	1.1970E−2	2.5708E−3	1.2802E−10	1.2802E−10
	20×20	1.6388E−1	8.1828E−2	1.1160E−3	1.1607E−10	1.1607E−10
500	5×5	6.9598E+1	1.2149E+0	2.3118E−1	2.2598E−9	2.2598E−9
	10×10	5.0360E+1	1.0088E−1	1.5213E−2	6.5705E−9	6.5705E−9
	15×15	8.8184E+0	9.7819E−3	1.0541E−2	1.8297E−10	1.8297E−10
	20×20	3.5169E+0	8.7520E−3	8.7479E−3	4.9405E−10	4.9405E−10

(2) Smith-Hutton 问题

Smith-Hutton 问题[68,98]是一个二维稳态对流扩散问题,其速度场是一个特定的旋转流场,其控制方程和速度场分布为

$$U(x,y)\frac{\partial T(x,y)}{\partial x}+V(x,y)\frac{\partial T(x,y)}{\partial y}$$

$$=\Gamma(x,y)\left(\frac{\partial^2 T(x,y)}{\partial x^2}+\frac{\partial^2 T(x,y)}{\partial y^2}\right) \tag{3-138}$$

$$U(x,y)=2y(1-x^2), \quad V(x,y)=-2x(1-y^2) \tag{3-139}$$

该速度场对应的流函数为

$$\psi(x,y)=(1-x^2)(1-y^2) \tag{3-140}$$

该流函数如图 3-15 所示，计算区域为 $-1 \leqslant x \leqslant 1, 0 \leqslant y \leqslant 1$，边界条件为

$$\begin{cases} T_{\text{inlet}} = 1 + \tanh[\alpha(1+2x)] & y=0, -1 \leqslant x \leqslant 0 \\ \partial T_{\text{outlet}}/\partial y = 0 & y=0, 0 \leqslant x \leqslant 1 \\ T_b = 1 - \tanh[\alpha] & x = \pm 1 \text{ 或 } y=0 \end{cases} \quad (3\text{-}141)$$

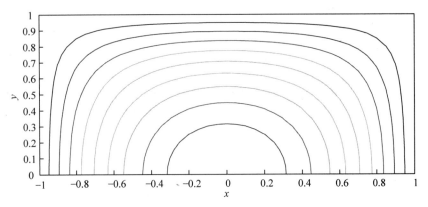

图 3-15　**Smith-Hutton** 问题的速度场分布（前附彩图）

α 是控制入口梯度的参数，当 α 较小时，入口边界温度分布相对平缓；当 α 较大时，入口边界温度分布会非常陡。当 $\alpha=20$，$\Gamma(x,y)=10^{-6}$ 时，该问题就变为大梯度、强对流、旋转流场问题，求解将变得非常困难。图 3-16 给出了在 40×20 网格下，$Pe_{\text{low}}=1.5 \times 10^4$ 时广义节块展开法（GNEM）和节块积分方法（MNIM）的计算结果；图 3-17 给出了 $Pe_{\text{low}}=1.5 \times 10^4$ 时广义节块展开法（GNEM）、节块积分方法（MNIM）和不同阶展开的通用节块展开法分别在 $y=0.025$ 和 $y=0.325$ 处的数值解分布。由图 3-16 和图 3-17 可知，仅仅广义节块展开法能够非常好地与参考解吻合，而节块积分法和通用节块展开法都出现了数值振荡现象，由此可见对于 Smith-Hutton 问题，广义节块展开法相比于节块积分法以及通用节块展开法来说，具有更高的精度。

（3）旋转流场高斯峰的瞬态问题求解

该问题是在一个旋转流场下，高斯峰随着时间演化的对流扩散问题[70,72]，计算区域为 $[-1,1] \times [-1,1]$，其控制方程、速度场分布、初始条件分别为

$$\frac{\partial T(x,y,t)}{\partial t} + U \frac{\partial T(x,y,t)}{\partial x} + V \frac{\partial T(x,y,t)}{\partial y}$$

$$= \Gamma \left(\frac{\partial^2 T(x,y,t)}{\partial x^2} + \frac{\partial^2 T(x,y,t)}{\partial y^2} \right) \quad (3\text{-}142)$$

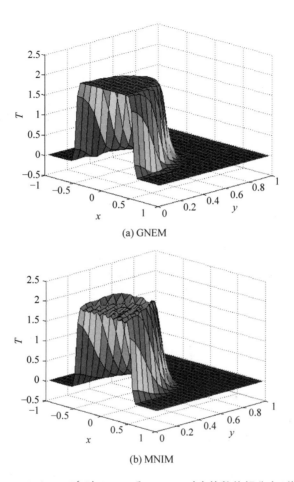

(a) GNEM

(b) MNIM

图 3-16　$\alpha = 20$，$\lambda = 10^{-6}$ 时 GNEM 和 MNIM 对应的数值解分布（前附彩图）

$$U(x,y,t) = -2\pi y, \quad V(x,y,t) = 2\pi x \tag{3-143}$$

$$T(x,y,0) = \exp\left(-\frac{(x-x_c)^2 + (y-y_c)^2}{2\sigma^2}\right) \tag{3-144}$$

其解析解为

$$\begin{cases} T(x,y,t) = \dfrac{2\sigma^2}{2\sigma^2 + 4Dt}\exp\left(-\dfrac{(x_* - x_c)^2 + (y_* - y_c)^2}{2\sigma^2}\right) \\ x_* = x\cos(2\pi t) + y\sin(2\pi t) \\ y_* = -x\sin(2\pi t) + y\cos(2\pi t) \end{cases} \tag{3-145}$$

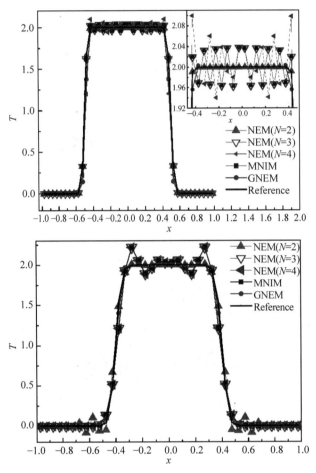

图 3-17　$\alpha = 20$，$\lambda = 10^{-6}$ 时不同节块法在 $y = 0.025$ 和
$y = 0.325$ 处的数值解分布（前附彩图）

其中，$(x_c, y_c) = (-0.5, 0)$ 和 $\sigma = 0.15$ 分别为高斯峰的中心坐标和标准偏差，边界条件通过式(3-145)获得，该问题在大部分区域是对流占优，在坐标原点处变为扩散占优。对于很多数值算法，都很难得到其数值解，因此该问题经常被作为算例，验证数值算法的色散和耗散特性、能否精确俘获高斯峰的位置和峰值、能否保持高斯峰的对称性、是否会产生数值振荡等。

图 3-18 给出了在均匀空间网格划分 100×100、均匀时间步长 $\Delta t = 0.0025$ 下，不同时刻广义节块展开法的空间平均值 T_{xy} 的分布，其中 $Pe_{low} = 0$，$\Gamma = 0.000\,01$。为了进一步分析广义节块展开法求解瞬态问题的数值特

性,沿着如图 3-18 所示的 AB,AC,AD,AE 线的数值解在不同时刻的分布
被展现于图 3-19 中。由图 3-18 和图 3-19 可知,在整个时间过程中,高斯峰
的对称性和形状被非常好地保持,数值解能够非常好地俘获高斯峰的位置
和峰值,并没有出现数值振荡和假扩散现象。由此可见,广义的节块展开法
对于求解瞬态问题具有非常好的数值特性。

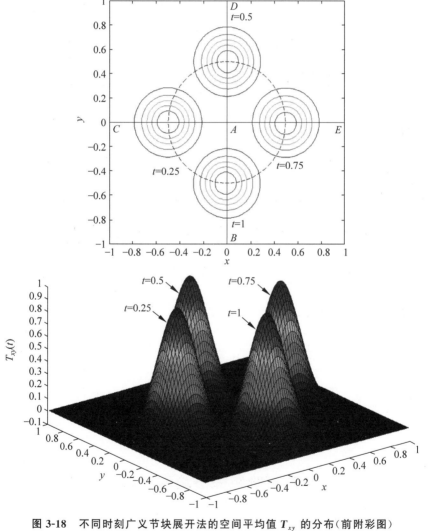

图 3-18　不同时刻广义节块展开法的空间平均值 T_{xy} 的分布（前附彩图）

均匀空间网格划分 100×100,均匀时间步长 $\Delta t = 0.0025$,$\Gamma = 0.00001$

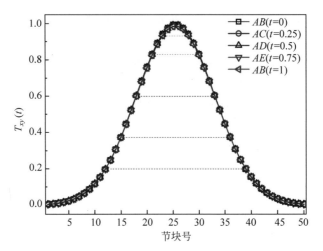

图 3-19 沿 **AB**,**AC**,**AD**,**AE** 线的 T_{xy} 数值解

为了对比广义节块展开法和节块积分方法的数值特性,将不同的空间网格尺寸、不同的时间步长、不同的 Γ 值下两种方法的 T_{xy} 对应的 RMS 误差列于表 3-10 中,由表可知,两种方法均具有一致、可靠的数值精度。

表 3-10 广义节块展开法和节块积分方法数值解 T_{xy} 对应的 RMS 误差

Γ	Δt	$\Delta x = \Delta y$	T_{xy}对应的 RMS 误差			
			$t = 0.5$		$t = 1$	
			GNEM	MNIM	GNEM	MNIM
10^{-3}	0.01	0.08	3.18E−2	3.19E−2	5.20E−2	5.21E−2
	0.005	0.04	9.33E−3	9.33E−3	1.73E−2	1.73E−2
	0.0025	0.02	4.49E−3	4.49E−3	8.49E−3	8.49E−3
10^{-5}	0.01	0.08	3.37E−2	3.37E−2	5.78E−2	5.77E−2
	0.005	0.04	9.02E−3	9.02E−3	1.77E−2	1.77E−2
	0.0025	0.02	2.26E−3	2.26E−3	4.51E−3	4.51E−3

3.5   一种新高阶矩阵节块展开法模型开发

3.5.1   基本思路

当利用通用节块展开法或者节块积分方法求解大梯度、强对流问题时,部分数值解会出现数值振荡现象,比如 Smith-Hutton 问题。虽然 3.4 节中开发了一种广义节块展开法,可在一定程度上避免或者削弱数值振荡现象的发生,但是广义节块展开法中 Pe_{low} 值的选取具有一定的经验性,事先并不知道应该选多少,需要经过几次数值实验,最终得到一个合理值,这就给广义节块展开法的使用和推广带来了一定的困难。

　　由于对流项的特殊性,以上提到的所有节块方法在求解热工问题时,类似横向泄漏项的部分通常采用零阶近似,这可能是导致上述节块方法产生数值振荡的原因之一。而反应堆物理中"假设三个相邻节块内的横向泄漏项都服从一个相同的二次多项式"的横向泄漏项处理思路更是无法推广到对流扩散方程的求解,甚至会导致更大的数值误差[76]。

　　因此,为了更合理地处理通用节块展开法和节块积分方法的数值振荡问题,本节开发了一种新高阶矩的节块展开法(NEM_HM)。借鉴反应堆物理中高阶矩节块方法的思路[99-101],NEM_HM 也同样引入了横向积分通量的高阶矩,并依据勒让德矩的定义,将 NEM_HM 方法中的所有展开系数与不同阶勒让德矩一一对应,并人为地将这些展开系数分为共享矩和非共享矩,共享矩通过不同阶的节块平衡方程计算得到,从而保证共享变量的唯一性;非共享矩通过各自横向积分方向的约束条件计算得到。NEM_HM 的计算框架是由原通用节块展开法的计算框架经过进一步推广得到,具体的推导和求解思路参见 3.5.2 节。

3.5.2　求解框架

　　本节以二维稳态问题为例对 NEM_HM 的求解框架做详细说明,该框架可直接推广到三维问题和瞬态问题。由式(3-1)可得到二维稳态问题控制方程:

$$U(x,y)\frac{\partial\phi(x,y)}{\partial x}+V(x,y)\frac{\partial\phi(x,y)}{\partial y}-\Gamma(x,y)\left(\frac{\partial^2\phi(x,y)}{\partial x^2}+\frac{\partial^2\phi(x,y)}{\partial y^2}\right)+$$

$$\sigma(x,y)\cdot\phi(x,y)=Q(x,y) \tag{3-146}$$

计算区域被划分为 $I\times J$ 个节块,每个节块的尺寸为 $[-h_x^{i,j},h_x^{i,j}]\times[-h_y^{i,j},h_y^{i,j}]$。NEM_HM 在进行横向积分过程时,将式(3-145)乘以权重函数之后,再进行积分。

$$\int_{-h_\xi}^{h_\xi} P_k(\xi) \cdot \left[U(x,y) \frac{\partial \phi(x,y)}{\partial x} + V(x,y) \frac{\partial \phi(x,y)}{\partial y} - \right.$$

$$\left. \Gamma(x,y) \left(\frac{\partial^2 \phi(x,y)}{\partial x^2} + \frac{\partial^2 \phi(x,y)}{\partial y^2} \right) + \sigma(x,y) \cdot \phi(x,y) \right] \mathrm{d}\xi$$

$$= \int_{-h_\xi}^{h_\xi} P_k(\xi) \cdot Q(x,y) \mathrm{d}\xi$$

$$(3\text{-}147)$$

其中,权重函数 $P_k(\xi)$ 是归一化的勒让德多项式,k 为勒让德多项式的阶数 $k = 0,1,2,\cdots,K$。当 ξ 分别为 y 和 x 时,式(3-147)分别为

$$\overline{U} \cdot \frac{\partial}{\partial x} \int_{-h_y}^{h_y} P_k(y) \cdot \phi(x,y) \mathrm{d}y - \overline{\Gamma} \cdot \frac{\partial^2}{\partial x^2} \int_{-h_y}^{h_y} P_k(y) \cdot \phi(x,y) \mathrm{d}y +$$

$$\bar{\sigma} \cdot \int_{-h_y}^{h_y} P_k(y) \cdot \phi(x,y) \mathrm{d}y = \int_{-h_y}^{h_y} P_k(y) \cdot Q(x,y) \mathrm{d}y -$$

$$\left[\overline{V} \cdot \int_{-h_y}^{h_y} P_k(y) \cdot \frac{\partial \phi(x,y)}{\partial y} \mathrm{d}y - \overline{\Gamma} \cdot \int_{-h_y}^{h_y} P_k(y) \cdot \frac{\partial^2 \phi(x,y)}{\partial y^2} \mathrm{d}y \right]$$

$$(3\text{-}148)$$

$$\overline{V} \cdot \frac{\partial}{\partial y} \int_{-h_x}^{h_x} P_k(x) \cdot \phi(x,y) \mathrm{d}x - \overline{\Gamma} \cdot \frac{\partial^2}{\partial y^2} \int_{-h_x}^{h_x} P_k(x) \cdot \phi(x,y) \mathrm{d}x +$$

$$\bar{\sigma} \cdot \int_{-h_x}^{h_x} P_k(x) \cdot \phi(x,y) \mathrm{d}x = \int_{-h_x}^{h_x} P_k(x) \cdot Q(x,y) \mathrm{d}x -$$

$$\left[\overline{U} \cdot \int_{-h_x}^{h_x} P_k(x) \cdot \frac{\partial \phi(x,y)}{\partial x} \mathrm{d}x - \overline{\Gamma} \cdot \int_{-h_x}^{h_x} P_k(x) \cdot \frac{\partial^2 \phi(x,y)}{\partial x^2} \mathrm{d}x \right]$$

$$(3\text{-}149)$$

其中,$\overline{U}, \overline{V}, \overline{\Gamma}, \bar{\sigma}$ 分别为 $U(x,y), V(x,y), \Gamma(x,y), \sigma(x,y)$ 在节块内的平均值,式(3-148)和式(3-149)能够统一写成以下形式:

$$\begin{cases} F_r \cdot \dfrac{\mathrm{d}\phi_r^{(k)}(r)}{\mathrm{d}r} + \dfrac{\mathrm{d}J_r^{(k)}(r)}{\mathrm{d}r} + \bar{\sigma} \cdot \phi_r^{(k)}(r) = S_r^{(k)}(r) = Q_r^{(k)}(r) - L_r^{(k)}(r) \\[2mm] J_r^{(k)}(r) = -\overline{\Gamma} \cdot \dfrac{\mathrm{d}\phi_r^{(k)}(r)}{\mathrm{d}r} \end{cases}$$

$$(3\text{-}150)$$

其中,

$$\phi_r^{(k)}(r) = \int_{-h_\xi}^{h_\xi} P_k(\xi) \cdot \phi(r,\xi) \mathrm{d}\xi \qquad (3\text{-}151)$$

$$Q_r^{(k)}(r) = \int_{-h_\xi}^{h_\xi} P_k(\xi) \cdot Q(r,\xi) \mathrm{d}\xi \qquad (3\text{-}152)$$

$$L_r^{(k)}(r) = \int_{-h_\xi}^{h_\xi} P_k(\xi) \cdot \left[F_\xi \cdot \frac{\partial \phi(r,\xi)}{\partial \xi} - \bar{\Gamma} \cdot \frac{\partial^2 \phi(r,\xi)}{\partial \xi^2} \right] d\xi \quad (3\text{-}153)$$

其中，$r = x$，$y \neq \xi$，$F_x = \bar{U}$；$F_y = \bar{V}$。$\phi_r^{(k)}(r)$，$Q_r^{(k)}(r)$，$L_r^{(k)}(r)$，$S_r^{(k)}(r)$ 分别为各自变量的 k 阶横向积分勒让德矩。当 $K = 0$ 时，式(3-150)～式(3-153)与通用节块展开法、节块积分方法和广义节块展开法的横向积分方程完全一样，也可看出 NEM_HM 的横向积分方程是一种更广义的形式。

同样将 $\phi_r^{(k)}(r)$，$Q_r^{(k)}(r)$，$L_r^{(k)}(r)$ 近似为一系列归一化勒让德多项式的展开形式：

$$\phi_r^{(k)}(r) = \sum_{n=0}^{N} a_{r,n}^{(k)} P_n(r) \quad (3\text{-}154)$$

$$Q_r^{(k)}(r) = \sum_{n=0}^{K} q_{r,n}^{(k)} P_n(r) \quad (3\text{-}155)$$

$$L_r^{(k)}(r) = \sum_{n=0}^{K} l_{r,n}^{(k)} P_n(r) \quad (3\text{-}156)$$

其中，$a_{r,n}^{(k)}$，$q_{r,n}^{(k)}$，$l_{r,n}^{(k)}$ 分别为 $\phi_r^{(k)}(r)$，$Q_r^{(k)}(r)$，$L_r^{(k)}(r)$ 的展开系数；$N \geqslant K + 2$。接下来将横向积分过程和 $\phi_r^{(k)}(r)$ 的展开过程结合起来，并根据式(3-151)、式(3-154)和归一化勒让德多项式的正交性，可得出各个展开系数与勒让德矩之间的一一对应关系：

$$a_{r,n}^{(k)} = \int_{-h_r}^{h_r} P_n(r) \cdot \phi_r^{(k)}(r) dr = \int_{-h_r}^{h_r} \int_{-h_\xi}^{h_\xi} P_n(r) \cdot P_k(\xi) \cdot \phi(r,\xi) d\xi dr$$

$$(3\text{-}157)$$

当 $r = x$ 和 $r = y$ 时，式(3-157)分别为如下形式：

$$a_{x,n}^{(k)} = \int_{-h_x}^{h_x} P_n(x) \cdot \phi_x^{(k)}(x) dx$$

$$= \int_{-h_x}^{h_x} \int_{-h_y}^{h_y} P_n(x) \cdot P_k(y) \cdot \phi(x,y) dy dx = m^{n,k} \quad (3\text{-}158)$$

$$a_{y,n}^{(k)} = \int_{-h_y}^{h_y} P_n(y) \cdot \phi_y^{(k)}(y) dy$$

$$= \int_{-h_y}^{h_y} \int_{-h_x}^{h_x} P_n(y) \cdot P_k(x) \cdot \phi(x,y) dx dy = m^{k,n} \quad (3\text{-}159)$$

其中，$m^{n,k}$ 为 $\phi(x,y)$ 在 x 方向 n 阶、y 方向 k 阶的勒让德矩阵，由式(3-158)和式(3-159)可知，所有的展开系数 $a_{r,n}^{(k)}$ 都能找到对应 $\phi(x,y)$ 的勒让德矩阵，根据此定义，原通用节块展开法、广义节块展开法的各个展开

系数对应 $\phi(x,y)$ 的勒让德矩阵则为 $m^{n,0}$（x 方向）和 $m^{0,n}$（y 方向），其中 $n=0,1,\cdots,N$。图 3-20 分别给出了 $K=0,1,2$ 和 $N=4$ 时所有展开系数 $a_{r,n}^{(k)}$ 对应 $\phi(x,y)$ 的勒让德矩。

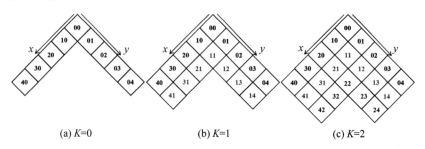

(a) $K=0$　　　　　　　　(b) $K=1$　　　　　　　　(c) $K=2$

图 3-20　$K=0,1,2,N=4$ 时 NEM_HM 中所有展开系数 $a_{r,n}^{(k)}$ 对应 $\phi(x,y)$ 的勒让德矩阵

　　由图 3-20 可知，勒让德矩 $m^{n,k}$（$0\leqslant n,k\leqslant K$）在 x,y 方向均对应有展开系数，因此将各个坐标方向均共有的勒让德矩 $m^{n,k}$（$0\leqslant n,k\leqslant K$）称为"共享矩"；而将仅仅在各自横向积分方向存在的勒让德矩称为"非共享矩"。按照这样的思路来重新理解原通用节块展开法和广义节块展开法的展开系数，$m^{0,0}$（节块平均值）即为共享矩，而 $m^{n,0}$ 和 $m^{0,n}$（$n=1,\cdots,N$）则为非共享矩，而非共享矩可通过共享矩 $m^{0,0}$（节块平均值）、边界处的 0 阶横向积分通量矩 $\phi_r^{(0)}$（$r=\pm h_r$）和（$N-2$）个权重残差等式计算得到，之后通过 $\phi_r^{(0)}$（$r=\pm h_r$）和 $J_r^{(0)}$（$r=\pm h_r$）的连续性条件，即可得到一系列关于 $\phi_r^{(0)}$（$r=h_r$）的离散关系式，具体求解过程已在 3.1.2 节和 3.4.2 节详细说明。依上述求解思路，可将通用节块展开法和广义节块展开法的求解框架推广到更广义的形式，用来作为 NEM_HM 的求解框架，具体如下：

　　非共享矩 $m^{n,k}$ 和 $m^{k,n}$（$K+1\leqslant n\leqslant N,0\leqslant k\leqslant K$）通过共享矩 $m^{n,k}$（$0\leqslant n,k\leqslant K$）、每个节块边界处 k 阶横向积分通量矩 $\phi_{r\pm}^{(k)}\equiv\phi_r^{(k)}$（$r=\pm h_r$）：

$$\phi_{r\pm}^{(k)}\equiv\phi_r^{(k)}(r=\pm h_r)=\sum_{n=0}^{N}a_{r,n}^{(k)}P_n(r=\pm h_r) \qquad (3\text{-}160)$$

和（$N-2-K$）个权重残差等式

$$\int_{-h_r}^{h_r}P_n(r)\cdot 式(3\text{-}150)\mathrm{d}r,\quad K+1\leqslant n\leqslant N-2 \qquad (3\text{-}161)$$

计算得到，最终能够表示成以下矩阵形式：

$$\mathbf{Mu}=\mathbf{C}\cdot\mathbf{Ms} \qquad (3\text{-}162)$$

其中，

$$\mathbf{Mu} = [m^{K+1,0}, \cdots, m^{N,0}, m^{K+1,1}, \cdots, m^{N,1}, \cdots, m^{K+1,K}, \cdots, m^{N,K}]^{\mathrm{T}}_{(K+1)(N-K)}$$

$$或 = [m^{0,K+1}, \cdots, m^{0,N}, m^{1,K+1}, \cdots, m^{1,N}, \cdots, m^{K,K+1}, \cdots, m^{K,N}]^{\mathrm{T}}_{(K+1)(N-K)}$$

$$\tag{3-163}$$

$$\mathbf{Ms} = [m^{0,0}, \cdots, m^{K,0}, m^{0,1}, \cdots, m^{K,1}, \cdots, m^{0,K}, \cdots, m^{K,K},$$

$$\phi_{r-}^{(0)}, \phi_{r+}^{(0)}, \cdots, \phi_{r-}^{(k)}, \phi_{r+}^{(k)}]^{\mathrm{T}}_{(K+1)(K+3)}$$

$$\tag{3-164}$$

其中,C 是 $(K+1)(N-K) \times (K+1)(K+3)$ 阶矩阵,之后结合相邻节块边界处 $\phi_r^{(k)}(r)$ 和 $J_r^{(k)}(r)$ 的连续性条件:

$$\phi_{x,i,j}^{(k)}(x = h_x^{i,j}) = \phi_{x,i+1,j}^{(k)}(x = -h_x^{i+1,j}),$$

$$J_{x,i,j}^{(k)}(x = h_x^{i,j}) = J_{x,i+1,j}^{(k)}(x = -h_x^{i+1,j})$$

$$\tag{3-165}$$

$$\phi_{y,i,j}^{(k)}(y = h_y^{i,j}) = \phi_{y,i,j+1}^{(k)}(y = -h_y^{i,j+1}),$$

$$J_{y,i,j}^{(k)}(y = h_y^{i,j}) = J_{y,i,j+1}^{(k)}(y = -h_y^{i,j+1})$$

$$\tag{3-166}$$

即可得到 r 方向关于 k 阶横向积分通量矩 $\phi_{r+}^{(k)} \equiv \phi_r^{(k)}(r = h_r)$ 的离散关系式。

当 $r = x$ 时,

$$Ap_{x+,i-1,j} \cdot \phi_{x+,i-1,j}^{(k)} + Ap_{x+,i,j} \cdot \phi_{x+,i,j}^{(k)} + Ap_{x+,i+1,j} \cdot \phi_{x+,i+1,j}^{(k)}$$

$$= \sum_{l=0}^{K} Bp_{x,i,j}^{l} \cdot m_{i,j}^{l,k} + \sum_{l=0}^{K} Bp_{x,i+1,j}^{l} \cdot m_{i+1,j}^{l,k}, \quad k = 0, 1, \cdots, K$$

$$\tag{3-167}$$

当 $r = y$ 时,

$$Ap_{y+,i,j-1} \cdot \phi_{y+,i,j-1}^{(k)} + Ap_{y+,i,j} \cdot \phi_{y+,i,j}^{(k)} + Ap_{y+,i,j+1} \cdot \phi_{y+,i,j+1}^{(k)}$$

$$= \sum_{l=0}^{K} Bp_{y,i,j}^{l} \cdot m_{i,j}^{k,l} + \sum_{l=0}^{K} Bn_{y,i,j+1}^{l} \cdot m_{i,j+1}^{k,l}, \quad k = 0, 1, \cdots, K$$

$$\tag{3-168}$$

为了方便表述,式(3-167)和式(3-168)中离散系数的具体表达式没有给出。为了确保共享矩的唯一性,共享矩 $m^{l,k}$ 或 $m^{k,l}(0 \leqslant l, k \leqslant K)$ 则通过带有权重函数的节块平衡方程计算得到:

$$\int_{-h_y}^{h_y} \int_{-h_x}^{h_x} P_l(x) \cdot P_m(y) \cdot 式(3\text{-}146) \mathrm{d}x \, \mathrm{d}y, \quad 0 \leqslant l, m \leqslant K$$

$$\tag{3-169}$$

此处以 $K=1$ 为例,说明共享矩的求解思路,其他 K 值与 $K=1$ 的情况没有本质区别,当 $K=1$ 时,$m^{l,k}$ 和 $m^{k,l}(0 \leqslant l, k \leqslant K)$ 能够表示为如下关系:

$$\boldsymbol{A} \cdot \boldsymbol{M} = \boldsymbol{B} \cdot \boldsymbol{\Phi} \tag{3-170}$$

其中，

$$\boldsymbol{M} = \left[m_{i,j}^{0,0}, m_{i,j}^{0,1}, \cdots, m_{i,j}^{0,K}, m_{i,j}^{1,0}, \cdots, m_{i,j}^{K,K} \right]_{(K+1)^2}^{\mathrm{T}} \tag{3-171}$$

$$\boldsymbol{\Phi} = \left[\phi_{x+,i-1,j}^{(0)}, \phi_{x+,i,j}^{(0)}, \phi_{y+,i,j-1}^{(0)}, \phi_{y+,i,j}^{(0)}, \cdots, \phi_{x+,i-1,j}^{(K)}, \right.$$
$$\left. \phi_{x+,i,j}^{(K)}, \phi_{y+,i,j-1}^{(K)}, \phi_{y+,i,j}^{(K)} \right]_{4(K+1)}^{\mathrm{T}} \tag{3-172}$$

其中，$\boldsymbol{A}$ 为 $(K+1)^2 \times (K+1)^2$ 阶方阵，$\boldsymbol{B}$ 为 $(K+1)^2 \times 4(K+1)$ 阶矩阵，联立求解式(3-167)、式(3-168)、式(3-170)，即可消去式(3-167)和式(3-168)中的共享矩 $m^{l,k}$ 或 $m^{k,l}(0 \leqslant l, k \leqslant K)$，最终得到一系列关于 $\phi_{r,+}^{(k)}(r = x, y)$ 的相互耦合的离散关系式。

3.5.3　方法特点

对比 NEM_HM 方法、反应堆物理中高阶矩节块方法，NEM_HM 方法具有自己的特点和优势：

（1）NEM_HM 中的所有展开系数都被划分为共享矩和非共享矩两种，共享矩保证了节块平均值和各个坐标方向共有通量矩的唯一性，否则，这些共享矩需在每个横向积分方向上都要独立计算一次，展开矩越高，问题维数越大，计算量就会成倍增加。NEM_HM 却可以有效避免上述复杂的推导和计算，该思路是通用节块展开法和广义节块展开法中"保证节块平均值和虚源项唯一性"思路的进一步推广。

（2）NEM_HM 中的所有展开系数均没有显式地出现在最终的离散关系式中，它们均通过共享矩和边界处横向积分通量矩 $\phi_{r,\pm}^{(k)}$ 隐式地表达，同时也避免了显式进行横向泄漏项的复杂推导和特殊近似处理，该过程均被共享矩和 $\phi_{r,\pm}^{(k)}$ 隐式地表达。

（3）NEM_HM 相比于通用节块展开法和广义节块法，具有更广义的形式，且三种方法具有一致的离散格式，可以根据需要，灵活地选择不同的节块方法。此外，对于反应堆物理中的节块方法来说，交替方向迭代算法通常被用来求解最终离散方程形成的矩阵，然而对于对流占优的热工问题，交替方向迭代算法的收敛速度通常非常慢，甚至会出现不收敛现象。因此针对 NEM_HM 形成的离散系统，开发了稀疏直接求解法、法方程的共轭梯度法（conjugate gradient on the normal equations，CGNR）、稳定双共轭梯度法（Biconjugate gradient stabilized method，BiCGSTAB）和广义最小残差法（generalized minimum residual method，GMRES）等多种矩阵求解方法。

3.5.4　数值振荡问题分析

为了验证新开发的 NEM_HM 方法处理数值振荡问题的能力,此处选取了两类非常难于求解的算例,即 Smith-Hutton 问题和变例、cross-flow 问题。其中,Smith-Hutton 问题已在 3.4.4 节提到,此处选取的参数会更加极端;而 cross-flow 问题的选取是为了进一步验证 NEM_HM 方法处理不连续问题的能力,并将计算结果同节块积分方法或广义节块展开法进行对比。此外,后面有关的精度和计算效率分析、横向泄漏项处理精度分析,均依据此处计算的算例结果得到。

（1）Smith-Hutton 问题和变例

Smith-Hutton 问题的控制方程、边界条件等具体定义已在 3.4.4 节中详细说明。此外,当 $\Gamma(x,y)=0$,即纯对流问题,Smith-Hutton 问题具有解析解:

$$T(x,y)=1+\tanh[\alpha(1-2\sqrt{1-(1-x^2)(1-y^2)})]\qquad(3\text{-}173)$$

随着 α 的增加,$T(x,y)$ 在 $y=0$ 附近变得越来越陡峭。为了充分验证 NEM_HM 方法的计算能力,该算例选取 $\alpha=100$,$\Gamma(x,y)=10^{-6}$,使得 Smith-Hutton 问题变为超大梯度、接近纯对流、旋转流场问题。当 $\alpha=100$ 时,入口处的 $T(x,y)$ 分布如图 3-21 所示。由图可知,该问题几乎是一个不连续分布的纯对流问题。

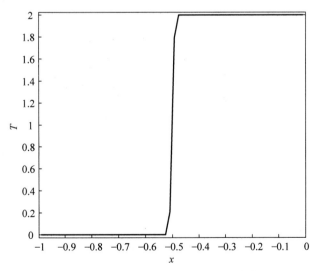

图 3-21　$\alpha=100$ 时入口处 $T(x,y)$ 分布

根据 3.4.4 节可知，节块积分方法与 $Pe_{low}=0$ 时的广义节块展开法具有相同的数值特性，且数值特性优于通用节块展开方法，所以此处选取节块积分方法（NIM 或 MNIM）作为代表，与 NEM_HM 方法进行数值特性对比。图 3-22 给出了在 $40×20$ 的均匀网格划分下，NEM_HM 方法（$K=1,2$）与 NIM 方法在 $[0,1]×[0,1]$ 区域的数值结果。图 3-23 给出了 NEM_HM 方法（$K=1,2$）与 NIM 方法在不同网格划分下的入口和出口处 $T(x,y)$ 的平均值分布。

由图 3-22 和图 3-23 可以看出，NIM 方法出现了明显的数值振荡现象，即使在更细的网格划分（$80×40$）下仍然能观察到数值振荡；NEM_HM 方法（$K=1$）相比于 NIM 方法，具有更好的数值精度，但在较粗的网格划分（$20×10$ 和 $40×20$）下能够观察到轻微的数值振荡；但当 $K=2$ 时，NEM_HM 方法能够精确地与参考解吻合，即使在非常粗的网格划分（$20×10$）下也能很好地得到数值解。由此可见，NEM_HM 方法具有非常好的数值特性，明显优于 NIM 方法。

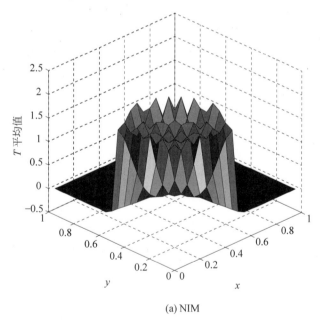

(a) NIM

图 3-22　NEM_HM（$K=1,2$）与 NIM 在 $[0,1]×[0,1]$ 区域的
数值解（均匀网格 $40×20$）（前附彩图）

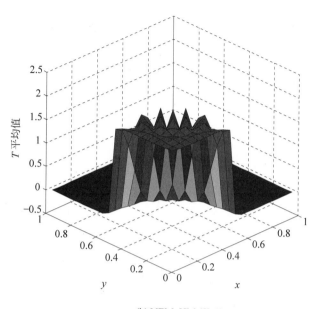

(b) NEM_HM (*K*=1)

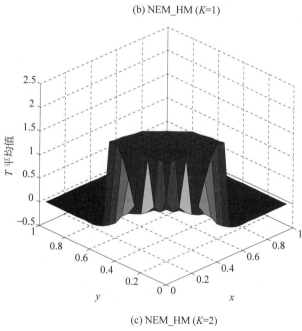

(c) NEM_HM (*K*=2)

图 3-22（续）

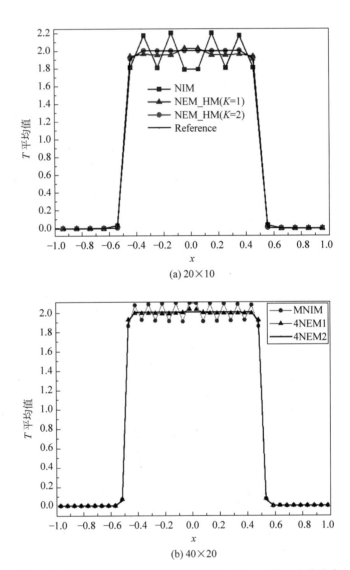

(a) 20×10

(b) 40×20

图 3-23　不同网格划分下的入口和出口处 $T(x,y)$ 的平均值分布

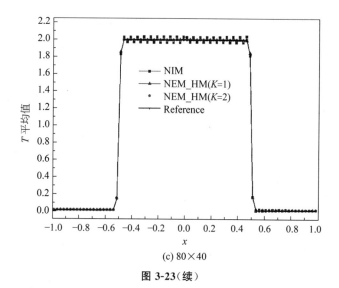

(c) 80×40

图 3-23（续）

为了进一步分析 NEM_HM 的数值特性,此处改变 Smith-Hutton 问题入口的温度分布,新的入口温度为分段线性分布,如下所示:

$$T_{in} = \begin{cases} 1+x & y=0, -1 \leqslant x \leqslant -1/3 \\ 2+x & y=0, -1/3 \leqslant x \leqslant -2/3 \\ -x & y=0, -2/3 \leqslant x \leqslant 0 \end{cases} \quad (3\text{-}174)$$

其他所有的条件与原 Smith-Hutton 问题相同,图 3-24 给出了在均匀网格

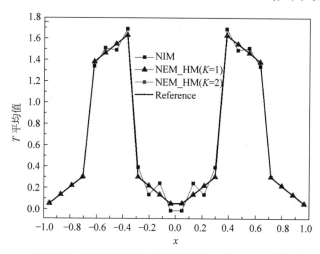

图 3-24 分段线性分布时入口和出口处 $T(x,y)$ 的
平均值分布（均匀网格 24×12）

24×12 下 NEM_HM($K=1,2$)与 NIM 方法对应的入口和出口处 $T(x,y)$ 的平均值分布。数值结果表明,NEM_HM($K=1,2$)能够非常好地与参考解吻合,NIM 同样产生了明显的数值振荡现象。

(2) cross-flow 问题

cross-flow 问题[102]是在 3.3.3 节中的第 2 个算例的基础上改进的,如图 3-25 所示,$U(x,y)=1$,$V(x,y)=3$,$\Gamma(x,y)=0.001$。区别在于 AB 线的位置与 3.3.3 节中不同,此处的速度 $U(x,y)$ 与 $V(x,y)$ 并不相等,也就是说流速并不沿对角线了,$U(x,y)$ 与 $V(x,y)$ 之间的夹角从 45°变为 18.4°。图 3-26 和图 3-27 给出了 NEM_HM 与 NIM 方法的计算结果,由图可知,NEM_HM 能够精确地模拟出大梯度处的数值解,而 NIM 产生了数值振荡。

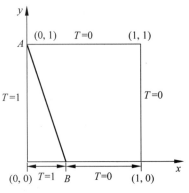

图 3-25　cross-flow 问题示意图

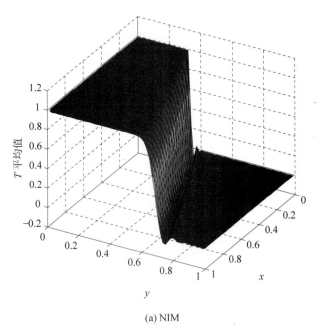

(a) NIM

图 3-26　NEM_HM($K=1$)与 NIM 的数值解(均匀网格 60×60)(前附彩图)

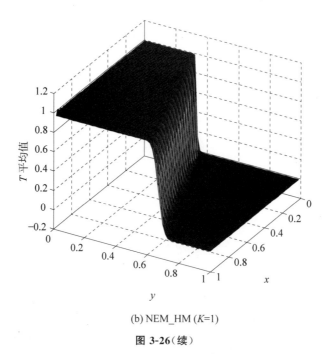

(b) NEM_HM (K=1)

图 3-26（续）

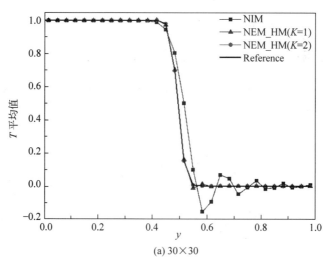

(a) 30×30

图 3-27　NEM_HM(K＝1,2)与 NIM 在中心线处的数值解

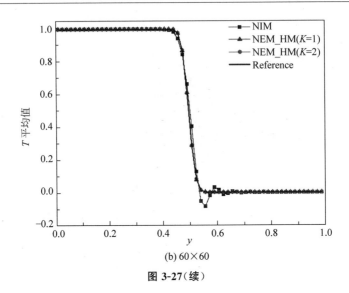

(b) 60×60

图 3-27（续）

3.5.5　精度和计算效率分析

为了综合考虑 NEM_HM 方法的精度和计算效率，在不同的网格尺寸下，将 3.5.4 节的 Smith-Hutton 问题中所求未知变量的个数、计算时间和出入口处的 RMS 误差分别列于表 3-11 中。为了合理、公平地对比 NEM_HM（$K=1,2$）与 NIM 的计算效率，此处以所求未知变量的个数作为计算问题的规模，而不是网格数，因为 NEM_HM（$K=1,2$）中每个网格内变量的个数均多于 NIM 方法，以网格数作为参考是不合理的。

表 3-11　Smith-Hutton 问题所求未知变量的个数、计算时间和出入口处的 RMS 误差

网　　格		20×10	40×20	80×40
RMS 误差	NIM	1.3110E−01	6.0185E−02	2.3215E−02
	NEM_HM($K=1$)	2.7553E−02	1.0423E−02	4.4492E−03
	NEM_HM($K=2$)	8.5678E−03	3.5901E−03	2.5005E−03
所求未知变量的个数	NIM	400	1600	6400
	NEM_HM($K=1$)	800	3200	12 800
	NEM_HM($K=2$)	1200	4800	19 200
计算时间/s	NIM	0.003	0.013	0.072
	NEM_HM($K=1$)	0.011	0.044	0.255
	NEM_HM($K=2$)	0.018	0.097	0.676

由表 3-11 可知,NEM_HM($K=2$)在网格 20×10 下,具有 1200 个未知量;NEM_HM($K=1$)在网格 40×20 下,具有 3200 个未知量;而 NIM 在网格 80×40 下,具有 6400 个未知量;但 NEM_HM($K=1,2$)在未知量较少、计算时间更短的情况下,获得了更高的计算精度。由此可见,在相同的计算精度下,NEM_HM 方法相比于 NIM 具有更高的计算效率。

此外,在不同的网格尺寸下,将 3.5.4 节中的 cross-flow 问题中所求未知变量的个数、计算时间和中心线处的 RMS 误差也分别列于表 3-12 中。NEM_HM($K=2$)在网格 30×30 下,具有 5 400 个未知量;NEM_HM($K=1$)在网格 30×30 下,具有 3600 个未知量;而 NIM 在网格 90×90 下,具有 16 200 个未知量;但 NEM_HM($K=1,2$)同样在未知量较少、计算时间更短的情况下,获得了更高的计算精度。

表 3-12　cross-flow 问题中所求未知变量的个数、计算时间和中心线处的 RMS 误差

网　　格		30×30	60×60	90×90
RMS 误差	NIM	8.0834E−02	2.4534E−02	1.2652E−02
	NEM_HM($K=1$)	4.9210E−03	9.8441E−04	2.2618E−04
	NEM_HM($K=2$)	1.1136E−03	3.2734E−05	5.0343E−06
所求未知变量的个数	NIM	1800	7200	16 200
	NEM_HM($K=1$)	3600	14 400	32 400
	NEM_HM($K=2$)	5400	21 600	48 600
计算时间/s	NIM	0.025	0.083	0.249
	NEM_HM($K=1$)	0.053	0.313	1.069
	NEM_HM($K=2$)	0.124	0.82	5.982

3.5.6　横向泄漏项处理精度分析

为了能够清楚地了解 NEM_HM 方法与 NIM,GNEM 方法在横向泄漏项处理精度方面的差别,图 3-28 给出了 3.5.4 节中 Smith-Hutton 问题在 $y=0.1$ 处对应的 NEM_HM 和 NIM 方法的横向泄漏项分布;图 3-29 给出了 cross-flow 问题在中心线处对应的 NEM_HM 和 NIM 方法的横向泄漏项分布。由图 3-28 和图 3-29 可知,NEM_HM($K=2$)具有更好的横向泄漏项近似,而 NIM 对应的横向泄漏项近似最差。

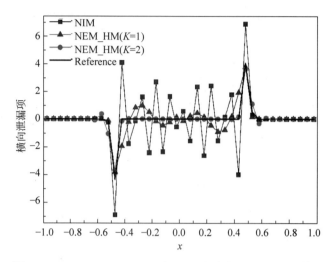

**图 3-28　NEM_HM($K=1,2$)和 NIM 方法在 $y=0.1$ 处的横向
泄漏项分布（Smith-Hutton 问题，均匀网格 40×20）**

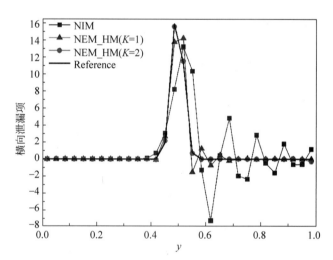

**图 3-29　NEM_HM($K=1,2$)和 NIM 方法在中心线处的横向
泄漏项分布（cross-flow 问题，均匀网格 30×30）**

3.6　本章小结

　　本章的研究核心是开发耦合模型的通用节块展开法。首先将物理热工
模型中的各个控制方程写成统一形式，并针对该形式进行了通用节块展开法

的初步开发,解决了反应堆物理中原节块展开法无法求解含有空腔区域的中子扩散方程问题,并且能够适用于求解本章涉及的所有物理热工控制方程。

由于对流扩散方程的特殊性和重要性,本章针对初步开发的通用节块展开法求解对流扩散方程的精度、稳定性和数值耗散特性进行了详细的理论分析和数值验证,并依据傅里叶分析、差分方程及常微分方程精确解等数学知识开发了一套分析节块展开法稳定性和数值耗散特性的理论模型。结果表明:对于大部分问题,3 阶、4 阶展开的通用节块展开法(3NEM 和 4NEM)能够非常好地吻合参考解或解析解,计算精度优于目前流行的二阶迎风格式 SUS 和 QUICK 格式,即使是不连续问题,也能得到非常好的数值解,且计算精度随着展开阶数 N 的增大而增加。

但在求解对流扩散方程时,部分数值解中出现了数值振荡和假扩散现象,因此,结合稳定性和数值耗散特性对上述现象进行了详细分析。为了解决或者削弱通用节块展开法的数值振荡行为和假扩散现象,本章着重开发了两种新的节块展开法:一种是广义节块展开法(GNEM),其充分利用了通用节块展开法和节块积分方法各自的优势,实现了广义节块展开法与通用节块展开法离散格式的统一,稳态和瞬态问题离散格式的统一,但针对极其特殊的问题,GNEM 处理数值振荡行为的能力有待提高。

基于此,本章又开发了新的高阶矩阵节块展开法(NEM_HM),引入横向积分通量的高阶矩阵,并依据勒让德矩阵的定义,将 NEM_HM 方法中的所有展开系数与不同阶勒让德矩阵一一对应,并人为地将这些展开系数分为共享矩阵和非共享矩阵,其中 NEM_HM 的计算框架是由原通用节块展开法的计算框架经过进一步推广得到的。计算结果表明:NEM_HM 方法能够非常有效地处理数值振荡行为和假扩散现象,无论是计算精度和效率,均明显优于广义节块展开法和节块积分方法。

考虑到计算精度和效率的平衡,对于大部分物理热工模型,通常选用通用节块展开法和广义节块展开法已能够满足工程的需要,但对于极其特殊或非常难求解的问题,可以选用 NEM_HM 方法来保证计算结果的合理性。本章开发的几种节块展开法为解决各个物理场离散格式不同带来的耦合困难,实现物理热工耦合模型的统一求解提供了坚实的理论基础。

第4章 节块展开法统一求解耦合系统的关键技术研究

在成功开发物理热工通用节块展开法的基础上,本章的核心是实现节块展开法统一求解多物理场耦合系统的目标。虽然第 3 章开发的节块展开法能够成功地求解书中提到的所有单个物理场,但对于多个物理场相互耦合的系统,如何实现节块展开法的统一求解,仍需探索,尤其是球流的多孔介质模型。此外,节块展开法如何处理非线性项问题,耦合源项之间能否传递节块的高阶信息问题,节块展开法如何处理复杂的多区域耦合、多类型耦合问题等都需要进行详细的研究和探索。因此本章着重研究节块展开法求解耦合系统时所面临的若干问题,并对相应的关键技术进行分析和解决。

4.1 耦合模型分析

由于各个物理场离散格式的不同会给耦合系统的求解带来一定的困难,因此,本章试图使用节块展开法来统一离散物理热工耦合模型的所有控制方程。接下来分别针对稳态和瞬态问题进行分析。

物理热工耦合系统包括反应堆中子学、固体导热、流体流动载热、压力场、速度场等多个物理场,且各个场之间相互耦合。此外,为了分析高温堆球流的特殊性,此处的热工模型还包括球流的多孔介质模型,下面针对各个物理场的控制方程和物性参数进行简要的介绍。

(1) 中子扩散方程

$$-\frac{\partial}{\partial x}\left(D_g\frac{\partial \phi_g}{\partial x}\right) - \frac{\partial}{\partial y}\left(D_g\frac{\partial \phi_g}{\partial y}\right) + \Sigma_g^R \phi_g$$

$$= Q_g = \sum_{\substack{g'=1 \\ g' \neq g}}^{G} \Sigma_{g' \to g}^s \phi_{g'} + \frac{\chi_g}{k_{\text{eff}}} \sum_{g'=1}^{G} \nu \Sigma_{g'}^f \phi_{g'} \tag{4-1}$$

其中,ϕ_g 为中子通量,单位为 $\text{m}^{-2} \cdot \text{s}^{-1}$;$D_g$,$\Sigma_g^R$,$\Sigma_{g' \to g}^s$,$\nu\Sigma_{g'}^f$ 分别为扩散系数、移出截面、散射截面和裂变截面;χ_g,k_{eff} 分别为中子份额和有效增殖系

数;上述物性参数均与温度有关,热工计算中的温度一旦发生变化,截面就会变化,进而影响中子通量的分布,这是耦合系统相互影响的体现之一。

(2) 固体导热方程

$$-\frac{\partial}{\partial x}\left(k_s\frac{\partial T_s}{\partial x}\right)-\frac{\partial}{\partial y}\left(k_s\frac{\partial T_s}{\partial y}\right)=Q \tag{4-2}$$

其中,T_s 为固体温度,单位为℃;k_s 为固体的导热系数;Q 为源项。由于 k_s 也与温度有关,可见该控制方程本身就是一个与温度相关的非线性问题。

(3) 多孔介质流场模型

$$\frac{\partial \rho_f U}{\partial x}+\frac{\partial \rho_f V}{\partial y}=0 \tag{4-3}$$

$$\rho_f U\frac{\partial U}{\partial x}+\rho_f V\frac{\partial U}{\partial y}-\mu_f\left(\frac{\partial^2 U}{\partial x^2}+\frac{\partial^2 U}{\partial y^2}\right)=-\frac{\partial P}{\partial x}+R_x \tag{4-4}$$

$$\rho_f U\frac{\partial V}{\partial x}+\rho_f V\frac{\partial V}{\partial y}-\mu_f\left(\frac{\partial^2 V}{\partial x^2}+\frac{\partial^2 V}{\partial y^2}\right)=-\frac{\partial P}{\partial y}+\rho_f g+R_y \tag{4-5}$$

其中,ρ_f 为流体的密度;g 为重力加速度;μ_f 为流体的黏性系数;U,V 为多孔介质模型在 x,y 方向表观速度;$\boldsymbol{V}_e=[U,V]^T$;P 为压力;R_x 和 R_y 分别为多孔介质流动在各个坐标方向的阻力项。由式(4-4)和式(4-5)可知,多孔介质流场模型在形式上相当于在纳维-斯托克斯模型的基础上加一个多孔介质流动阻力项 $\boldsymbol{R}=[R_x,R_y]^T$,其中,$\boldsymbol{R}$ 通常采用达西定律近似,具体表示为以下形式:

$$\boldsymbol{R}=-K\cdot\boldsymbol{V}_e \tag{4-6}$$

$$K=-k_1\cdot\|\boldsymbol{V}_e\|+k_2 \tag{4-7}$$

当多孔介质流动阻力项 R 满足条件

$$\frac{\|\boldsymbol{R}\|\cdot L}{\rho\boldsymbol{V}\cdot\boldsymbol{V}}\gg 1 \tag{4-8}$$

时,称该多孔介质模型为"强多孔介质(highly porous media)模型",其中 $\boldsymbol{V}$,L 分别为流场的特征速度和长度。由参考文献[103]可知,高温堆对应的式(4-7)左端值为

$$\frac{\|\boldsymbol{R}\|\cdot L}{\rho\boldsymbol{V}\cdot\boldsymbol{V}}=1470\gg 1 \tag{4-9}$$

因此,高温堆对应的模型为强多孔介质模型,此时多孔介质流动阻力项的作用就会远远大于对流项和扩散项的作用,使得对流项和扩散项的作用可以

忽略。因此对于高温堆,多孔介质流场模型中的式(4-4)和式(4-5)可简化为

$$0 = -\frac{\partial P}{\partial x} - K \cdot U \qquad (4\text{-}10)$$

$$0 = -\frac{\partial P}{\partial y} + \rho_{\mathrm{f}} g - K \cdot V \qquad (4\text{-}11)$$

对于高温堆球床堆芯,式(4-10)和式(4-11)中 K 的表达式为

$$K = \frac{\psi}{d} \frac{1-\varepsilon}{\varepsilon^3} \frac{\rho \parallel \mathbf{V}_e \parallel}{2} \qquad (4\text{-}12)$$

$$\psi = \frac{320}{Re/(1-\varepsilon)} + \frac{320}{[Re/(1-\varepsilon)]^{0.1}} \qquad (4\text{-}13)$$

其中,d 为燃料球的直径,$Re = \rho_{\mathrm{f}} \parallel \mathbf{V}_e \parallel d / \eta_{\mathrm{f}}$ 为雷诺数,η_{f} 为流体的动力黏度系数,ε 为多孔介质孔隙率。从式(4-12)和式(4-13)即可知式(4-7)中 k_1 和 k_2 的表达式:

$$k_1 = \frac{320}{Re^{0.1}} \frac{\rho_{\mathrm{f}}(1-\varepsilon)^{1.1}}{2d\varepsilon^3} \qquad (4\text{-}14)$$

$$k_2 = \frac{160\eta_{\mathrm{f}}(1-\varepsilon)^2}{d^2\varepsilon^3} \qquad (4\text{-}15)$$

由式(4-10)和式(4-11)得到:

$$U = -\frac{1}{K} \frac{\partial P}{\partial x} \qquad (4\text{-}16)$$

$$V = -\frac{1}{K} \left(\frac{\partial P}{\partial y} - \rho_{\mathrm{f}} g \right) \qquad (4\text{-}17)$$

将式(4-16)和式(4-17)代入连续性方程,即可得到压力的控制方程:

$$-\frac{\partial}{\partial x} \left(\frac{\rho_{\mathrm{f}}}{K} \frac{\partial P}{\partial x} \right) - \frac{\partial}{\partial x} \left[\frac{\rho_{\mathrm{f}}}{K} \left(\frac{\partial P}{\partial x} - \rho_{\mathrm{f}} g \right) \right] = 0 \qquad (4\text{-}18)$$

式(4-10),式(4-11)和式(4-18)就构成了多孔介质的速度场和压力场的控制方程。

（4）多孔介质固体导热模型

$$-\frac{\partial}{\partial x} \left(k_{\mathrm{seff}} \frac{\partial T_s}{\partial x} \right) - \frac{\partial}{\partial y} \left(k_{\mathrm{seff}} \frac{\partial T_s}{\partial y} \right) + \alpha T_s = (1-\varepsilon) Q_{\mathrm{fiss}} + \alpha T_{\mathrm{f}} \qquad (4\text{-}19)$$

其中,k_{seff} 为多孔介质模型的有效导热系数;α 为流固之间的对流换热系数;Q_{fiss} 为球床区域核裂变转化的热源,对于非高温堆球床裂变区,$Q_{\mathrm{fiss}} = 0$,对于 Q_{fiss} 的计算下面将做详细说明。T_s,T_{f} 分别为多孔介质模型固体、流体的温度,单位为℃。

（5）多孔介质流体对流换热模型

$$\frac{\partial}{\partial x}(\varepsilon \rho_f c_{pf} U \cdot T_f) + \frac{\partial}{\partial y}(\varepsilon \rho_f c_{pf} V \cdot T_f) - \frac{\partial}{\partial x}\left(k_f \frac{\partial T_f}{\partial x}\right) - \frac{\partial}{\partial y}\left(k_f \frac{\partial T_f}{\partial y}\right) + \alpha T_f = \alpha T_s$$
(4-20)

其中，ρ_f, c_{pf}, k_f 分别为流体的密度、定压比容、导热系数。U 和 V 即为流场计算得到的速度场分布。

（6）物性参数具体关系式

为了尽可能地体现节块展开法统一求解高温堆耦合系统的能力，此处选择的物性参数关系式均来自于高温堆，少部分关系式进行了近似处理。对于中子场，各个反应截面与温度的关系均可表示为以下形式：

对于球床区，

$$\Sigma_g^{tr}, \Sigma_g^R, \Sigma_{g'\to g}^s, \nu\Sigma_g^f = B_1 + B_2 \cdot \sqrt{T_s + 50} + B_3 \cdot (T_s + 50) + B_4 \cdot T_s + B_5 \cdot (T_s)^2$$
(4-21)

对于反射层区，

$$\Sigma_g^{tr}, \Sigma_g^R, \Sigma_{g'\to g}^s, \nu\Sigma_g^f = B_1 + B_4 \cdot T_s + B_5 \cdot (T_s)^2$$
(4-22)

其中，Σ_g^{tr} 为其总截面，$D_g = 1/3\Sigma_g^{tr}$，T_s 为球床固体温度，对于不同的材料、不同的能群，不同的截面，其对应的系数 B_1, B_2, B_3, B_4, B_5 均不相同。

对于热工基本参数，具体表达式如下：

$$\rho_s c_{ps} = 1.75 \times 10^6 \times \left[0.645 + 3.14 \times \left(\frac{T_s + 273.15}{1000}\right) - 2.809 \times \left(\frac{T_s + 273.15}{1000}\right)^2 + 0.959 \times \left(\frac{T_s + 273.15}{1000}\right)^3\right]$$
(4-23)

$$k_{seff} = 1.9 \times 10^{-3} \times (T_s + 273.15 - 150)^{1.29}$$
(4-24)

$$\rho_f = \frac{48.14 \times \dfrac{P/10^5}{T_f + 273.15}}{1 + 0.446 \times \dfrac{P/10^5}{(T_f + 273.15)^{1.2}}}$$
(4-25)

$$k_f = 2.682 \times 10^{-3} \times (1 + 1.123 \times 10^{-3} \times P/10^5) \times (T_f + 273.15)^{0.71 \times (1 - 2 \times 10^{-4} \times P/10^5)}$$
(4-26)

$$\eta_f = 3.674 \times 10^{-7} \times (T_f + 273.15)^{0.7}$$
(4-27)

$$c_{pf} = 5195$$
(4-28)

式（4-12）和式（4-13）给出了高温堆球床区域对应的多孔介质阻力系数 K

的表达式,但高温堆堆芯不仅包括球床堆芯,还包括空腔区、竖管流动区、非球床的固体导热区域、换热器区域等,各个区域对应的多孔介质阻力系数 K 均不相同,且各个区域的对流换热系数 α 的求解也不同。此外,各个区域相互耦合,多种耦合类型并存,有关多区域耦合、多类型耦合问题的统一求解见 4.4 节,不同多孔介质区域对应的 K 和不同区域对应的对流换热系数 α 的具体关系式在 4.6 节中给出。

4.2　模型离散格式的统一

该耦合系统需要求解的物理场为 $x = [\phi_g, P, U, V, T_s, T_f]^{\mathrm{T}}$,此处以通用节块展开法和广义节块法为例,说明节块展开法统一求解耦合系统的关键技术,其中的思路很容易推广到新高阶矩节块展开法。首先将计算区域划分为 $I \times J$ 个节块,每个节块的尺寸为 $[-h_x^{i,j}, h_x^{i,j}] \times [-h_y^{i,j}, h_y^{i,j}]$。其中,$i = 1, \cdots, I, j = 1, \cdots, J$。在使用节块展开法统一离散各个物理场时,每个变量都需通过一系列特定的基函数展开,即

$$\phi_{g,r}(r) = \sum_{n=0}^{N_{\phi_g}=4} \tilde{a}_{\phi_g, r, n} \tilde{f}_{\phi_g, n}(r) \tag{4-29}$$

$$P_r(r) = \sum_{n=0}^{N_P=4} \tilde{a}_{P, r, n} \tilde{f}_{P, n}(r) \tag{4-30}$$

$$U_r(r) = \sum_{n=0}^{N_U=4} \tilde{a}_{U, r, n} \tilde{f}_{U, n}(r) \tag{4-31}$$

$$V_r(r) = \sum_{n=0}^{N_V=4} \tilde{a}_{V, r, n} \tilde{f}_{V, n}(r) \tag{4-32}$$

$$T_{s,r}(r) = \sum_{n=0}^{N_{T_s}=4} \tilde{a}_{T_s, r, n} \tilde{f}_{T_s, n}(r) \tag{4-33}$$

$$T_{f,r}(r) = \sum_{n=0}^{N_{T_f}=4} \tilde{a}_{T_f, r, n} \tilde{f}_{T_f, n}(r) \tag{4-34}$$

其中,$\tilde{a}_{r,n}$ 分别为各个物理场对应的展开系数,$\tilde{f}_n(r)$ 分别为各个物理场对应的特定基函数。不同的物理场可以选择不同的节块展开法,而不同的节块展开法对应于不同的基函数,比如通用节块展开法对应的基函数为式(3-12)~式(3-16),广义节块展开法求解对流扩散方程对应的基函数见

表 3.7,新高阶矩节块展开法对应的基函数则为归一化的勒让德多项式。

依据第 3 章可知,4.1.1 节中列出的所有单个控制方程均是式(3-1)的特殊形式,它们具有统一的离散格式,比如对于通用节块展开法,统一离散格式如式(3-31)～式(3.40)所示,只要按照表 3.1 选取合适的控制参数 $\boldsymbol{F}$,$\varGamma$,σ,即可得到各自的离散方程,因此接下来需要研究在统一离散耦合系统时,各个物理场的一些特殊处理和耦合源项、非线性项的处理等问题。

4.2.1　耦合源项处理和高阶信息的传递

耦合系统中由于耦合源项的存在,各个物理场之间存在信息传递,比如高温堆中子场的绝大部分裂变能转化为热能,其作为燃料球的热源来加热燃料球,并通过燃料球的导热将热量传递到燃料球的表面,之后氦气流过堆芯球床,通过氦气与燃料球表面之间的对流换热,将热量带出堆芯。上述过程存在多个相互耦合的源项,而耦合源项的处理是求解耦合系统的核心研究内容之一,其中耦合源项的处理精度或者各个物理场之间信息传递的精度将会直接影响到耦合系统求解的精度。通常对于有限体积法或者有限差分法来说,由于数值计算得到的仅仅为节块平均值或者某网格点离散值,因此耦合源项之间的信息传递也通常只能传递节块的平均信息或网格点对应的离散值。

通过节块展开法求解各个物理场时,计算结果不仅给出了节块的平均值,还很容易得到其高阶展开系数。高阶展开系数代表了该物理场的高阶信息,如果各个物理场对应的耦合源项之间不仅传递节块的平均信息,还传递节块的高阶信息,就可以充分保证变量在各个物理场之间传递过程中的计算精度,从而保证耦合系统求解的计算精度。基于此,下面将对不同耦合源项进行分析和处理。

(1) 中子扩散方程能群间的耦合

对于多群中子扩散方程,每个能群均对应于式(3-1),各个能群通过散射源项和裂变源项相互耦合,同时有效增殖系数 k_{eff} 也是一个未知数,需要通过幂迭代等方法求解。考虑到计算精度和效率的平衡,通常中子扩散方程采用通用节块展开法即可得到相对较好的数值解。因此根据第 3 章的推导即可得到散射源项和裂变源项的具体表达式:

$$\bar{Q}_{\phi_g}^{i,j} = \sum_{\substack{g'=1 \\ g' \neq g}}^{G} \Sigma_{g' \to g}^{s,i,j} \bar{\phi}_{g'}^{i,j} + \frac{\chi_g}{k_{\text{eff}}} \sum_{g'=1}^{G} \nu \Sigma_{g'}^{f,i,j} \bar{\phi}_{g'}^{i,j} \tag{4-35}$$

$$q_{\phi_g,r,1}^{i,j} = \sum_{\substack{g'=1 \\ g' \neq g}}^{G} \Sigma_{g' \to g}^{s,i,j} \left(a_{\phi_{g'},r,1}^{i,j} - \frac{a_{\phi_{g'},r,3}^{i,j}}{10} \right) + \frac{\chi_g}{k_{eff}} \sum_{g'=1}^{G} \nu \Sigma_g^{f,i,j} \left(a_{\phi_{g'},r,1}^{i,j} - \frac{a_{\phi_{g'},r,3}^{i,j}}{10} \right)$$

$$(4\text{-}36)$$

$$q_{\phi_g,r,2}^{i,j} = \sum_{\substack{g'=1 \\ g' \neq g}}^{G} \Sigma_{g' \to g}^{s,i,j} \left(a_{\phi_{g'},r,2}^{i,j} - \frac{a_{\phi_{g'},r,4}^{i,j}}{35} \right) + \frac{\chi_g}{k_{eff}} \sum_{g'=1}^{G} \nu \Sigma_g^{f,i,j} \left(a_{\phi_{g'},r,2}^{i,j} - \frac{a_{\phi_{g'},r,4}^{i,j}}{35} \right)$$

$$(4\text{-}37)$$

这与 3.2 节中源项的表达式一样,其中 $\bar{Q}_{\phi_g}^{i,j}$,$q_{\phi_g,r,1}^{i,j}$,$q_{\phi_g,r,2}^{i,j}$ 分别为第 g' 群对应的源项平均值和横向积分方向 r 对应的 1 阶、2 阶源项展开系数;$a_{\phi_{g'},r,n}^{i,j}$($g'=1,2,\cdots,G$;$r=x,y,z$;$n=1,2,\cdots,N$)为第 g 群中子通量在 r 坐标方向的 n 阶展开系数,式中的物性参数均为相应节块内的平均值。对于 k_{eff} 的计算,此处采用幂迭代的思路:

$$k_{eff} = k_{eff,old} \cdot \frac{\displaystyle\sum_{\substack{i=1,\cdots,I \\ j=1,\cdots,J}} \left(\sum_{g'=1}^{G} \nu \Sigma_g^{f,i,j} \bar{\phi}_g^{i,j} \right)}{\displaystyle\sum_{\substack{i=1,\cdots,I \\ j=1,\cdots,J}} \left(\sum_{g'=1}^{G} \nu \Sigma_g^{f,i,j} \bar{\phi}_{old,g'}^{i,j} \right)} \qquad (4\text{-}38)$$

其中,$k_{eff,old}$ 和 $\bar{\phi}_{old,g}^{i,j}$ 分别为上一步外迭代的对应值。由此可见中子通量的高阶展开系数已被充分利用。

(2) 多孔介质固体导热模型与中子扩散方程、流体对流换热模型间耦合

多孔介质固体导热模型式(4-19)的左端与中子扩散方程(4-1)的左端在形式上一样,因此多孔介质固体导热模型的求解也采用通用节块展开法。此外,多孔介质固体导热模型式(4-19)的右端源项中包括球床区域核裂变转化的热源 Q_{fiss} 和多孔介质流固之间的对流换热的热源 $\alpha \cdot T_f$,两个耦合源项能够初步表示为

$$\bar{Q}_{T_s}^{i,j} = (1-\varepsilon)\bar{Q}_{fiss}^{i,j} + \alpha \cdot \bar{T}_f^{i,j} \qquad (4\text{-}39)$$

$$q_{T_s,r,1}^{i,j} = (1-\varepsilon)q_{fiss,r,1}^{i,j} + \alpha \cdot q_{T_f,r,1}^{i,j} \qquad (4\text{-}40)$$

$$q_{T_s,r,2}^{i,j} = (1-\varepsilon)q_{fiss,r,2}^{i,j} + \alpha \cdot q_{T_f,r,2}^{i,j} \qquad (4\text{-}41)$$

其中,$\bar{Q}_{T_s}^{i,j}$,$q_{T_s,r,1}^{i,j}$,$q_{T_s,r,2}^{i,j}$ 分别为多孔介质固体导热模型对应的源项平均值、横向积分方向 r 对应的 1 阶、2 阶源项的勒让德多项式展开系数;同理 $\bar{Q}_{fiss}^{i,j}$,$q_{fiss,r,1}^{i,j}$,$q_{fiss,r,2}^{i,j}$ 分别为 Q_{fiss} 的各阶勒让德多项式展开系数;$\bar{T}_f^{i,j}$,

$q_{T_f,r,1}^{i,j}$，$q_{T_f,r,2}^{i,j}$ 分别为流体温度 T_f 的勒让德多项式展开系数。为了求解多孔介质固体导热模型，此处需要知道上述各个展开系数的具体表达式。由式(4-34)可知，流体温度 T_f 对应的勒让德多项式展开系数为

$$q_{T_s,r,n}^{i,j} = \frac{\int_{-h_r^{i,j}}^{h_r^{i,j}} f_n(r) \cdot T_{f,r}^{i,j}(r) \mathrm{d}r}{\int_{-h_r^{i,j}}^{h_r^{i,j}} f_n(r) \cdot f_n(r) \mathrm{d}r} = \frac{\int_{-h_r^{i,j}}^{h_r^{i,j}} f_n(r) \cdot \sum_{nl=0}^{N_{T_f}=4} \tilde{a}_{T_f,r,nl}^{i,j} \tilde{f}_{T_f,nl}(r) \mathrm{d}r}{\int_{-h_r^{i,j}}^{h_r^{i,j}} f_n(r) \cdot f_n(r) \mathrm{d}r}$$

$$(4\text{-}42)$$

其中，$f_n(r)$ 为通用节块展开法对应的基函数(式(3-12)~式(3-16))。只要求出流体温度 T_f 在特定基函数 $\tilde{f}_{T_f,nl}(r)$ 下的展开系数 $\tilde{a}_{T_f,r,nl}^{i,j}(nl=0,1,2,3,4)$，即可得到 $q_{T_f,r,n}^{i,j}(n=0,1,2)$。而对于球床区域核裂变转化的热源 Q_{fiss}，有

$$P_{\text{th}} = \bar{C}_{\text{no}} \cdot \iint_{V_{\text{core}}} \sum_{g'=1}^{G} [\kappa\Sigma_g^f(x,y) \cdot \phi_g(x,y)] \mathrm{d}x\mathrm{d}y$$

$$= \bar{C}_{\text{no}} \sum_{\substack{i=1,\cdots,I \\ j=1,\cdots,J}} \left[\sum_{g=1}^{G} (\kappa\Sigma_g^{f,i,j} \cdot \bar{\phi}_g^{i,j}) \cdot \Delta V^{i,j} \right] \qquad (4\text{-}43)$$

其中，P_{th} 为反应堆的热功率，$\kappa\Sigma_g^f$ 为能量转换截面，V_{core} 为反应堆堆芯的体积，$\Delta V^{i,j}$ 为堆芯内每个节块的体积，$\kappa\Sigma_g^{f,i,j}$ 为 $\kappa\Sigma_g^f(x,y)$ 节块平均值。$\bar{C}_{\text{no}}$ 为通量到功率的归一化常数，由式(4-43)即可得到 $\bar{C}_{\text{no}}$：

$$\bar{C}_{\text{no}} = \frac{P_{\text{th}}}{\displaystyle\sum_{\substack{i=1,\cdots,I \\ j=1,\cdots,J}} \left[\sum_{g=1}^{G} (\kappa\Sigma_g^{f,i,j} \cdot \bar{\phi}_g^{i,j}) \cdot \Delta V^{i,j} \right]} \qquad (4\text{-}44)$$

得到 $\bar{C}_{\text{no}}$ 之后，每个节块对应的 $\bar{Q}_{\text{fiss}}^{i,j}$，$q_{\text{fiss},r,1}^{i,j}$，$q_{\text{fiss},r,2}^{i,j}$ 可表示为

$$\bar{Q}_{\text{fiss}}^{i,j} = \bar{C}_{\text{no}} \cdot \int_{-h_x^{i,j}}^{h_x^{i,j}} \int_{-h_y^{i,j}}^{h_y^{i,j}} \sum_{g'=1}^{G} [\kappa\Sigma_g^f(x,y) \cdot \phi_g(x,y)] \mathrm{d}x\mathrm{d}y / V$$

$$= \bar{C}_{\text{no}} \cdot \sum_{g=1}^{G} (\kappa\Sigma_g^{f,i,j} \cdot \bar{\phi}_g^{i,j}) \qquad (4\text{-}45)$$

$$q_{\text{fiss},r,1}^{i,j} = \bar{C}_{\text{no}} \cdot \sum_{g=1}^{G} \left[\kappa\Sigma_g^{f,i,j} \cdot \left(a_{\phi_g,r,1}^{i,j} - \frac{a_{\phi_g,r,3}^{i,j}}{10} \right) \right] \qquad (4\text{-}46)$$

$$q_{\text{fiss},r,2}^{i,j} = \bar{C}_{\text{no}} \cdot \sum_{g=1}^{G} \left[\kappa\Sigma_g^{f,i,j} \cdot \left(a_{\phi_g,r,2}^{i,j,k} - \frac{a_{\phi_g,r,4}^{i,j}}{35} \right) \right] \qquad (4\text{-}47)$$

由式(4-39)~式(4-42)，式(4-45)~式(4-47)可得到多孔介质固体导热模型

对应的 $\bar{Q}_{T_s}^{i,j}$，$q_{T_s,r,1}^{i,j}$，$q_{T_s,r,2}^{i,j}$ 的完整表达式：

$$\bar{Q}_{T_s}^{i,j} = (1-\varepsilon)\bar{C}_{no} \cdot \sum_{g'=1}^{G}(\kappa\Sigma_g^{f,i,j} \cdot \bar{\phi}_g^{i,j}) \cdot \Delta V^{i,j} + \alpha \cdot \overline{T}_f^{i,j} \tag{4-48}$$

$$q_{T_s,r,1}^{i,j} = (1-\varepsilon)\bar{C}_{no} \cdot \sum_{g'=1}^{G}\left[\kappa\Sigma_g^{f,i,j} \cdot \left(a_{\phi_{g'},r,1}^{i,j} - \frac{a_{\phi_{g'},r,3}^{i,j}}{10}\right)\right] +$$

$$\alpha \cdot \frac{6}{h_r^{i,j}}\int_{-h_r^{i,j}}^{h_r^{i,j}} f_1(r) \cdot \sum_{nl=0}^{N_{T_f}=4} \tilde{a}_{T_f,r,nl}^{i,j}\tilde{f}_{T_f,nl}(r)\mathrm{d}r \tag{4-49}$$

$$q_{T_s,r,2}^{i,j} = (1-\varepsilon)\bar{C}_{no} \cdot \sum_{g=1}^{G}\left[\kappa\Sigma_g^{f,i,j} \cdot \left(a_{\phi_g,r,2}^{i,j,k} - \frac{a_{\phi_g,r,4}^{i,j}}{35}\right)\right] +$$

$$\alpha \cdot \frac{10}{h_r^{i,j}}\int_{-h_r^{i,j}}^{h_r^{i,j}} f_2(r) \cdot \sum_{nl=0}^{N_{T_f}=4} \tilde{a}_{T_f,r,nl}^{i,j}\tilde{f}_{T_f,nl}(r)\mathrm{d}r \tag{4-50}$$

（3）多孔介质流体对流换热模型与固体导热模型间耦合

多孔介质流体对流换热模型式(4-20)的右端也是由流固之间的对流换热而产生的源项 $\alpha \cdot T_s$。由于多孔介质固体温度 T_s 采用通用节块展开法求解，其使用的基函数为式(3-12)～式(3-16)，因此参照中子扩散方程的散射源项和裂变源项，很容易得到多孔介质流体对流换热模型式(4-20)的右端源项的各阶展开系数，此处不详细列出。

4.2.2　非线性项处理和物性参数的离散

使用节块法求解偏微分方程时，通常要求方程的各项系数为节块的平均值，即第 3 章开发的节块展开法要求方程(3-1)中的对流项系数 $U(x,y,z)$，$V(x,y,z)$，$W(x,y,z)$，扩散项系数 $\Gamma(x,y,z)$，吸收项系数 $\sigma(x,y,z)$ 均取离散节块的平均值 $\overline{U}$，$\overline{V}$，$\overline{W}$，$\overline{\Gamma}$，$\bar{\sigma}$。基于此，对于耦合系统的非线性项，此处取各个变量的平均值来计算控制方程中各项系数。例如对于多孔介质流体对流换热模型等式(4-20)，将其转化为

$$\bar{\varepsilon} \cdot \bar{\rho}_f\bar{c}_{pf}\overline{U} \cdot \frac{\partial T_f}{\partial x} + \bar{\varepsilon} \cdot \bar{\rho}_f\bar{c}_{pf}\overline{V} \cdot \frac{\partial T_f}{\partial y} - \bar{k}_f\left(\frac{\partial^2 T_f}{\partial x^2} + \frac{\partial^2 T_f}{\partial y^2}\right) + \bar{\alpha} \cdot T_f = \bar{\alpha} \cdot T_f$$

$$\tag{4-51}$$

其中，非线性项 $\varepsilon\rho_f c_{pf}U$，$\varepsilon\rho_f c_{pf}V$，$k_f$，$\alpha$ 均采用参数的平均值进行计算，参数 $\bar{\varepsilon}$，$\bar{\rho}_f$，$\bar{c}_{pf}$，$\overline{U}$ 等由对应的节块平均值计算得到。如果书中没有明确说明，均表示采用该思路处理复杂的非线性项。其他控制方程也采用相同的处理方法。节块内的各个物性参数计算如下所示：

$$\overline{\Sigma}_g^{\mathrm{tr},i,j}, \overline{\Sigma}_g^{R,i,j}, \overline{\Sigma}_{g'\to g}^{s,i,j}, \nu\overline{\Sigma}_g^{f,i,j} = B_1 + B_2 \cdot \sqrt{\overline{T}_s^{i,j} + 50} +$$
$$B_3 \cdot (\overline{T}_{ss}^{i,j} + 50) + B_4 \cdot \overline{T}_{ss}^{i,j} + B_5 \cdot (\overline{T}_s^{i,j})^2 \tag{4-52}$$

$$\overline{\rho}_s^{i,j} \overline{c}_{ps}^{i,j} = 1.75 \times 10^{-6} \times \left[0.645 + 3.14 \times \left(\frac{\overline{T}_s^{i,j} + 273.15}{1000} \right) - \right.$$
$$2.809 \times \left(\frac{\overline{T}_s^{i,j} + 273.15}{1000} \right)^2 +$$
$$\left. 0.959 \times \left(\frac{\overline{T}_s^{i,j} + 273.15}{1000} \right)^3 \right] \tag{4-53}$$

$$\overline{k}_{seff}^{i,j} = 1.9 \times 10^{-3} \times (\overline{T}_s^{i,j} + 273.15 - 150)^{1.29} \tag{4-54}$$

$$\overline{\rho}_f^{i,j} = \frac{48.14 \times \dfrac{\overline{P}^{i,j}/10^5}{\overline{T}_f^{i,j} + 273.15}}{1 + 0.446 \times \dfrac{\overline{P}^{i,j}/10^5}{(\overline{T}_f^{i,j} + 273.15)^{1.2}}} \tag{4-55}$$

$$\overline{k}_f^{i,j} = 2.682 \times 10^{-3} \times (1 + 1.123 \times 10^{-3} \times \overline{P}^{i,j}/10^5) \times$$
$$(\overline{T}_f^{i,j} + 273.15)^{0.71 \times (1 - 2 \times 10^{-4} \times \overline{P}^{i,j}/10^5)} \tag{4-56}$$

$$\overline{\eta}_f^{i,j} = 3.674 \times 10^{-7} \times (\overline{T}_f^{i,j} + 273.15)^{0.7} \tag{4-57}$$

$$\overline{c}_{pf}^{i,j} = 5195 \tag{4-58}$$

4.2.3　多孔介质模型压力场与速度场之间耦合处理

多孔介质模型的速度场和压力场如式(4-10)~式(4-13),式(4-18)所示。对压力控制方程进行体积积分即可得到有关压力的节块平衡方程:

$$\frac{J_{P,x}^{i,j}(x=h_x^{i,j}) - J_{P,x}^{i,j}(x=-h_x^{i,j})}{2h_x^{i,j}} + \frac{J_{P,y}^{i,j}(x=h_y^{i,j}) - J_{P,y}^{i,j}(x=-h_y^{i,j})}{2h_y^{i,j}}$$
$$= -\frac{1}{4h_x^{i,j}h_y^{i,j}} \int_{-h_x^{i,j}}^{h_x^{i,j}} \int_{-h_y^{i,j}}^{h_y^{i,j}} \frac{\partial \left[(\overline{\rho}_f^{i,j})^2 g / \overline{K}_f^{i,j} \right]}{\partial y} = 0 \tag{4-59}$$

$$J_{P,r}^{i,j}(r) = -\frac{\overline{\rho}_f^{i,j}}{\overline{K}_f^{i,j}} \frac{\partial P_r(r)}{\partial r} \tag{4-60}$$

此外,压力的连续性条件与其他物理场有些不同,此处做特殊说明。依据节块边界处流量的连续性条件,并由压力与速度的关系式(4-16)和式(4-17),

可得到有关压力的连续性条件：

$$J_{P,x}^{i,j}(x=h_x^{i,j})=J_{P,x}^{i+1,j}(x=-h_x^{i+1,j}) \tag{4-61}$$

$$J_{P,y}^{i,j}(y=h_y^{i,j})+\frac{(\bar{\rho}_f^{i,j})^2 g}{\bar{K}_f^{i,j}}=J_{P,y}^{i,j+1}(y=-h_y^{i,j+1})+\frac{(\bar{\rho}_f^{i,j+1})^2 g}{\bar{K}_f^{i,j+1}} \tag{4-62}$$

由式(4-18)可知，压力控制方程与空腔区域的中子扩散方程相似，也与固体导热方程形式相同，结合压力自身的节块平衡方程(4-59)和连续性条件式(4-61)和式(4-62)，很容易得到有关压力横向积分量 $P_{r+}^{i,j}\equiv$ $P_{r+}^{i,j}(r=h_r^{i,j})$ 的一系列耦合离散关系式，进而求解 $P_{r+}^{i,j}$ 和压力节块平均值 $\bar{P}^{i,j}$。之后结合式(4-16)和式(4-17)，即可得到各个节块速度平均值。

$$\bar{U}^{i,j}=-\frac{1}{4h_x^{i,j}h_y^{i,j}}\int_{-h_x^{i,j}}^{h_x^{i,j}}\int_{-h_y^{i,j}}^{h_y^{i,j}}\frac{1}{\bar{K}_f^{i,j}}\frac{\partial P}{\partial x}\mathrm{d}x\,\mathrm{d}y=-\frac{(P_{x+}^{i,j}-P_{x+}^{i-1,j})}{2h_x^{i,j}\bar{K}_f^{i,j}} \tag{4-63}$$

$$\bar{V}^{i,j}=-\frac{1}{4h_x^{i,j}h_y^{i,j}}\int_{-h_x^{i,j}}^{h_x^{i,j}}\int_{-h_y^{i,j}}^{h_y^{i,j}}\frac{1}{\bar{K}_f^{i,j}}\left(\frac{\partial P}{\partial y}-\bar{\rho}_f^{i,j}g\right)\mathrm{d}x\,\mathrm{d}y$$

$$=-\frac{(P_{y+}^{i,j}-P_{y+}^{i,j-1})}{2h_y^{i,j}\bar{K}_f^{i,j}}+\frac{\bar{\rho}_f^{i,j}g}{\bar{K}_f^{i,j}} \tag{4-64}$$

当计算出速度场 $\bar{U}^{i,j}$，$\bar{V}^{i,j}$ 后，需要重新计算 $Re^{i,j}$，$\bar{K}_f^{i,j}$，$\bar{\rho}_f^{i,j}$，之后再计算压力场，速度场和压力场之间需要进行反复迭代直到收敛。为了提高速度场与压力场之间非线性问题的迭代收敛速率，通常采用以下等式来修正计算：

$$\|\boldsymbol{V}_e\|_{\mathrm{new}}=\left[\|\boldsymbol{V}_e\|\times(\|\boldsymbol{V}_e\|_{\mathrm{old}})^n\right]^{\frac{1}{n+1}} \tag{4-65}$$

其中，$\|\boldsymbol{V}_e\|=\sqrt{U^2+V^2}$，为该迭代步计算得到的值；$\|\boldsymbol{V}_e\|_{\mathrm{old}}$ 为上一迭代步计算得到的值，$\|\boldsymbol{V}_e\|_{\mathrm{new}}$ 为修正后的值。经过这样的处理后，速度场与压力场之间通常经过 1～2 次迭代即可得到收敛解，从而提高计算效率。此外，由于高温堆的冷却剂为氦气，而氦气的比容非常小，使得其对流动的动态响应会非常快，短时间内即可达到新的平衡，因此针对氦气流场的瞬态计算通常采用准稳态，即式(3-1)中的 $\delta=0$。而其他物理场的瞬态问题计算参见 4.3 节。

4.3　瞬态问题的求解

4.3.1　时间项横向积分思路推广

4.2 节针对稳态问题的统一离散问题进行了分析，本节主要针对时间项的统一离散问题进行详细的分析。第 3 章中广义节块展开法采用的是时间-空间全积分的思路进行时间项离散,即时间项与空间项一样,均采用横向积分技术,使得时间坐标方向也会得到一个对应的横向积分方程,如式(3-98),但是其对应的对流扩散方程中并没有吸收项,而中子扩散方程、多孔介质流体对流换热模型和固体导热模型的瞬态模型中均有一个类似的吸收项,因此需要将第 3 章中广义节块展开法的时间项处理做进一步的推广。为了能够适应文中提到的各个控制方程,接下来以式(3-1)为研究对象进行分析。

时间网格被划分为$[-\tau_m,\tau_m]$,对式(3-1)沿时间方向使用横向积分技术,得到时间方向的横向积分方程:

$$\delta\frac{\mathrm{d}\phi_t(t)}{\mathrm{d}t}+\sigma\cdot\phi_t(t)=S_t(t)=Q_t(t)-L_t(t) \tag{4-66}$$

$$Q_t(t)=\frac{1}{4h_xh_y}\int_{-h_x}^{h_x}\int_{-h_y}^{h_y}Q(x,y,t)\mathrm{d}x\mathrm{d}y \tag{4-67}$$

$$L_t(t)=\frac{1}{4h_xh_y}\int_{-h_x}^{h_x}\int_{-h_y}^{h_y}\left(U\frac{\partial\phi}{\partial x}+V\frac{\partial\phi}{\partial y}-\Gamma\frac{\partial^2\phi}{\partial x^2}-\Gamma\frac{\partial^2\phi}{\partial y^2}\right)\mathrm{d}x\mathrm{d}y \tag{4-68}$$

为了求解时间方向的横向积分式(4-66),同样将 $Q_t(t)$ 和 $L_t(t)$ 采用 0 阶勒让德多项式展开:

$$Q_t(t)\approx q_{t,0}P_0(t)=q_{t,0},\quad L_t(t)\approx l_{t,0}P_0(t)=l_{t,0},\quad S_t(t)\approx q_{t,0}-l_{t,0} \tag{4-69}$$

之后在 δ 和 σ 为常数的基础上,可得到横向积分式(4-66)的局部解析解:

$$\phi_t(t)=(q_{t,0}-l_{t,0})/\sigma+C_1\mathrm{e}^{-\sigma\cdot t} \tag{4-70}$$

由式(4-70)可得到 $\phi_t(t=-\tau_m)$,$\phi_t(t=\tau_m)$ 和 $[-\tau_m,\tau_m]$ 时间段内的平均值 $\bar{\phi}^{i,j,m}$,即

$$\phi_t(t=-\tau_m)=(q_{t,0}-l_{t,0})/\sigma+C_1\mathrm{e}^{\sigma\cdot\tau_m} \tag{4-71}$$

$$\phi_t(t=\tau_m)=(q_{t,0}-l_{t,0})/\sigma+C_1\mathrm{e}^{-\sigma\cdot\tau_m} \tag{4-72}$$

$$\bar{\phi}^{i,j,m}=(q_{t,0}-l_{t,0})/\sigma+C_1\frac{\sinh(\sigma\cdot\tau_m)}{\sigma\cdot\tau_m} \tag{4-73}$$

根据式(4-71)~式(4-73)即可消去 $q_{t,0}-l_{t,0}$ 和 C_1,得到 $\phi_t(t=-\tau_m)$,$\phi_t(t=\tau_m)$ 与 $\bar{\phi}^{i,j,m}$ 之间的关系式:

$$\phi_t(t=\tau_m)=\mathrm{Coef}_t\cdot[\bar{\phi}^{i,j,m}-\phi_t(t=-\tau_m)]+\phi_t(t=-\tau_m) \tag{4-74}$$

其中,

$$\mathrm{Coef}_t=\frac{2\cdot\sigma\cdot\tau_m}{-1+\sigma\cdot\tau_m+\sigma\cdot\tau_m\cdot\coth(\sigma\cdot\tau_m)} \tag{4-75}$$

之后结合连续性条件

$$\phi_t(t=-\tau_m)=\phi_t(t=\tau_{m-1}) \tag{4-76}$$

即可得到 $\phi_t(t=\tau_m)$ 与 $\phi_t(t=\tau_{m-1})$ 之间的离散关系式：

$$\phi_{t+}^{i,j,m} \equiv \phi_t(t=\tau_m) = \mathrm{Coef}_t \cdot \left[\bar{\phi}^{i,j,m} - \phi_t(t=-\tau_m)\right] + \phi_t(t=-\tau_m)$$

$$= \mathrm{Coef}_t \cdot (\bar{\phi}^{i,j,m} - \phi_{t+}^{i,j,m-1}) + \phi_{t+}^{i,j,m-1} \tag{4-77}$$

为了分析式(4-77)与对流扩散等式对应的式(3-130)的关系,此处将式(4-75)在 $\sigma=0$ 进行泰勒展开：

$$\mathrm{Coef}_t = \frac{2 \cdot \sigma \cdot \tau_m}{-1 + \sigma \cdot \tau_m + \sigma \cdot \tau_m \cdot \coth(\sigma \cdot \tau_m)}$$

$$= 2 - \frac{2 \cdot \sigma \cdot \tau_m}{3} + \frac{2 \cdot (\sigma \cdot \tau_m)^2}{9} + O(\sigma)^3 \tag{4-78}$$

其中,$O(\sigma)^3$ 代表了高阶无穷小量,由式(4-78)可知,当 $\sigma=0$ 时,式(4-77)就退化为对流扩散等式对应的式(3-130),由此可见两者的一致性。其他方面的处理可参考广义节块展开法中的具体思路,即可很容易实现对热工问题的求解。

4.3.2　瞬态中子扩散方程的时间-空间全横向积分处理

　　由于瞬态中子扩散方程将裂变中子分为缓发中子和瞬发中子,缓发中子由其先驱核衰变产生,因此瞬态中子扩散方程与稳态中子扩散方程相比,不仅仅是增加了时间项,还增加了缓发中子先驱核或缓发中子的控制方程,且缓发中子先驱核与中子通量之间相互耦合,使得采用时间-空间全横向积分思路求解瞬态中子扩散方程时,其离散过程与热工模型相比,具有一定的特殊性。因此本章专门针对瞬态中子扩散方程的时间-空间全横向积分技术进行分析。瞬态中子扩散方程的具体形式如下：

$$\frac{1}{v_g}\frac{\partial \phi_g}{\partial t} - \frac{\partial}{\partial x}\left(D_g\frac{\partial \phi_g}{\partial x}\right) - \frac{\partial}{\partial y}\left(D_g\frac{\partial \phi_g}{\partial y}\right) + \Sigma_g^R \phi_g = Q_g$$

$$= \sum_{\substack{g'=1 \\ g' \neq g}}^{G} \Sigma_{g' \to g}^s \phi_{g'} + \frac{\chi_g}{k_{\mathrm{eff}}}(1-\beta)\sum_{g'=1}^{G}\nu\Sigma_{g'}^f \phi_{g'} + \sum_{\mathrm{io}=1}^{6}(\chi_g \lambda_{\mathrm{io}} C_{\mathrm{io}}) \tag{4-79}$$

$$\frac{\partial C_{\mathrm{io}}}{\partial t} = \frac{\beta_{\mathrm{io}}}{k_{\mathrm{eff}}}\sum_{g'=1}^{G}\nu\Sigma_{g'}^f \phi_{g'} - \lambda_{\mathrm{io}}C_{\mathrm{io}} \tag{4-80}$$

$$\beta = \sum_{\mathrm{io}=1}^{6}\beta_{\mathrm{io}} \tag{4-81}$$

其中,ν_g 为第 g 群中子的平均速度,C_{io} 为缓发中子先驱核,β 为所有缓发中子在全部裂变中子所占的份额,β_{io} 为第 io 组缓发中子在全部裂变中子所占的份额,λ_{io} 为第 io 组缓发中子先驱核衰变常数,此处采用了 6 组缓发中子。由于缓发中子先驱核与中子通量之间相互耦合,因此离散时需要同时考虑两个变量的关系。

（1）横向积分方程

首先在空间、时间坐标方向对式(4-79)均使用横向积分技术,可得到各个方向的横向积分方程。

其中,式(4-79)空间方向对应的横向积分方程:

$$
\begin{cases}
\dfrac{\mathrm{d}J_r(r)}{\mathrm{d}r} + \left[\bar{\Sigma}_g^R - \dfrac{\chi_g}{k_{\mathrm{eff}}}(1-\beta)\nu\bar{\Sigma}_g^{\mathrm{f}} \right] \cdot \phi_{g,r}(r) = Q_{\phi_g,r}(r) - L_{\phi_g,r}(r) - L_{\phi_g,r}^e(r) \\[3mm]
J_r(r) = -\bar{D}_g \cdot \dfrac{\mathrm{d}\phi_r(r)}{\mathrm{d}r}
\end{cases}
$$

$$(4\text{-}82)$$

$$
\phi_{g,r}(r) = \frac{1}{4\tau h_\xi} \int_{-\tau}^{\tau} \int_{-h_\xi}^{h_\xi} \phi_g(r,\xi,t)\,\mathrm{d}\xi\,\mathrm{d}t \tag{4-83}
$$

$$
C_{io,r}(r) = \frac{1}{4\tau h_\xi} \int_{-\tau}^{\tau} \int_{-h_\xi}^{h_\xi} C_{io}(r,\xi,t)\,\mathrm{d}\xi\,\mathrm{d}t \tag{4-84}
$$

$$
Q_{\phi_g,r}(r) = \sum_{\substack{g'=1 \\ g'\neq g}}^{G} \bar{\Sigma}_{g'\to g}^{\mathrm{s}} \phi_{g',r}(r) + \frac{\chi_g}{k_{\mathrm{eff}}}(1-\beta) \sum_{\substack{g'=1 \\ g'\neq g}}^{G} \nu\bar{\Sigma}_{g'}^{\mathrm{f}} \phi_{g',r}(r) +
$$
$$
\sum_{io=1}^{6} \left(\chi_g \lambda_{io} C_{io,r}(r) \right) \tag{4-85}
$$

$$
L_{\phi_g,r}(r) = \frac{1}{2\tau h_\xi} \int_{-\tau}^{\tau} \int_{-h_\xi}^{h_\xi} \left(-\bar{D}_g \frac{\partial^2 \phi}{\partial \xi^2} \right) \mathrm{d}\xi\,\mathrm{d}t \tag{4-86}
$$

$$
L_{\phi_g,r}^e(r) = \frac{1}{2\tau h_\xi} \int_{-\tau}^{\tau} \int_{-h_\xi}^{h_\xi} \left(\frac{1}{\nu_g} \frac{\partial \phi_g}{\partial t} \right) \mathrm{d}\xi\,\mathrm{d}t \tag{4-87}
$$

式(4-79)时间方向对应的横向积分方程:

$$
\frac{1}{\nu_g} \frac{\mathrm{d}\phi_{g,t}(t)}{\mathrm{d}t} + \left[\bar{\Sigma}_g^R - \frac{\chi_g}{k_{\mathrm{eff}}}(1-\beta)\nu\bar{\Sigma}_g^{\mathrm{f}} \right] \cdot \phi_{g,t}(t)
$$
$$
= S_t(t) = Q_{\phi_g,t}(t) - L_{\phi_g,t}(t) \tag{4-88}
$$

$$
\phi_{g,t}(t) = \frac{1}{4h_x h_y} \int_{-h_x}^{h_x} \int_{-h_y}^{h_y} \phi_g(x,y,t)\,\mathrm{d}x\,\mathrm{d}y \tag{4-89}
$$

$$
C_{io,t}(t) = \frac{1}{4h_x h_y} \int_{-h_x}^{h_x} \int_{-h_y}^{h_y} C_{io}(x,y,t)\,\mathrm{d}x\,\mathrm{d}y \tag{4-90}
$$

$$Q_{\phi_g,t}(t) = \sum_{\substack{g'=1 \\ g' \neq g}}^{G} \bar{\Sigma}_{g' \to g}^{s} \phi_{g',t}(t) + \frac{\chi_g}{k_{eff}}(1-\beta) \sum_{\substack{g'=1 \\ g' \neq g}}^{G} \nu\bar{\Sigma}_{g'}^{f} \phi_{g',t}(t) + \sum_{io=1}^{6} (\chi_g \lambda_{io} C_{io,t}(t))$$

$$(4-91)$$

$$L_{\phi_g,t}(t) = \frac{1}{4h_x h_y} \int_{-h_x}^{h_x} \int_{-h_y}^{h_y} \left(-\bar{D}_g \frac{\partial^2 \phi}{\partial x^2} - \bar{D}_g \frac{\partial^2 \phi}{\partial y^2} \right) dx\,dy \qquad (4-92)$$

其中，$r=x,y \neq \xi, \xi=y,x$；$\bar{\Sigma}_g^R, \bar{\Sigma}_{g' \to g}^s, \nu\bar{\Sigma}_{g'}^f$ 均为相应的节块平均值。接下来针对缓发中子先驱核 C_{io} 的控制方程(4-80)进行节块展开法离散。

式(4-80)空间方向对应的横向积分方程：

$$\lambda_{io} C_{io,r}(r) = Q_{C_{io},r}(r) - L_{C_{io},r}(r) \qquad (4-93)$$

$$Q_{C_{io},r}(r) = \frac{\beta_{io}}{k_{eff}} \sum_{g'=1}^{G} \nu\bar{\Sigma}_{g'}^{f} \phi_{g',r}(r) \qquad (4-94)$$

$$L_{C_{io},r}(r) = \frac{1}{2\tau h_\xi} \int_{-\tau}^{\tau} \int_{-h_\xi}^{h_\xi} \frac{\partial C_{io}}{\partial t} d\xi\,dt \qquad (4-95)$$

式(4-80)时间方向对应的横向积分方程：

$$\frac{dC_{io,t}(t)}{dt} + \lambda_{io} C_{io,t}(t) = \frac{\beta_{io}}{k_{eff}} \sum_{g'=1}^{G} \nu\bar{\Sigma}_{g'}^{f} \phi_{g',t}(t) \qquad (4-96)$$

（2）时间方向横向积分方程的求解

由式(4-77)可得到时间方向对应的横向积分方程(4-88)和方程(4-96)的离散关系式：

$$\phi_{g,t+}^{i,j,m} = \text{Coef}_{\phi_g,t} \cdot (\bar{\phi}_g^{i,j,m} - \phi_{g,t+}^{i,j,m-1}) + \phi_{g,t+}^{i,j,m-1} \qquad (4-97)$$

$$C_{io,t+}^{i,j,m} = \text{Coef}_{C_{io},t} \cdot (\bar{C}_{io}^{i,j,m} - C_{io,t+}^{i,j,m-1}) + C_{io,t+}^{i,j,m-1} \qquad (4-98)$$

其中，

$$\text{Coef}_{\phi_g,t} = \frac{2\left[\bar{\Sigma}_g^R - \dfrac{\chi_g}{k_{eff}}(1-\beta)\nu\bar{\Sigma}_g^f\right] \cdot \nu_g \tau_m}{\left\{ -1 + \left[\bar{\Sigma}_g^R - \dfrac{\chi_g}{k_{eff}}(1-\beta)\nu\bar{\Sigma}_g^f\right] \cdot \nu_g \tau_m + \left[\bar{\Sigma}_g^R - \dfrac{\chi_g}{k_{eff}}(1-\beta)\nu\bar{\Sigma}_g^f\right] \cdot \nu_g \tau_m \cdot \coth\left(\left[\bar{\Sigma}_g^R - \dfrac{\chi_g}{k_{eff}}(1-\beta)\nu\bar{\Sigma}_g^f\right] \cdot \nu_g \tau_m\right) \right\}}$$

$$(4-99)$$

$$\text{Coef}_{C_{io},t} = \frac{2 \cdot \lambda_{io} \cdot \tau_m}{-1 + \lambda_{io} \cdot \tau_m + \lambda_{io} \cdot \tau_m \cdot \coth(\lambda_{io} \cdot \tau_m)} \qquad (4-100)$$

（3）空间方向横向积分方程的求解

为了求解空间方向的横向积分方程，首先同样将 $\phi_{g,r}(r), C_{io,r}(r)$，

$Q_{\phi_g,r}(r),L_{\phi_g,r}(r),Q_{C_{io},r}(r),L_{C_{io},r}(r)$ 在每个时间-空间节块 (i,j,m) 内分别通过一系列勒让德多项式展开：

$$\phi_{g,r}(r) \approx \sum_{n=0}^{4} a_{\phi_g,r,n}f_n(r) \tag{4-101}$$

$$C_{io,r}(r) \approx \sum_{n=0}^{4} a_{C_{io},r,n}f_n(r) \tag{4-102}$$

$$Q_{\phi_g,r}(r) \approx \sum_{n=0}^{2} q_{\phi_g,r,n}f_n(r) \tag{4-103}$$

$$Q_{C_{io},r}(r) \approx \sum_{n=0}^{2} q_{C_{io},r,n}f_n(r) \tag{4-104}$$

$$L_{\phi_g,r}(r) \approx \sum_{n=0}^{2} l_{\phi_g,r,n}f_n(r) \tag{4-105}$$

$$L_{\phi_g,r}^{e}(r) \approx \sum_{n=0}^{0} l_{\phi_g,r,n}^{e}f_n(r) \tag{4-106}$$

$$L_{C_{io},r}(r) \approx \sum_{n=0}^{0} l_{C_{io},r,n}f_n(r) \tag{4-107}$$

其中，$f_n(r)$ 为第 n 阶勒让德多项式(3-12)～式(3-16)，$f_n(r)$ 前面的系数均为相应的勒让德展开系数。由于缓发中子先驱核空间方向对应的横向泄漏项 $L_{C_{io},r}(r)$ 以及中子通量方程中 $L_{\phi_g,r}^{e}(r)$ 是一个时间的导数项，和传统的空间导数项不同，因此对 $L_{C_{io},r}(r)$ 和 $L_{\phi_g,r}^{e}(r)$ 采用 0 阶展开近似，其他项的展开阶数与稳态中子扩散方程求解时相同。结合空间方向的横向积分式(4-82)～式(4-86)、式(4-92)～式(4-94)，可得到上述各个展开系数之间的耦合关系：

$$a_{C_{io},r,n} = \frac{\beta_{io}}{\lambda_{io}k_{\mathrm{eff}}}\sum_{g'=1}^{G}\nu\bar{\Sigma}_{g'}^{\mathrm{f}}a_{\phi_g,r,n}, \quad n=1,2,3,4 \tag{4-108}$$

$$q_{\phi_g,r,1} = \frac{\displaystyle\int_{-h_r}^{h_r} f_1(r)Q_{\phi_g,r}(r)\mathrm{d}r}{\displaystyle\int_{-h_r}^{h_r} (f_1(r))^2\mathrm{d}r}$$

$$= \sum_{\substack{g'=1\\g'\neq g}}^{G}\bar{\Sigma}_{g'\to g}^{\mathrm{s}}\frac{\displaystyle\int_{-h_r}^{h_r} f_1(r)\phi_{g',r}(r)\mathrm{d}r}{\displaystyle\int_{-h_r}^{h_r} (f_1(r))^2\mathrm{d}r} + \frac{\chi_g}{k_{\mathrm{eff}}}(1-\beta)\sum_{\substack{g'=1\\g'\neq g}}^{G}\nu\bar{\Sigma}_{g'}^{\mathrm{f}}\frac{\displaystyle\int_{-h_r}^{h_r} f_1(r)\phi_{g',r}(r)\mathrm{d}r}{\displaystyle\int_{-h_r}^{h_r} (f_1(r))^2\mathrm{d}r} +$$

$$\frac{\chi_g}{k_{\text{eff}}} \cdot \sum_{\text{io}=1}^{6} \beta_{\text{io}} \cdot \sum_{\substack{g'=1 \\ g' \neq g}}^{G} \nu \bar{\Sigma}_{g'}^{\text{f}} \frac{\int_{-h_r}^{h_r} f_1(r) \phi_{g',r}(r) \, dr}{\int_{-h_r}^{h_r} (f_1(r))^2 \, dr}$$

$$= \sum_{\substack{g'=1 \\ g' \neq g}}^{G} \bar{\Sigma}_{g' \to g}^{\text{s}} \left(a_{\phi_g,r,1} - \frac{a_{\phi_g,r,3}}{10} \right) + \frac{\chi_g}{k_{\text{eff}}} \sum_{\substack{g'=1 \\ g' \neq g}}^{G} \nu \bar{\Sigma}_{g'}^{\text{f}} \left(a_{\phi_g,r,1} - \frac{a_{\phi_g,r,3}}{10} \right)$$

$$(4\text{-}109)$$

同理可得 $q_{\phi_g,r,2}$ 的表达式:

$$q_{\phi_g,r,2} = \sum_{\substack{g'=1 \\ g' \neq g}}^{G} \bar{\Sigma}_{g' \to g}^{\text{s}} \left(a_{\phi_g,r,2} - \frac{a_{\phi_g,r,4}}{35} \right) +$$

$$\frac{\chi_g}{k_{\text{eff}}} \sum_{\substack{g'=1 \\ g' \neq g}}^{G} \nu \bar{\Sigma}_{g'}^{\text{f}} \left(a_{\phi_g,r,2} - \frac{a_{\phi_g,r,4}}{35} \right)$$

$$(4\text{-}110)$$

经过处理后,瞬态中子扩散问题的空间横向积分方向上对应源项的高阶展开系数与稳态时在形式上相同。在此基础上,可以采用第 3 章通用节块展开法的思路对空间横向积分等式(4-82)进行求解和离散。

(4) 节块平衡方程的求解

将式(4-79)和式(4-80)在时间-空间节块(i,j,m)内进行时间和空间积分,即可得到各个方程对应的节块平衡方程:

$$\frac{C_{\text{io},t+}^{i,j,m} - C_{\text{io},t+}^{i,j,m-1}}{2\tau_m} + \lambda_{\text{io}} \bar{C}_{\text{io}}^{i,j,m} = \frac{\beta_{\text{io}}}{k_{\text{eff}}} \sum_{g'=1}^{G} \nu \bar{\Sigma}_{g'}^{\text{f}} \bar{\phi}_{g}^{i,j,m} \qquad (4\text{-}111)$$

$$\frac{\phi_{g,t+}^{i,j,m} - \phi_{g,t+}^{i,j,m-1}}{2\tau_m \nu_g} + \sum_{r=x,y,z} \frac{J_{\phi_g,r+}^{i,j,m} - J_{\phi_g,r-}^{i,j,m}}{2h_r^{i,j,m}} + \left[\bar{\Sigma}_g^R - \frac{\chi_g}{k_{\text{eff}}}(1-\beta)\nu\bar{\Sigma}_g^{\text{f}} \right] \cdot \bar{\phi}_g^{i,j,m} = \bar{Q}_g^{i,j,m}$$

$$= \sum_{\substack{g'=1 \\ g' \neq g}}^{G} \bar{\Sigma}_{g' \to g}^{\text{s}} \bar{\phi}_g^{i,j,m} + \frac{\chi_g}{k_{\text{eff}}}(1-\beta) \sum_{\substack{g'=1 \\ g' \neq g}}^{G} \nu \bar{\Sigma}_{g'}^{\text{f}} \bar{\phi}_g^{i,j,m} + \sum_{\text{io}=1}^{6} (\chi_g \lambda_{\text{io}} \bar{C}_{\text{io}}^{i,j,m})$$

$$(4\text{-}112)$$

将式(4-98)代入式(4-111)可得

$$\bar{C}_{\text{io}}^{i,j,m} = \frac{\dfrac{\text{Coef}_{C_{\text{io}},t}^{i,j,m}}{2\tau_m} C_{\text{io},t+}^{i,j,m-1} + \beta_{\text{io}} \dfrac{\chi_g}{k_{\text{eff}}} \displaystyle\sum_{g'=1}^{G} \nu \bar{\Sigma}_{g'}^{\text{f}} \bar{\phi}_g^{i,j,m}}{\dfrac{\text{Coef}_{C_{\text{io}},t}^{i,j,m}}{2\tau_m} + \lambda_{\text{io}}} \qquad (4\text{-}113)$$

因此只要知道中子通量平均值 $\bar{\phi}_g^{i,j,m}$,即可得到缓发中子先驱核的平均值

$\bar{C}_{io}^{i,j,m}$。将式(4-113)代入式(4-112)消去 $\bar{C}_{io}^{i,j,m}$，即可得到仅与中子通量相关的表达式：

$$
\frac{\phi_{g,t+}^{i,j,m} - \phi_{g,t+}^{i,j,m-1}}{2\tau_m \nu_g} + \sum_{r=x,y} \frac{J_{\phi_g,r+}^{i,j,m} - J_{\phi_g,r-}^{i,j,m}}{2h_r^{i,j,m}} +
$$

$$
\left[\bar{\Sigma}_g^R - \frac{\chi_g}{k_{eff}}(1-\beta)\nu\bar{\Sigma}_g^f - \frac{\chi_g \nu \bar{\Sigma}_g^f}{k_{eff}} \sum_{io=1}^{6} \left(\frac{\lambda_{io}\beta_{io}}{\dfrac{Coef_{C_{io},t}^{i,j,m}}{2\tau_m} + \lambda_{io}} \right) \right] \cdot \bar{\phi}_g^{i,j,m}
$$

$$
= \bar{Q}_{\phi_g}^{i,j,m} = \sum_{\substack{g'=1 \\ g' \neq g}}^{G} \bar{\Sigma}_{g' \to g}^s \bar{\phi}_g^{i,j,m} +
$$

$$
\frac{\chi_g}{k_{eff}} \left[1 - \beta + \sum_{io=1}^{6} \left(\frac{\lambda_{io}\beta_{io}}{\dfrac{Coef_{C_{io},t}^{i,j,m}}{2\tau_m} + \lambda_{io}} \right) \right] \sum_{\substack{g'=1 \\ g' \neq g}}^{G} \nu\bar{\Sigma}_{g'}^f \bar{\phi}_g^{i,j,m} +
$$

$$
\sum_{io=1}^{6} \left(\frac{\dfrac{\lambda_{io}Coef_{C_{io},t}^{i,j,m}}{2\tau_m}}{\dfrac{Coef_{C_{io},t}^{i,j,m}}{2\tau_m} + \lambda_{io}} C_{io,t+}^{i,j,m-1} \right)
\tag{4-114}
$$

之后将式(4-97)代入式(4-112)即可得到中子通量平均值 $\bar{\phi}_g^{i,j,m}$：

$$
\bar{\phi}_g^{i,j,m} = H^{i,j,m} \cdot \left(\frac{Coef_{\phi_g,t}^{i,j,m}}{2\tau_m \nu_g} \phi_{g,t+}^{i,j,m-1} + \bar{Q}_{\phi_g}^{i,j,m} \right) +
$$

$$
\sum_{r=x,y} \left[GR_{g,r}^{i,j,m} \phi_{g,r+}^{i,j,m} + GL_{g,r}^{i,j,m} \phi_{g,r-}^{i,j,m} \right] - \sum_{r=x,y} \left[S2_{g,r}^{i,j,m} (q_{g,r,2}^{i,j,m} - l_{g,r,2}^{i,j,m}) \right]
\tag{4-115}
$$

其中，

$$
GL_{g,r}^{i,j,m} = H^{i,j,m} \cdot 3De_r^{i,j,m}/h_r^{i,j,m}
\tag{4-116}
$$

$$
GR_{g,r}^{i,j,m} = H^{i,j,m} \cdot 3De_r^{i,j,m}/h_r^{i,j,m}
\tag{4-117}
$$

$$
S2_{g,r}^{i,j,m} = H^{i,j,m} \cdot \Upsilon_{g,r}^{i,j,m}/10
\tag{4-118}
$$

$$
\Upsilon_{g,r}^{i,j,m} = \frac{140De_{g,r}^{i,j,m}}{140De_{g,r}^{i,j,m} + \left[\bar{\Sigma}_g^{R,i,j,m} - \dfrac{\chi_g}{k_{eff}}(1-\beta)\nu\bar{\Sigma}_g^f \right] \cdot 2h_r^{i,j,m}}
\tag{4-119}
$$

$$
De_{g,r}^{i,j,m} = \bar{D}_g^{i,j,m}/2/h_r^{i,j,m}
\tag{4-120}
$$

$$H^{i,j,m} = \left[\frac{\mathrm{Coef}^{i,j,m}_{\phi_g,t}}{2\tau_m \nu_g} + \left[\bar{\Sigma}^{R,i,j,m}_g - \frac{\chi_g}{k_{\mathrm{eff}}}(1-\beta)\nu\bar{\Sigma}^{\mathrm{f}}_g \right] \cdot \left(1 + \sum_{r=x,y} \frac{\gamma^{i,j,m}_{g,r}}{5} \right) + \right.$$

$$\left. \sum_{r=x,y} \left(6\,\frac{De^{i,j,m}_r}{h^{i,j,m}_r} \right) - \frac{\chi_g \nu\bar{\Sigma}^{\mathrm{f}}_g}{k_{\mathrm{eff}}} \sum_{\mathrm{io}=1}^{6} \left(\frac{\lambda_{\mathrm{io}}\beta_{\mathrm{io}}}{\dfrac{\mathrm{Coef}^{i,j,m}_{C_{\mathrm{io}},t}}{2\tau_m} + \lambda_{\mathrm{io}}} \right) \right]^{-1} \qquad (4\text{-}121)$$

结合式(4-115)和中子通量横向积分离散关系式,即可求解横向积分中子通量 $\phi^{i,j,m}_{g,r+}$ 和节块平均值 $\bar{\phi}^{i,j,m}_g$;之后根据式(4-97),可计算出新时刻的值 $\phi^{i,j,m}_{g,t+}$,缓发中子先驱核的平均值 $\bar{C}^{i,j,m}_{\mathrm{io}}$ 和新时刻值 $C^{i,j,m}_{\mathrm{io},t+}$ 可分别通过式(4-113)和式(4-98)得到。

4.4　含有多区域耦合、多类型耦合问题的统一求解

反应堆耦合系统存在复杂的物质分布和几何结构,每个区域会同时存在多个相互耦合的物理场,各个计算区域之间又通过特定的边界相互耦合在一起,且区域与区域之间的耦合方式各不相同。如图 4-1 所示为高温堆堆芯物质分布和耦合情况示意图,堆芯球床区 1 需要进行中子场,多孔介质流体压力场、速度场和温度场,多孔介质固体温度场的计算,而反射层不流动区 2 仅仅需要计算中子场和固体导热模型,且各个区域之间通过界面相互耦合。

在实现节块展开法统一求解上述多区域耦合、多类型耦合并存的复杂问题时,如何处理多区域之间的耦合边界、区分不同区域需要计算的物理场类型等问题将是本节的研究核心。

为了尽可能高效、稳定地实现节块展开法统一求解复杂耦合问题,本节的基本思路是:无论耦合区域多复杂、耦合类型有多少,将所有计算区域中相同的物理场联立统一求解。例如将计算区域中需要压力场计算的所有节块联立建立一个大矩阵统一求解,这样就可以保证每个物理场自身都能全局求解,从而避免由于多区域耦合迭代计算带来的不收敛问题。其他物理场同样采用"建立一个大矩阵统一求解"的思路。主要的出发点是由于压力场和速度场具有非常强的耦合关系,尤其是高温堆的流场模型,压力的微小变化将会导致速度产生较大变化,比如压力变化几帕(Pa),氦气的速度将会变化几米/秒。虽然几帕的压力变化相对于堆芯回路几巴(bar)的压降来

说，变化率非常小，但几米/秒的速度变化是非常大的，因此压力场的收敛精度将严重影响速度场的精度。而采用多区域耦合迭代方法（即分块迭代思路）求解压力场时，当迭代矩阵的谱半径接近或者大于 1 时，就可能导致压力场收敛速度慢或者产生不收敛现象，这样压力场的求解精度就不能得到保证，进而就可能引起速度场的不收敛，最终可能导致整个耦合系统的不收敛，具体的理论分析及数值实验参见文献[15]。但对所有计算区域中相同的物理场进行联立求解时，矩阵建立具有以下困难：

（1）相同的物理场分布在不同的计算区域，且对应的区域不连续；

（2）不同的计算区域具有不同的物理场类型，且所需计算的物理场数量也不同。

如图 4-1 所示，侧反射层冷氦流道 3、侧反射层漏流流道 4、控制棒流道 5 之间隔着反射层不流动区 2，即流道与流道之间并不连续。此外堆芯球床区 1 中需要进行中子场，多孔介质流体压力场、速度场和温度场，多孔介质固体温度场计算，而反射层不流动区 2 仅仅需要计算中子场和固体导热模

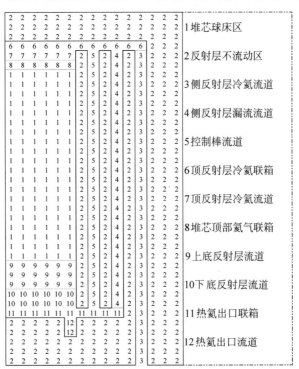

图 4-1　高温气冷堆堆芯物质分布和耦合情况示意图

型,即不同区域需要计算的物理场类型不同、数量也不同,且随着耦合系统复杂度的增加,所有计算区域中相同物理场的矩阵建立的难度会越来越大。为解决上述问题,本章节采取以下措施:

(1)首先根据结构形式和物理场类型,对图 4-1 中的计算区域进行划分,此处将计算区域分为反射层不流动区、堆芯球床区、竖管流动区、空腔区域,如图 4-2 所示,不同的颜色区域代表了上述不同的类型区域。在程序实现时,不同的类型区域使用不同的数字来区分,见表 4-1。该划分方法在 THERMIX 程序和 TINTE 程序中广泛使用。具体的划分方法并不唯一,只要能够区分各个计算区域需要计算的物理场类型即可。其中,反射层不流动区需要计算中子场和固体导热模型;堆芯球床区需要计算中子场,多孔介质流体压力场、速度场和温度场,多孔介质固体温度场;竖管流动区需要计算多孔介质流体压力场、速度场和温度场,多孔介质固体温度场;而空腔区域所需计算的物理场类型与竖管流动区相同,但由于流动、换热均与竖

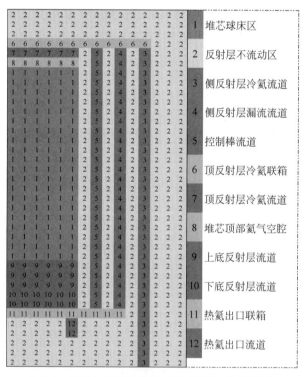

图 4-2　高温气冷堆堆芯区域类型划分(前附彩图)

灰色—反射层不流动区;红色—球床区;蓝色—竖管流动区;浅绿色—空腔区

管流动区差别非常大,因此做了单独划分。根据表 4-1 可得到每个物理场对应的计算区域,如表 4-2 所示。

表 4-1　不同的类型区域对应的类型区域号和材料填充区编号

类型区域名称	类型区域号	材料填充区编号
反射层不流动区	0	2
球床区	1	1
竖管流动区	2	3,4,5,7,9,10,12
空腔区	3	6,8,11

表 4-2　不同物理场计算对应的类型区域号和材料填充区编号

物　理　场	类型区域号	材料填充区编号
中子场	0,1,2,3	1~12
压力场	1,2,3	1,3~12
速度场	1,2,3	1,3~12
多孔介质固体温度场	1,2,3	1,3~12
反射层固体温度场	0	2

(2) 获得每个物理场对应的计算区域后,需要对计算区域进行离散,并建立相邻离散节块之间的关系,但相同的物理场可能分布在不连续的计算区域中,因此并不能直接用类似下标 $(i-1,j)$, (i,j), $(i+1,j)$ 的形式代表相邻节块之间的关系,而需要对计算区域内的离散节块进行重新编号。以压力场为例,具体编号思路为:根据表 4-1 和图 4-1 的物质分布可知每个节块对应的区域类型,设为 Flow_Con (i,j),之后判断节块 (i,j) 是否为压力场计算区域,如果是,就进行编号,否则,就忽略,不编号。这样每个压力计算节块 (i,j) 均对应一个新的编号,设为 Pres_Id (i,j),即原有下标索引向新索引的映射关系。根据 Pres_Id (i,j) 和 Flow_Con (i,j) 即可建立相邻离散节块的关系,并识别计算区域的真实物理边界区,如图 4-3 和表 4-3 所示,边界识别的原因是由于真实物理边界区域的节块离散与计算区域内部节块的离散关系式不同。

通过上述两个措施,就可以建立所有计算区域中相同物理场的统一离散矩阵,进而实现节块展开法统一求解多区域耦合、多类型耦合并存的复杂问题。

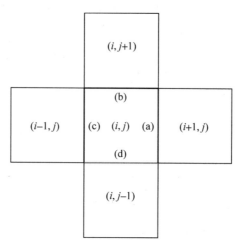

图 4-3   原始相邻节块示意图

表 4-3   真实物理边界区域识别和相邻节块对应的新索引值(以压力场为例)

节块(i,j)边界	判断是否为真实物理边界		相邻节块对应的新索引值
	条　　件	是/否	
右边界(a)	Flow_Con$(i,j)>0$ 且 Flow_Con$(i+1,j)>0$	否	Pres_Id$(i+1,j)$
	Flow_Con$(i,j)>0$ 且 Flow_Con$(i+1,j)=0$	是	—
上边界(b)	Flow_Con$(i,j)>0$ 且 Flow_Con$(i,j+1)>0$	否	Pres_Id$(i,j+1)$
	Flow_Con$(i,j)>0$ 且 Flow_Con$(i,j+1)=0$	是	—
左边界(c)	Flow_Con$(i,j)>0$ 且 Flow_Con$(i-1,j)>0$	否	Pres_Id$(i-1,j)$
	Flow_Con$(i,j)>0$ 且 Flow_Con$(i-1,j)=0$	是	—
下边界(d)	Flow_Con$(i,j)>0$ 且 Flow_Con$(i,j-1)>0$	否	Pres_Id$(i,j+1)$
	Flow_Con$(i,j)>0$ 且 Flow_Con$(i,j-1)=0$	是	—

4.5   计算流程和特点

根据第 3 章开发的模型和第 4 章耦合问题的关键技术研究,本书开发了节块展开法统一求解复杂耦合系统的计算程序 GNEM,其计算流程如图 4-4 所示。其主要步骤包括:

(1) 对所求问题进行初始化,包括参数读取、物质填充和几何排布、网格划分等,并根据选取节块方法的不同,求解与方向相匹配的初始化参数。

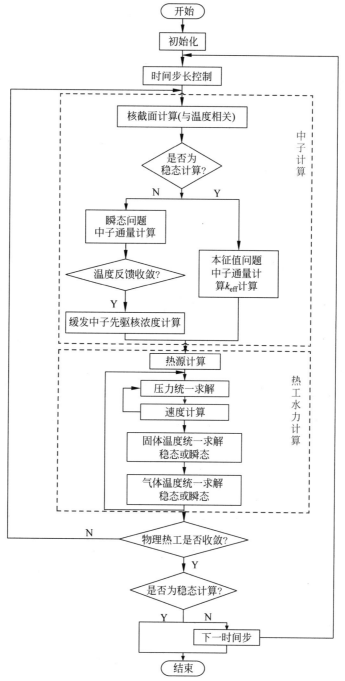

图 4-4　节块展开法求解耦合系统的计算流程

（2）接下来进行中子场的计算，在计算之前，需要在假设的温度分布下，计算各个反应截面和扩散系数。对于稳态问题，通过幂迭代思路求解 k_{eff} 增殖系数，内迭代采用 ADI（交替方向迭代）方法求解矩阵的逆，从而得到相应的中子通量。对于瞬态问题，计算的量为瞬态中子通量和缓发中子先驱核浓度，但是需要首先得到初始时刻的中子通量和缓发中子先驱核的浓度。一般来说，大部分的瞬态问题都是在稳态问题的基础上加上一个扰动，之后计算各个变量随时间的变化规律，因此，初始时刻的值通常可从稳态问题的计算结果中得到。即初始时刻的中子通量即为稳态问题计算出的中子通量，而对于缓发中子先驱核的浓度，则可由式（4-80）计算得到（时间导数项为零时对应的计算结果）。

$$0 = \frac{\mathrm{d}C_{\text{io}}}{\partial t} = \beta_{\text{io}} \frac{\chi_g}{k_{\text{eff}}} \sum_{g'=1}^{G} \nu \Sigma_{g'}^{\text{f}} \phi_{g'} - \lambda_{\text{io}} C_{\text{io}} \tag{4-122}$$

$$C_{\text{io}} = \frac{\beta_{\text{io}}}{\lambda_{\text{io}}} \frac{\chi_g}{k_{\text{eff}}} \sum_{g'=1}^{G} \nu \Sigma_{g'}^{\text{f}} \phi_{g'} \tag{4-123}$$

根据式（4-123），由稳态问题的中子通量即可计算出瞬态问题初始时刻的缓发中子先驱核的浓度。

（3）根据中子场计算出的中子通量分布，以及式（4-44）～式（4-47）计算出球床区域核裂变转化的热源平均值 $\bar{Q}_{\text{fiss}}^{i,j}$、1 阶展开信息 $q_{\text{fiss},r,1}^{i,j}$ 和 2 阶展开信息 $q_{\text{fiss},r,2}^{i,j}$。

（4）压力和速度场之间存在非常强的耦合关系，两者之间需要进行非线性迭代计算，为了提高相互迭代的收敛速度，此处采用式（4-56）的处理思路。

（5）为了保证每个物理场自身都能全局求解，此处将所有计算区域中相同的物理场联立统一求解，即每个物理场对应的计算区域中所有节块，联立建立一个大矩阵统一求解，具体思路和处理方法参见 4.4 节。

（6）热工计算中存在流场、固体温度和气体温度之间的迭代，同时还存在热工计算和中子场计算之间的迭代，整个计算过程存在多层级的迭代计算，直到各个物理场收敛，停止迭代。对于稳态问题，此时计算结束；对于瞬态问题则进入下一时刻，重复以上的计算流程直到最后时刻，计算结束。

节块展开法统一求解复杂耦合系统的计算程序 GNEM 具有以下特点：

（1）每个时间步内通过迭代保证各个物理场计算结果收敛，之后才进入下一时间步的计算，即所谓的 Picard 迭代；

（2）稳态和瞬态问题在同一个节块展开法的计算框架下实现，只要设定 δ 是否为零即可实现稳态和瞬态问题的转换；

（3）所有的物理场均采用时间-空间全横向积分思路，从而保证离散格式的一致性，避免不同物理场由于离散格式的不同给耦合问题求解带来的问题；

（4）各个物理场之间耦合源项实现了高阶信息传递，并将所有计算区域中相同的物理场联立统一求解，保证每个物理场自身都能全局求解。

4.6　数值实验和分析

4.6.1　多孔介质热工耦合问题

球流多孔介质热工耦合模型包括压力场、速度场、固体温度场、气体温度场，其中各个物理场之间相互耦合，具体控制方程和耦合项参见 4.1 节。该模型除了中子场以外，涵盖了书中提到的其他所有物理场的耦合。具体的边界条件和几何形状如图 4-5 所示。

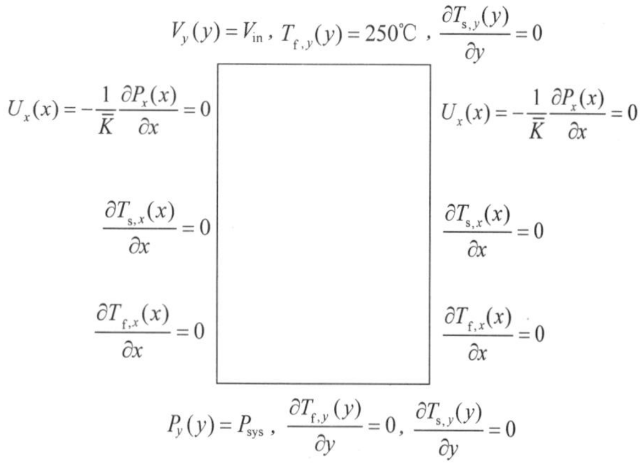

$$V_y(y)=V_{\text{in}}\,,\ T_{\text{f},y}(y)=250^\circ\text{C}\,,\ \frac{\partial T_{\text{s},y}(y)}{\partial y}=0$$

$$U_x(x)=-\frac{1}{\overline{K}}\frac{\partial P_x(x)}{\partial x}=0 \qquad\qquad U_x(x)=-\frac{1}{\overline{K}}\frac{\partial P_x(x)}{\partial x}=0$$

$$\frac{\partial T_{\text{s},x}(x)}{\partial x}=0 \qquad\qquad\qquad \frac{\partial T_{\text{s},x}(x)}{\partial x}=0$$

$$\frac{\partial T_{\text{f},x}(x)}{\partial x}=0 \qquad\qquad\qquad \frac{\partial T_{\text{f},x}(x)}{\partial x}=0$$

$$P_y(y)=P_{\text{sys}}\,,\ \frac{\partial T_{\text{f},y}(y)}{\partial y}=0\,,\ \frac{\partial T_{\text{s},y}(y)}{\partial y}=0$$

图 4-5　多孔介质热工耦合模型示意图

压力边界条件可依据速度边界条件和式（4-16）、式（4-17）计算得到。对于中子场模型，此处采用单群均匀裸堆对应的通量分布形状作为热源的分布形状，如式（4-124）：

$$Q_{\text{fiss}}(x,y) = \bar{C}_{\text{p}} \cos\left(\frac{\pi}{a}x\right) \cos\left(\frac{\pi}{b}y - \frac{\pi}{2}\right) \tag{4-124}$$

其中，$a = 3$ 为 x 方向堆芯的宽度，$b = 11$ 为 y 方向堆芯的高度，$\bar{C}_{\text{p}}$ 可根据对应的总热功率计算得到：

$$P_{\text{th}} = \bar{C}_{\text{p}} \cdot \iint\limits_{V_{\text{core}}} Q_{\text{fiss}}(x,y)\,\mathrm{d}x\,\mathrm{d}y = \bar{C}_{\text{p}} \cdot \frac{4ab}{\pi^2} \tag{4-125}$$

$$\bar{C}_{\text{p}} = \frac{\pi^2 P_{\text{th}}}{4ab} \tag{4-126}$$

其中，P_{th} 为堆芯的总热功率，为了保证此处计算问题与高温堆平均热流密度相同，此处采用以下等式计算 P_{th} 的值。

$$\frac{P_{\text{th}}}{ab} = \frac{P_{\text{HTR}}}{\pi r^2 H} \tag{4-127}$$

其中，P_{HTR} 为高温堆的热功率，r 为高温堆半径，H 为高温堆高度。为了单一考虑流固之间源项高阶展开信息对计算结果的影响，此处仅仅使用堆芯热源 $Q_{\text{fiss}}(x,y)$ 的平均值 $\bar{Q}_{\text{fiss}}^{i,j}$，而假设 $q_{\text{fiss},r,1}^{i,j} = q_{\text{fiss},r,2}^{i,j} = 0$，排除堆芯热源 $Q_{\text{fiss}}(x,y)$ 的高阶信息对计算结果影响，根据式（4-124）和式（4-126）即可得到堆芯热源 $Q_{\text{fiss}}(x,y)$ 平均值 $\bar{Q}_{\text{fiss}}^{i,j}$：

$$\bar{Q}_{\text{fiss}}^{i,j} = -\frac{P_{\text{th}} \cdot \left[\sin\left(\frac{\pi}{a}x_R\right) - \sin\left(\frac{\pi}{a}x_L\right)\right] \cdot \left[\cos\left(\frac{\pi}{b}y_U\right) - \cos\left(\frac{\pi}{b}y_D\right)\right]}{4(x_R - x_L)(y_U - y_D)} \tag{4-128}$$

其中，x_L，x_R，y_U，y_D 分别为离散节块左、右、上、下边界坐标。各个物性参数的表达式见 4.1 节。而球床堆芯流固间的对流换热系数 α 如式（4-129）所示：

$$\alpha = \frac{Nu \cdot k_{\text{f}}}{d} \cdot \frac{6\varepsilon}{d} \tag{4-129}$$

$$Nu = 1.27 \times \frac{Pr^{1/3}}{\varepsilon^{1.18}} \times (Re_{\text{f}})^{0.36} + 0.033 \times \frac{Pr^{0.5}}{\varepsilon^{1.07}} \times (Re_{\text{f}})^{0.86} \tag{4-130}$$

$$Pr = \eta_{\text{f}} c_{\text{pf}} / k_{\text{f}} \tag{4-131}$$

其中，$\varepsilon = 0.39$ 为球床的孔隙率，$d = 0.06\text{m}$ 为燃料球的直径，其他物性参数已在 4.1 节中说明。针对堆芯球床的流体有效导热系数 k_{feff} 的具体表达式如下：

$$k_{\text{feff}} = k_{\text{f}} \cdot \frac{Re_{\text{f}} \cdot Pr}{\text{KV}} \tag{4-132}$$

$$\text{KV} = 8\left[2 - \left(1 - 2\,\frac{\text{dd}}{a}\right)^{2}\right] \tag{4-133}$$

其中,dd 为计算点到堆芯径向边界之间的距离。

在高温堆热功率 $P_{\text{HTR}} = 250\text{MW}$,系统压力 $P_{\text{sys}} = 70\text{bar}$,计算网格为 6×20 的情况下,图 4-6~图 4-8 分别给出了节块展开法统一求解球流多孔介质热工耦合模型的压力场分布、固体球床和氦气温度分布、速度场分布。由图可知球床堆芯进出口的压差为 75.9kPa,堆芯球床氦气表观速度在 2~4.5624m/s。而球床固体温度和氦气温度从入口 250℃ 分别升高到最大温度为 1146.4℃ 和 1142.4℃,高于高温堆通常的出口温度。这是由于此处采用的是裸堆分布,堆芯中心通量会远大于堆芯边界处的通量,使得堆芯中心的功率远大于堆芯边界处的功率。而真实的反应堆具有反射层,相比于裸堆来说,堆芯边界处的通量会增加,从而展平堆芯功率,使得堆芯边界处功率高于裸堆时堆芯边界处功率,具体见 4.6.2 节中的算例结果。

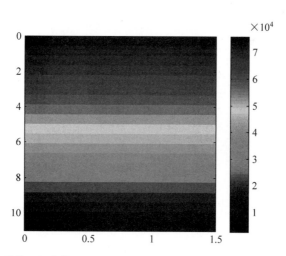

图 4-6　多孔介质热工耦合模型压力(相对于系统压力 P_{sys})分布(单位: Pa)(前附彩图)

为了分析高阶信息传递对计算结果的影响,接下来分别针对流固耦合源项传递平均信息($q_{T_s,r,1}^{i,j} = q_{T_s,r,2}^{i,j} = q_{T_f,r,1}^{i,j} = q_{T_f,r,2}^{i,j}$)和传递高阶信息两种

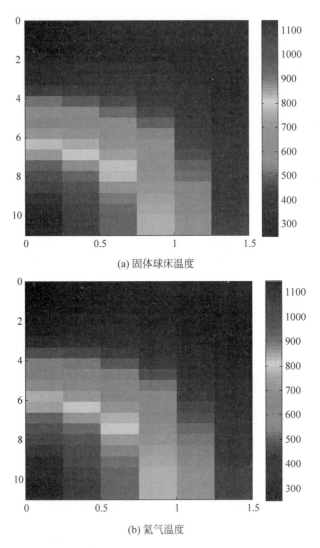

(a) 固体球床温度

(b) 氦气温度

图 4-7　多孔介质球床固体温度和氦气温度分布（单位：℃）（前附彩图）

情况进行分析，计算结果如图 4-9 所示，参考解来自于更细的网格划分为 48×160 时流固耦合源项传递平均信息的计算结果。由图可知，高阶信息传递对应的计算结果明显优于传递平均信息时对应的计算结果，可见高阶信息传递可以有效地提高计算精度，在较粗的网格下就可得到合理的计算结果。同时传递平均信息时的计算结果在网格较粗时计算的最高温度明显

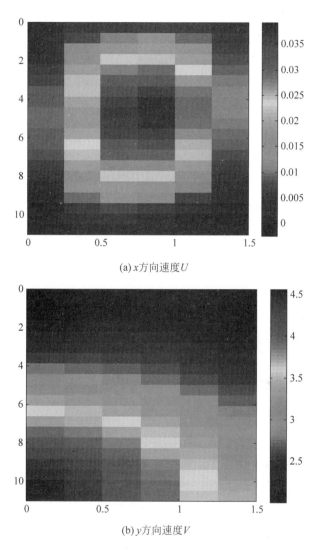

(a) x 方向速度 U

(b) y 方向速度 V

图 4-8　多孔介质球床流场分布（单位：m/s）（前附彩图）

低于参考解对应的最高温度，两者相差 $50℃$，这对安全分析是非常不利的，而传递高阶信息时的计算结果可以很好地预测最高温度，对于安全分析具有重大意义。

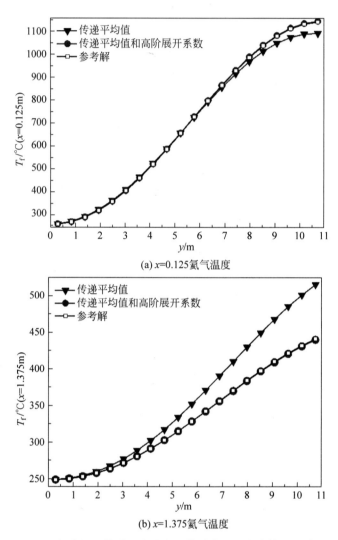

(a) $x=0.125$氦气温度

(b) $x=1.375$氦气温度

图 4-9   耦合源项传递平均信息和传递高阶信息计算结果对比

4.6.2   稳态物理热工耦合问题

在 4.6.1 节中假设中子场为裸堆的情况下,对球流多孔介质热工耦合模型单独进行了数值计算和分析,忽略了中子场与热工之间的耦合,即忽略了温度对各个反应截面的影响;同时也没有考虑球床堆芯的固体反射层对中子通量分布的影响,进而导致热源分布与真实问题相差较大,因此本节针对更复杂的稳态物理热工耦合模型进行计算。具体的物质填充与边界条件如图 4-10 所示，图中的红色区域为堆芯球床区，也是氦气流场和温度场的计算区域。其中，$V_{in}=2.01\mathrm{m/s}$ 为球床堆芯的入口表观速度，$P_{sys}=70\mathrm{bar}$ 为系统压力；图中整个区域均需要进行中子场和固体温度场的计算，其中 $J_{in}=0$ 表示中子场的入射中子流为零，$J_{net}=0$ 表示中子净流为零，即该边界为对称边界条件；红色区域还需要进行多孔介质固体温度计算模型，而灰色区域需要进行固体导热计算模型。

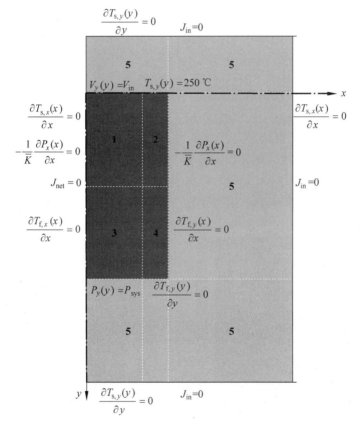

图 4-10　稳态物理热工耦合模型示意图（前附彩图）

灰色—反射层不流动区；红色—球床区

中子场采用 4 群扩散模型，堆芯分为 4 区，如图 4-10 中 1～4 标号区域，堆芯外围为反射层（标号 5）。计算区域采用非均匀网格划分，具体网格尺寸如附录 B 中表 B-1 所示。网格划分思路是为了尽可能保证网格尺寸与高温堆实际的物质填充节块尺寸一致,同时也可以验证节块法程序 GNEM 在非均匀网格下的数值特性。此外截面与温度的关系式(4-21)和式(4-22)中各个系数如附录 B 中表 B-2 和表 B-3 所示。

图 4-11～图 4-14 分别给出了 4 群中子通量分布、固体球床温度分布、氦气压力场和温度分布、速度场分布的计算结果。由于氦气流场和温度场的计算区域仅仅为球床堆芯,因此,图中仅仅画出了球床堆芯对应的氦气流场和温度场分布,k_{eff} 为 1.0073。由图可知,加上反射层之后,球床固体和氦气的最大温度分别为 862.56℃和 858.30℃,相比于裸堆计算结果大大降低,更接近于高温堆真实情况,且堆芯出口处的径向温差也大幅降低,比如球床堆芯出口处径向氦气温差只有 133.79℃。由此可见反射层展平功率的作用。

由图 4-11 可知,中子通量最大值在球床堆芯中心区域偏上位置,造成这种情况的原因一方面是由于堆芯顶端的燃料相对比较新,另一方面是由于物理热工之间的耦合反馈效应,堆芯温度从入口(球床堆芯顶部)到出口(球床堆芯底部)逐渐增加,温度负反馈也逐渐增加。氦气在流过堆芯时,受堆芯不断加热,温度在堆芯出口处达到最大,如图 4-13(b)所示。同时,由于堆芯流固之间存在热量交换,即流固之间的耦合作用,也使得球床固体温度在堆芯出口处达到最大,如图 4-12 所示。

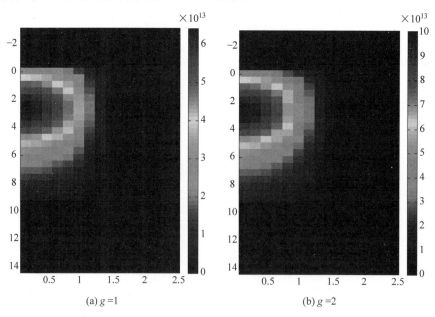

(a) g =1　　　　　　　(b) g =2

图 4-11　4 群中子通量分布(单位:$\text{m}^{-2} \cdot \text{s}^{-1}$)(前附彩图)

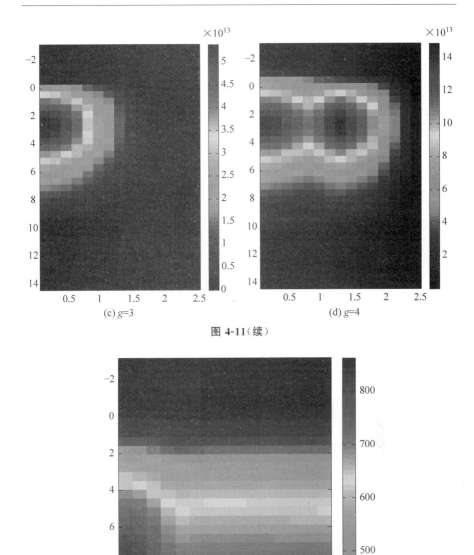

(c) $g=3$　　　　　　　　　(d) $g=4$

图 4-11（续）

图 4-12　固体温度分布（包括球床堆芯和反射层，单位：℃）（前附彩图）

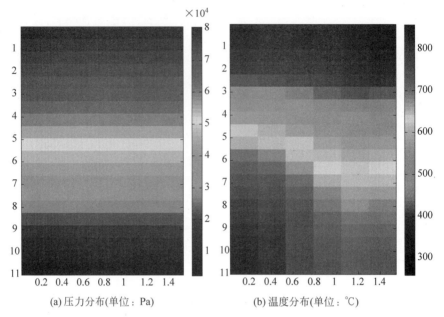

(a)压力分布(单位：Pa)　　　　(b) 温度分布(单位：℃)

图 4-13　球床堆芯区域氦气压力(相对系统压力 P_{sys})和温度分布(前附彩图)

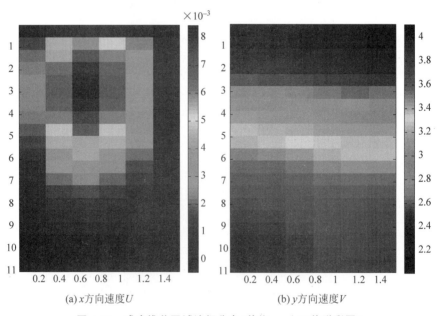

(a) x 方向速度 U　　　　(b) y 方向速度 V

图 4-14　球床堆芯区域流场分布(单位：m/s)(前附彩图)

4.6.3　瞬态物理热工耦合问题

前两个算例主要针对稳态耦合问题进行数值实验,接下来分析节块展开法程序 GNEM 计算瞬态耦合问题的能力。

基本的模拟过程是:在 4.6.2 节稳态运行状态下,将含有一定价值的控制棒插入堆芯,待堆芯达到新的平衡后,再将控制棒提出堆芯,控制棒的具体运动行为如图 4-15 所示。计算区域网格划分与 4.6.2 节中稳态耦合问题的网格划分一致,控制棒插入后所在的区域坐标范围为 $[1.556\mathrm{m},1.690\mathrm{m}]\times[0,2.75\mathrm{m}]$。插入控制棒的离散网格额外增加的吸收截面为 $\Sigma_{g=1}^{a,\mathrm{extra}}=1.394\times10^{-6}$,$\Sigma_{g=2}^{a,\mathrm{extra}}=6.227\times10^{-7}$,$\Sigma_{g=3}^{a,\mathrm{extra}}=6.853\times10^{-6}$,$\Sigma_{g=4}^{a,\mathrm{extra}}=3.548\times10^{-5}$。

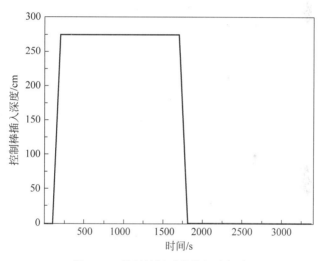

图 4-15　控制棒随时间的运动行为

在进行瞬态计算之前,需要根据之前的稳态计算结果,得到中子通量和缓发中子先驱核的初始时刻值。此外,稳态计算对应的 k_{eff} 和裂变转化为热源的归一化常数 $\overline{C}_{\mathrm{no}}$ 作为常数供瞬态计算使用。各个能群对应的中子速率为 $v_1=1.0\times10^7\mathrm{m/s}$,$v_2=5.7\times10^5\mathrm{m/s}$,$v_3=4.8\times10^4\mathrm{m/s}$,$v_4=4.3\times10^3\mathrm{m/s}$。缓发中子份额 β_{io} 和缓发中子先驱核衰变常数 λ_{io} 采用 6 组缓发中子模型,具体参数见参考文献[104]。图 4-16 和图 4-17 分别给出了控制棒按照图 4-15 所示运动时球床堆芯的功率变化和氦气平均温度变化。

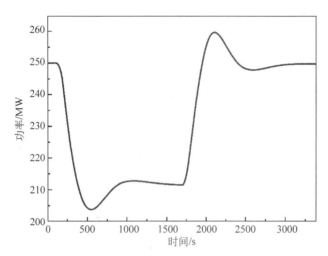

图 4-16　球床堆芯功率变化(归一到 250MW)

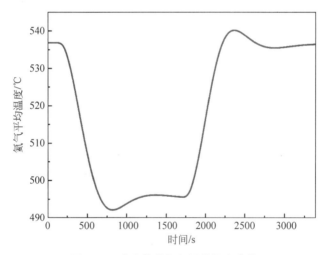

图 4-17　球床堆芯氦气平均温度变化

随着控制棒不断插入,功率迅速下降,而氦气平均温度相对于功率来说,下降相对滞后,并且下降速率较缓慢。由于温度的负反馈作用,堆芯的功率增加,之后稳定在特定的功率状态。当控制棒提出堆芯时,堆芯功率迅速增加,甚至大于最初的功率状态;随后同样由于温度的负反馈作用,堆芯功率开始下降,最后达到与初始时刻相同的状态。此外,由图可知,该算例的反馈效应相对较慢,与真实堆芯具有一定的差别,这是由于此处仅考虑了慢化剂的反馈效应。慢化剂石墨比容较大,且传递过程是一个相对缓慢的过程,因此温度变化相对滞后,进而导致反馈滞后。而实际的堆芯,包含很多快速反馈过程,比如燃料温度的负反馈过程,可以在短时间内体现负反馈效应。

4.6.4 多种结构、多种耦合类型并存的复杂耦合问题

本节主要针对多区域耦合、多类型耦合并存的复杂问题进行数值计算,具体来说,就是耦合区域不仅包括上述算例中球床堆芯区和反射层不流动区,还包括竖管流道、空腔区域,且各个类型区域之间相互耦合,如图 4.2 所示。对于不同区域类型,多孔介质阻力系数 K 与对流换热系数 α 求解方法也不同,对于球床堆芯,K 和 α 前面已经介绍,分别如式(4-12)和式(4-13)、式(4-129)～式(4-131)所示。而对于竖管流道,K 和对流换热系数 α 的计算如下:

$$K_{ve} = \frac{\psi}{2d\varepsilon} \tag{4-134}$$

$$\psi = \begin{cases} \dfrac{64\eta_f}{\rho_f d}, & Re'_f \leqslant 2320 \\[2mm] \dfrac{64\eta_f}{\rho_f d} + 0.3164 \times \left(\dfrac{\eta_f}{\rho_f d}\right)^{0.25} \times \left(\dfrac{\|\boldsymbol{V}_e\|}{\varepsilon}\right)^{0.75} \times \dfrac{Re'_f - 2320}{8000 - 2320}, & 2320 < Re'_f \leqslant 8000 \\[2mm] \dfrac{64\eta_f}{\rho_f d} + 0.3164 \times \left(\dfrac{\eta_f}{\rho_f d}\right)^{0.25} \times \left(\dfrac{\|\boldsymbol{V}_e\|}{\varepsilon}\right)^{0.75}, & 8000 < Re'_f \leqslant 10^5 \\[2mm] 0.0054 + \dfrac{64\eta_f}{\rho_f d} + 0.3694 \times \left(\dfrac{\eta_f^{\cdot}}{\varepsilon}\right)^{0.3} \times \left(\dfrac{\|\boldsymbol{V}_e\|}{\varepsilon}\right)^{0.7}, & Re'_f > 10^5 \end{cases}$$

$$\tag{4-135}$$

$$Re'_f = \frac{\rho_f \|\boldsymbol{V}_e\| d}{\eta_f \varepsilon} \tag{4-136}$$

$$\alpha_{ve} = \frac{Nu \cdot k_f}{d} \tag{4-137}$$

$$Nu = \max(Nu_t, Nu_{l1}, Nu_{l2}) \tag{4-138}$$

$$Nu_t = \frac{\varepsilon/8 \cdot (Re'_f - 1000) \cdot Pr}{1 + 12.7 \times \sqrt{\varepsilon/8}(Pr^{2/3} - 1)} \left[1 + \left(\frac{d}{l}\right)^{2/3}\right] \tag{4-139}$$

$$Nu_{l1} = \sqrt[3]{3.66^3 + 1.61^3 \times Re'_f \cdot Pr \cdot \frac{d}{l}} \tag{4-140}$$

$$Nu_{l2} = 0.664 \times \sqrt[3]{Pr} \cdot \sqrt{Re'_t \cdot \frac{d}{l}} \tag{4-141}$$

其中,ε 为各个区域对应的孔隙率,d 为水力学直径,l 为管道长度,$Pr = \eta_f c_{pf} / k_f$。

对于空腔区域,其中的压降非常小,可以假设其运动不受阻碍,使空腔的流动计算变得相对简单,这是高温堆中的近似处理方法。但为了增加计算复杂度,此处的空腔区域采用与竖管流道相同的计算模型,同时竖管流道的计算也并不像高温堆一样采用一维垂直流,而是采用多维流动计算模型。对于图 4-2 所示的各个区域编号对应的几何参数见表 4-4。

表 4-4 不同结构编号(图 4-2 中所示)对应的几何参数

结构编号	类型区域号	孔隙率	水力学直径 d/m	管道长度 l/m
1	1(球床堆芯)	0.390	0.0600	—
2	0(不流动区)	0.000	—	—
3	2(竖管流道)	0.332	0.1800	15.780
4	2(竖管流道)	0.050	0.0050	13.90
5	2(竖管流道)	0.075	0.0050	13.90
6	3(空腔区域)	0.700	0.3000	2.125
7	2(竖管流道)	0.160	0.0683	0.7123
8	3(空腔区域)	1.000	0.7600	1.500
9	2(竖管流道)	0.132	0.1216	1.4277
10	2(竖管流道)	0.132	0.1216	1.4277
11	3(空腔区域)	0.800	0.800	1.8500
12	2(竖管流道)	0.800	0.200	0.2000

图 4-18 和图 4-19 分别给出了该复杂耦合问题的压力场和速度场分布、固体和氦气温度分布的计算结果。其中堆芯内温度变化范围大,且变化剧烈,氦气温度由堆芯入口 250℃到堆芯出口 748.61℃。此外,由于竖管流道和空腔区域的增加,堆芯出入口压差增加为 94.46kPa,且各个类型区域内大小流速并存,在 1m/s 左右到 42.09m/s 之间变化。通过对该问题的计算,也验证了 GNEM 程序计算复杂耦合问题的能力。

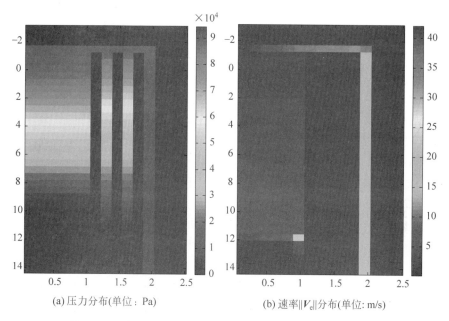

(a) 压力分布(单位：Pa)　　　　　(b) 速率‖V_e‖分布(单位：m/s)

图 4-18　氦气压力(相对系统压力 P_{sys})和速率分布(前附彩图)

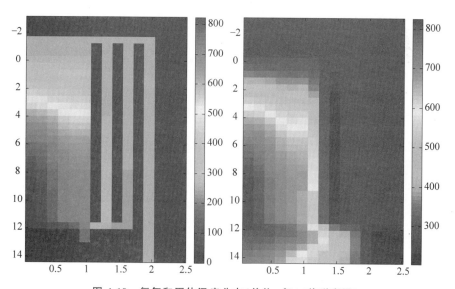

图 4-19　氦气和固体温度分布(单位：℃)(前附彩图)

4.7　本　章　小　结

本章主要针对节块展开法统一求解耦合系统的关键技术进行探索和研究。

为了尽可能地体现节块展开法统一求解高温堆耦合系统的能力,本章提供的耦合模型特性和物性参数关系式均来自高温堆系统,其中部分进行了近似处理,并针对各个物理场的理论模型及耦合系统中的特殊项进行了分析和强调。

在此基础上,成功实现了耦合源项的高阶信息传递和非线性项处理,并针对节块展开法统一求解流场问题(压力和速度耦合)和多区域耦合、多类型耦合并存的复杂问题进行了专门研究。此外,本章还将时间项横向积分思路做了进一步推广,成功实现了时间-空间全横向积分的广义节块展开法统一求解瞬态物理-热工耦合模型的目标。

通过相关数值实验,验证了时间-空间全横向积分的广义节块展开法统一求解稳态、瞬态和复杂耦合问题的能力,并指出耦合源项的高阶信息传递可以有效地提高耦合系统的计算精度,使其在较粗的网格下即可得到耦合问题的合理计算解。

第5章 基于节块展开法的 JFNK 联立求解耦合系统方法研究

前文成功实现了节块展开法统一求解耦合系统的目标,有效地提高了耦合系统的计算精度和效率,本章的研究核心则是耦合系统求解的另一具有挑战性的问题——耦合系统的收敛性。

传统的耦合方法通常采用固定点迭代的思路,将相互耦合的复杂问题分解为多个子物理场或者多个子区域,之后针对各个子问题分别逐次求解,而还未求解的物理场作为已知条件或者边界条件,等待下次迭代更新。但根据第 2 章的分析可知,当迭代矩阵的谱半径接近 1 或者大于 1 时,该方法就会出现收敛速度慢,甚至不收敛的问题,尤其是对于复杂非线性的强耦合问题,收敛问题会更突出,这样就可能导致无法得到复杂耦合问题的合理计算解。

基于此,本章引入了目前非常有潜力的耦合计算方法——JFNK,并将节块展开法与 JFNK 结合,开发基于节块展开法的 JFNK 耦合计算方法,从精度、效率、收敛性三个方面出发保证复杂耦合系统求解的高效性。而基于节块展开法的 JFNK 耦合方法的研究,目前还尚未在国内外见到公开的研究报道,如何将两者结合并克服其中存在的挑战,仍需要探索和研究。因此本章主要针对节块展开法与 JFNK 结合过程中的关键技术进行研究。

5.1 残差方程的建立

5.1.1 基本思路和形式

根据第 2 章分析可知,JFNK 方法的核心思路之一是采用残差方程的有限差分近似 Jacobian 矩阵和向量乘,如式(2-19)所示,之后套用 Newton 步和 Krylov 迭代过程的求解框架,即可实现 JFNK。因此要想实现节块展开法与 JFNK 结合,核心任务就是从节块展开法的离散等式中得到对应的残差方程,之后代入原有的 JFNK 框架中,即可从原理上实现基于节块展开法的 JFNK 耦合方法的开发。

　　JFNK 方法需要将所有物理场隐式联立求解，同步更新。因此初步的想法是：如果能够将节块展开法中的所有物理量均建立对应的残差方程，那么就可以在 JFNK 框架下实现各个物理场的同步更新。根据第 4 章耦合问题可知，节块展开法统一求解耦合系统时需要求解的物理量包括：

$$\boldsymbol{x}_1 = \left[\bar{\phi}_g, \begin{cases} k_{\text{eff}} & \text{for } \delta = 0 \\ \bar{C}_{\text{io}} & \text{for } \delta \neq 0 \end{cases}, \bar{P}, \bar{U}, \bar{V}, \bar{T}_s, \bar{T}_f \right]^{\text{T}} \tag{5-1}$$

$$\boldsymbol{x}_2 = \left[\phi_{g,r+}, P_{r+}, U_{r+}, V_{r+}, T_{s,r+}, \bar{T}_{f,r+} \right]^{\text{T}} \tag{5-2}$$

$$\boldsymbol{x}_3 = \left[\tilde{a}_{\phi_g,r,n}, \tilde{a}_{P,r,n}, \tilde{a}_{P,r,n}, \tilde{a}_{U,r,n}, \tilde{a}_{V,r,n}, \tilde{a}_{T_s,r,n}, \tilde{a}_{T_f,r,n} \right]^{\text{T}} \tag{5-3}$$

$$\boldsymbol{x}_4 = \left[q_{\phi_g,r,\text{nq}}, q_{P,r,\text{nq}}, q_{P,r,\text{nq}}, q_{U,r,\text{nq}}, q_{V,r,\text{nq}}, q_{T_s,r,\text{nq}}, q_{T_f,r,\text{nq}} \right]^{\text{T}} \tag{5-4}$$

$$\boldsymbol{x}_5 = \left[l_{\phi_g,r,\text{nq}} \right]^{\text{T}} \tag{5-5}$$

$$\boldsymbol{x}_6 = \left[\Sigma_g^{\text{tr}}, \cdots, \nu\Sigma_g^{\text{f}}, \rho_s, \rho_f, c_f, c_{\text{ps}}, \cdots, k_f, \eta_f, \cdots \right]^{\text{T}} \tag{5-6}$$

其中，$g = 1, 2, \cdots, G$；$\text{io} = 1, 2, \cdots, 6$；$r = x, y, z$；$n = 1, 2, 3, 4$；$\text{nq} = 1, 2$。$\boldsymbol{x}_1$ 代表了各个物理场对应的节块平均值；$\boldsymbol{x}_2$ 代表了各个物理场量对应的横向积分量；$\boldsymbol{x}_3$ 代表了各个物理场量对应的高阶展开系数；$\boldsymbol{x}_4$ 代表了各个物理场对应的耦合源项；$\boldsymbol{x}_5$ 代表了横向泄漏项；$\boldsymbol{x}_6$ 代表了所有物理场对应的物性参数以及相关的中间变量，比如中子场中的反应截面、传热计算中的密度、导热系数、多孔介质阻力系数等。第 4 章耦合问题对应的节块展开法离散关系式可写成式(5-7)的广义形式：

$$\boldsymbol{A}(\boldsymbol{x}) \cdot \boldsymbol{x} = \boldsymbol{b} \tag{5-7}$$

$$\boldsymbol{x} = \left[\boldsymbol{x}_1^{\text{T}}, \boldsymbol{x}_2^{\text{T}}, \boldsymbol{x}_3^{\text{T}}, \boldsymbol{x}_4^{\text{T}}, \boldsymbol{x}_5^{\text{T}}, \boldsymbol{x}_6^{\text{T}} \right]^{\text{T}} \tag{5-8}$$

其中，$\boldsymbol{b}$ 为已知量，$\boldsymbol{A}(\boldsymbol{x})$ 为 $\boldsymbol{x}$ 相关的矩阵。将式(5-7)的等号左端部分减去等号右端部分，即可得到每个变量对应的节块展开法残差方程：

$$\boldsymbol{R}(\boldsymbol{x}) = \boldsymbol{A}(\boldsymbol{x}) \cdot \boldsymbol{x} - \boldsymbol{b} \tag{5-9}$$

其中，$\boldsymbol{R}(\boldsymbol{x})$ 即为所求量 $\boldsymbol{x}$ 对应的残差方程形成的向量。由以上分析可知，只要获得节块展开法的离散关系式，其对应的残差方程就能很容易得到。

5.1.2　稳态中子场的特殊性

　　对于稳态中子扩散方程，其残差方程的建立具有一定特殊性，这是由于稳态中子场中 k_{eff} 通常采用幂迭代的思路进行求解，如第 4 章中式(4-38)所示，只有中子通量是未知量，本征值 k_{eff} 通过中子通量计算得到，而 JFNK 方法是要求所有变量同步更新，此时本征值 k_{eff} 也是一个未知量，因此需要

建立有关本征值 k_{eff} 的残差等式,但原有的幂迭代过程并没有提供有关本征值 k_{eff} 的离散关系式,因此需要额外增加一个有关本征值 k_{eff} 的约束条件。此处选取参考文献[34]中的条件作为额外增加的约束条件,即通量的归一化条件 $\| \phi_1,\phi_2,\cdots,\phi_G \| = 1$,依据该条件即可得到本征值 k_{eff} 对应的残差方程:

$$R(k_{\text{eff}}) = -\frac{1}{2}(\phi_1^{\text{T}}\phi_1 + \phi_2^{\text{T}}\phi_2 + \cdots + \phi_G^{\text{T}}\phi_G) + \frac{1}{2} \tag{5-10}$$

此外将稳态中子扩散方程写为式(5-11)的形式:

$$-\frac{\partial}{\partial x}\left(D_g\,\frac{\partial \phi_g}{\partial x}\right) - \frac{\partial}{\partial y}\left(D_g\,\frac{\partial \phi_g}{\partial y}\right) + \left(\Sigma_g^R - \frac{\chi_g}{k_{\text{eff}}}\nu\Sigma_g^{\text{f}}\right)\phi_g$$

$$= \sum_{\substack{g'=1 \\ g'\neq g}}^{G}\Sigma_{g'\to g}^{\text{s}}\phi_{g'} + \frac{\chi_g}{k_{\text{eff}}}\sum_{\substack{g'=1 \\ g'\neq g}}^{G}\nu\Sigma_{g'}^{\text{f}}\phi_{g'} \tag{5-11}$$

使用节块展开法离散式(5-11)与原节块展开法离散的区别仅仅在于 ϕ_g 的系数由 Σ_g^R 变为 $\Sigma_g^R - \chi_g\nu\Sigma_g^{\text{f}}/k_{\text{eff}}$,以及裂变源项的计算少了本群贡献,其他部分与原离散形式完全一样。

5.2　局部消去技术研究

5.2.1　基本思路

由 5.1 节可知,基于节块展开法的 JFNK 对应变量 x 不仅包括节块的平均值 x_1 和横向积分量 x_2,还包括许多的其他变量 x_3,x_4,x_5 和 x_6,且每个变量均需要建立一一对应的残差方程,使得 JFNK 求解规模大大增加,从而导致 Krylov 迭代次数的增加,计算成本也相应增加。基于此,本节的基本思路就是:通过等价变换或者特定的技术,提前将部分变量或者关系式消去,使得最终的显式求解变量尽可能小,这样需要建立对应的残差方程就少,Krylov 求解问题的规模就会尽可能地少,下面举例说明局部消去技术的基本思路。

假定节块展开法离散关系式(5-7)经过等价变换,转化为式(5-12):

$$\begin{bmatrix} G_1(x_1,x_2,x_3,x_4,x_5,x_6) \\ G_2(x_1,x_2,x_3,x_4,x_5,x_6) \\ G_3(x_1,x_2) - x_3 \\ G_4(x_1,x_2) - x_4 \\ G_5(x_1,x_2,x_3) - x_5 \\ G_6(x_1) - x_6 \end{bmatrix} = 0 \tag{5-12}$$

其中，$G_n(n=1,2,\cdots,6)$ 分别表示不同的隐函数关系式，由式(5-12)可知，变量 x_3,x_4,x_5 和 x_6 均可写成有关 x_1,x_2 的函数关系式，之后将 x_3,x_4,x_5 和 x_6 代入在离散关系式(5-12)中，即可将式(5-7)做进一步等价变换，得到式(5-13)：

$$\begin{bmatrix} G_1(x_1,x_2,G_3(x_1,x_2),G_4(x_1,x_2),G_5(x_1,x_2,G_3(x_1,x_2)),G_6(x_1)) \\ G_2(x_1,x_2,G_3(x_1,x_2),G_4(x_1,x_2),G_5(x_1,x_2,G_3(x_1,x_2)),G_6(x_1)) \end{bmatrix}=0$$

(5-13)

利用 JFNK 求解式(5-13)，得到变量 x_1 和 x_2，再分别根据 $G_3(x_1,x_2)$，$G_4(x_1,x_2)$，$G_5(x_1,x_2,x_3)$ 和 $G_6(x_1)$，得到变量 x_3,x_4,x_5 和 x_6。而在求解等式(5-13)时，变量仅剩下 x_1 和 x_2，从而仅仅需要建立 x_1 和 x_2 对应的残差方程，如式(5-14)所示：

$$\boldsymbol{R}\begin{pmatrix} x_1 \\ x_1 \end{pmatrix}=\begin{bmatrix} G_1(x_1,x_2,G_3(x_1,x_2),G_4(x_1,x_2),G_5(x_1,x_2,G_3(x_1,x_2)),G_6(x_1)) \\ G_2(x_1,x_2,G_3(x_1,x_2),G_4(x_1,x_2),G_5(x_1,x_2,G_3(x_1,x_2)),G_6(x_1)) \end{bmatrix}$$

(5-14)

这样，变量的规模会变得非常少，计算成本会大大降低。

　　然而式(5-12)中的形式仅仅是假设的，要想消去变量 x_3,x_4,x_5 和 x_6，需要根据离散方程构造出类似 $G_n(n=3,4,5,6)$ 的关系式。但节块展开法中含有大量的中间变量，且各个变量之间具有复杂的耦合关系式，使得其中的某些变量非常难消去，甚至无法消去。比如中子扩散方程中的展开系数与本能群的节块平均通量、横向积分通量相关，也与其他能群的节块平均通量、横向积分通量相关，且各能群之间的展开系数相互耦合；而横向泄漏项的 1,2 阶展开系数又与三个相邻节块中各阶展开系数均有关系，要想构造出横向泄漏项的 1,2 阶展开系数仅仅与本能群的节块平均通量、横向积分通量的关系，将是非常困难的，这样就导致其中的展开系数非常难消去。接下来详细分析各个变量之间的关系和局部消去技术，在不付出太大消去代价的前提下，使基于节块展开法的 JFNK 的求解变量尽可能地少。经过初步分析，首先确定最终求解变量中应该含有各个物理场对应的节块平均值 x_1 和横向积分量 x_2，具体考虑因素如下：

　　(1)在使用节块展开法求解各个物理场时，最终形成的离散方程是关于各个方向横向积分量的耦合关系式，要想获得横向积分量，就需要求解所有离散节点形成的线性方程组，因此最终求解变量中需要包含所有的横向积分量 x_2；

　　(2)物性参数和多孔介质阻力项系数等非线性项的求解需要各个物理

场的节块平均值,且每个节块对应的物性参数和非线性项通常是关于各个物理场节块平均值 $\boldsymbol{x}_1$ 的复杂经验关系式,从而使得 $\boldsymbol{x}_1$ 无法消去。基于此,最终求解变量中包含各个物理场的节块平均值 $\boldsymbol{x}_1$。

当保留各个物理场的节块平均值 $\boldsymbol{x}_1$ 后,所有物性参数变量 $\boldsymbol{x}_6$ 即可表示为关于 $\boldsymbol{x}_1$ 的函数关系式,因此可消去 $\boldsymbol{x}_6$。接下来就以通用节块展开法为例,分别针对展开系数 $\boldsymbol{x}_3$、耦合源项 $\boldsymbol{x}_4$、横向泄漏项 $\boldsymbol{x}_5$ 进行分析,确定基于节块展开法的 JFNK 的最终求解变量。

5.2.2 耦合源项和横向泄漏项消去处理

由于物理场之间源项相互耦合,其具体的表达式一般都与其他物理场的求解变量相关,这就给变量的消去带来了一定困难。且源项之间耦合越复杂,变量的消去越困难,甚至可能无法消去。第 4 章已对各个物理场对应的源项计算进行了详细分析,对于中子场模型,由式(4-36)和式(4-37)以及 5.1.2 节 JFNK 求解稳态中子的特殊处理,可得每个能群源项 $q_{r,n}(n=1,2)$ 的表达式为

$$q_{\phi_g,r,1}=\sum_{\substack{g'=1\\g'\neq g}}^{G}\left[\left(\bar{\Sigma}_{g'\to g}^{\mathrm{s}}+\frac{\chi_g}{k_{\mathrm{eff}}}\nu\bar{\Sigma}_{g'}^{\mathrm{f}}\right)\left(a_{\phi_{g'},r,1}-\frac{a_{\phi_{g'},r,3}}{10}\right)\right] \tag{5-15}$$

$$q_{\phi_g,r,2}=\sum_{\substack{g'=1\\g'\neq g}}^{G}\left[\left(\bar{\Sigma}_{g'\to g}^{\mathrm{s}}+\frac{\chi_g}{k_{\mathrm{eff}}}\nu\bar{\Sigma}_{g'}^{\mathrm{f}}\right)\left(a_{\phi_{g'},r,2}-\frac{a_{\phi_{g'},r,4}}{35}\right)\right] \tag{5-16}$$

由式(5-15)和式(5-16)可知,每个能群的源项 $q_{\phi_g,r,n}(n=1,2)$ 与其他所有能群变量均有关系,且可由各能群的展开系数 $a_{\phi_{g'},r,n}(n=1,2,3,4)$ 来表示,因此首先可判断 $q_{r,n}(n=1,2)$ 变量可以通过各能群的展开系数 $a_{\phi_{g'},r,n}(n=1,2,3,4)$ 消去,使得 $q_{r,n}(n=1,2)$ 不需要作为最终的求解变量。同理对于多孔介质固体温度场模型,其源项由两部分组成,一部分为核裂变转化的热源,另一部分为流固之间对流换热的热源。其中由式(4-48)~式(4-53)可知,不同阶对流换热热源展开系数可由固体平均温度和固体温度对应的不同阶展开系数表示;核裂变转化热源的不同阶展开系数也可由所有中子场能群展开系数表示,且功率归一化常数 $\bar{C}_{\mathrm{no}}$ 的计算过程也仅仅用到了各个能群的截面和平均通量。最终多孔介质固体、流体温度场模型源项对应的 $q_{r,n}(n=1,2)$ 均可以消去。即耦合源项 $\boldsymbol{x}_4=G_4(\boldsymbol{x}_3)$,其中,$G_4(\boldsymbol{x}_3)$ 表示的耦合源项相关变量能够通过各个变量的展开系数消去。

对于横向泄漏项，包含有对流项的方程，采用零阶近似，通过节块平衡方程的合理使用，使得最终离散方程中并不出现横向泄漏项的零阶展开系数，因此横向泄漏项的相关项根本没有出现，所以也就不用考虑消去问题。然而对于中子扩散方程来说，横向泄漏项采用 2 阶近似处理，具体见 3.1.2 节，根据式（3-47）～式（3-51）可得横向泄漏项展开系数 $l_{g,r,n}(n=1,2)$ 与展开系数的关系：

$$
\begin{bmatrix} l_{g,x,1}^{i,j} \\ l_{g,x,2}^{i,j} \end{bmatrix} = [B]_{2\times3} \cdot \begin{bmatrix} 15a_{\phi_{g'},x,2}^{i-1,j} + a_{\phi_{g'},r,4}^{i-1,j} \\ 15a_{\phi_{g'},x,2}^{i,j} + a_{\phi_{g'},r,4}^{i,j} \\ 15a_{\phi_{g'},x,2}^{i+1,j} + a_{\phi_{g'},r,4}^{i+1,j} \end{bmatrix} \tag{5-17}
$$

其中，$[B]_{2\times3}$ 为 2×3 的系数矩阵，由此横向泄漏项 $l_{g,r,n}(n=1,2)$ 也可通过展开系数变量消去，即 $x_5 = G_5(x_3)$。接下来将详细阐述各个变量的展开系数能否进一步被消去。

5.2.3 展开系数消去处理

通用节块展开法对应的各阶展开系数的具体表达式如式（3-26）～式（3-30）所示。由等式可知，$a_{r,0}$，$a_{r,1}$，$a_{r,2}$ 是关于节块平均值 $\bar{\phi}$、横向积分量 ϕ_{r+} 的函数，因此各个横向积分方向对应的 $a_{r,n}(n=0,1,2)$ 很容易被消去，之后 $a_{r,n}(n=3,4)$ 化简为式（5-18）和式（5-19）：

$$
a_{r,3} = \frac{10}{60D_r + \Lambda_r}[\Lambda_r \cdot (\phi_{r+} - \phi_{r-}) + 6F_r \cdot (\phi_{r+} + \phi_{r-} - 2\bar{\phi}) - 2h_r \cdot (q_{r,1} - l_{r,1})]
$$
$$\tag{5-18}$$

$$
a_{r,4} = \frac{35[10F_r\Lambda_r \cdot (\phi_{r+} - \phi_{r-}) + (60^2 + 60D_r \cdot \Lambda_r + (\Lambda_r)^2) \cdot (\phi_{r+} + \phi_{r-} - 2\bar{\phi}) - 20h_rF_r \cdot (q_{r,1} - l_{r,1}) - 2h_r(60D_r + \Lambda_r) \cdot (q_{r,2} - l_{r,2})]}{(60D_r + \Lambda_r)(140D_r + \Lambda_r)}
$$
$$\tag{5-19}$$

由式（5-18）和式（5-19）可知，要想消去 $a_{r,n}(n=3,4)$，就需要根据源项 $q_{r,n}(n=1,2)$ 和横向泄漏项 $l_{r,n}(n=1,2)$ 的具体表达式来判断。接下来以中子场为例，当其中所有等式中存在 $a_{r,n}(n=0,1,2)$ 时，均采用节块平均值 $\bar{\phi}$、横向积分量 ϕ_{r+} 的关系式（3-26）～式（3-28）代替，首先将源项表达式（5-15）和式（5-16）代入式（5-18）和式（5-19），判断 $a_{r,n}(n=3,4)$ 能否被消去。即

$$
a_{\phi_g,r,3}^{i,j} = \frac{\left\{ \Lambda_{g,r}^{i,j} \cdot (\phi_{g,r+}^{i,j} - \phi_{g,r-}^{i,j}) + 2h_r^{i,j} \cdot l_{g,r,1}^{i,j} - 2h_r^{i,j} \cdot \sum\limits_{\substack{g'=1 \\ g' \neq g}}^{G} \left[\left(\Sigma_{g' \to g}^{s,i,j} + \frac{\chi_g}{k_{\text{eff}}} \nu \Sigma_{g'}^{f,i,j} \right) \left(\phi_{g,r+}^{i,j} + \phi_{g,r-}^{i,j} - \frac{a_{\phi_{g'},r,3}^{i,j}}{10} \right) \right] \right\}}{(60D_{g,r}^{i,j} + \Lambda_{g,r}^{i,j})/10}
$$

$$(5\text{-}20)$$

$$
a_{\phi_g,r,4}^{i,j} = \frac{\left\{ (60^2 + 60D_{g,r}^{i,j} \cdot \Lambda_{g,r}^{i,j} + (\Lambda_{g,r}^{i,j})^2) \cdot (\phi_{g,r+}^{i,j} + \phi_{g,r-}^{i,j} - 2\bar{\phi}_g^{i,j}) + 2h_r^{i,j}(60D_{g,r}^{i,j} + \Lambda_{g,r}^{i,j}) \cdot l_{g,r,2}^{i,j} - 2h_r^{i,j}(60D_{g,r}^{i,j} + \Lambda_{g,r}^{i,j}) \cdot \sum\limits_{\substack{g'=1 \\ g' \neq g}}^{G} \left[\left(\Sigma_{g' \to g}^{s,i,j} + \frac{\chi_g}{k_{\text{eff}}} \nu \Sigma_{g'}^{f,i,j} \right) \cdot \left(\phi_{g,r+}^{i,j} + \phi_{g,r-}^{i,j} - 2\bar{\phi}_g^{i,j} - \frac{a_{\phi_{g'},r,4}^{i,j}}{35} \right) \right] \right\}}{(60D_{g,r}^{i,j} + \Lambda_{g,r}^{i,j})(140D_{g,r}^{i,j} + \Lambda_{g,r}^{i,j})/35}
$$

$$(5\text{-}21)$$

其中,下标多出的 g 是为了表示不同能群对应的量,$\Lambda_{g,r}^{i,j}$ 应按照式(5-11)计算。将式(5-20)和式(5-21)分别写成矩阵形式:

$$
[M_3^{i,j}] \cdot [a_{\phi_g,r,3}^{i,j}] = [N_3^{i,j}] \cdot \begin{bmatrix} \phi_{g,r-}^{i,j} \\ \phi_{g,r+}^{i,j} \end{bmatrix} + \frac{2h_r^{i,j}}{(60D_{g,r}^{i,j} + \Lambda_{g,r}^{i,j})/10} [l_{g,r,1}^{i,j}]
$$

$$(5\text{-}22)$$

$$
[M_4^{i,j}] \cdot [a_{\phi_g,r,4}^{i,j}] = [N_4^{i,j}] \cdot \begin{bmatrix} \phi_{g,r-}^{i,j} \\ \phi_{g,r+}^{i,j} \\ \bar{\phi}_g^{i,j} \end{bmatrix} + \frac{2h_r^{i,j}}{(140D_{g,r}^{i,j} + \Lambda_{g,r}^{i,j})/35} [l_{g,r,2}^{i,j}]
$$

$$(5\text{-}23)$$

其中,$[M_3^{i,j}]$ 和 $[M_4^{i,j}]$ 均为 $G \times G$ 矩阵;$[N_3^{i,j}]$ 为 $G \times 2G$ 矩阵;$[N_4^{i,j}]$ 为 $G \times 3G$ 矩阵;G 为中子能群总数;$M_3^{i,j}(g,g)=1$;$M_4^{i,j}(g,g)=1$。当 $g' \neq g$ 时,$[M_3^{i,j}]$ 和 $[M_4^{i,j}]$ 其他矩阵元素的具体表达如式(5-24)和式(5-25)所示:

$$
M_3^{i,j}(g,g') = \frac{-2h_r^{i,j}}{60D_{g,r}^{i,j} + \Lambda_{g,r}^{i,j}} \cdot \sum\limits_{\substack{g'=1 \\ g' \neq g}}^{G} \left(\Sigma_{g' \to g}^{s,i,j} + \frac{\chi_g}{k_{\text{eff}}} \nu \Sigma_{g'}^{f,i,j} \right), \quad g' \neq g \quad (5\text{-}24)
$$

$$
M_4^{i,j}(g,g') = \frac{-2h_r^{i,j}}{140D_{g,r}^{i,j} + \Lambda_{g,r}^{i,j}} \cdot \sum\limits_{\substack{g'=1 \\ g' \neq g}}^{G} \left(\Sigma_{g' \to g}^{s,i,j} + \frac{\chi_g}{k_{\text{eff}}} \nu \Sigma_{g'}^{f,i,j} \right), \quad g' \neq g \quad (5\text{-}25)
$$

$[N_3^{i,j}]$ 和 $[N_4^{i,j}]$ 的矩阵元素分别为

$$N_3^{i,j}(g,g) = \frac{-\Lambda_{g,r}^{i,j} + 2h_r^{i,j} \cdot \sum_{\substack{g'=1 \\ g' \neq g}}^{G}\left(\Sigma_{g' \to g}^{s,i,j} + \frac{\chi_g}{k_{\text{eff}}}\nu\Sigma_{g'}^{f,i,j}\right)}{(60D_{g,r}^{i,j} + \Lambda_{g,r}^{i,j})/10} \tag{5-26}$$

$$N_3^{i,j}(g,g+1) = 1 - N_3^{i,j}(g,g) \tag{5-27}$$

$$N_4^{i,j}(g,g) = \frac{35\left[60^2 + (\Lambda_{g,r}^{i,j})^2 + 60D_{g,r}^{i,j} \cdot \Lambda_{g,r}^{i,j}\right]}{(60D_{g,r}^{i,j} + \Lambda_{g,r}^{i,j})(140D_{g,r}^{i,j} + \Lambda_{g,r}^{i,j})} - \frac{h_r^{i,j} \cdot \sum_{\substack{g'=1 \\ g' \neq g}}^{G}\left(\Sigma_{g' \to g}^{s,i,j} + \frac{\chi_g}{k_{\text{eff}}}\nu\Sigma_{g'}^{f,i,j}\right)}{(140D_{g,r}^{i,j} + \Lambda_{g,r}^{i,j})/70} \tag{5-28}$$

$$N_4^{i,j}(g,g+1) = N_4^{i,j}(g,g) \tag{5-29}$$

$$N_4^{i,j}(g,g+2) = -2N_4^{i,j}(g,g) \tag{5-30}$$

根据式(5-22)和式(5-23)可知,要想消去各个能群中子通量的 $a_{\phi_g,r,n}^{i,j}(n=3,4)$,需要分别求解矩阵逆$[M_3^{i,j}]^{-1}$和$[M_4^{i,j}]^{-1}$,且能群越多,求解这两个矩阵逆的代价就越大,且每个节块内均需要求解这两个矩阵的逆,节块数越多,计算量越大。但是总的来说,当不考虑横向泄漏项的展开系数时,高阶展开系数 $a_{\phi_g,r,n}^{i,j}(n=3,4)$ 还是可以消去的。此外,对于多孔介质固体温度场模型,也可通过上述的分析方法得到 $a_{r,n}(n=3,4)$ 与节块平均值 $\bar{\phi}$、横向积分量 ϕ_{r+} 的函数关系式:

$$[M^{i,j}]_{4\times4} \cdot \begin{bmatrix} a_{T_s,r,3}^{i,j} \\ a_{T_s,r,4}^{i,j} \\ a_{T_f,r,3}^{i,j} \\ a_{T_f,r,4}^{i,j} \end{bmatrix} = [N_T^{i,j}]_{4\times6} \cdot \begin{bmatrix} T_{s,r-}^{i,j} \\ T_{s,r+}^{i,j} \\ \bar{T}_s^{i,j} \\ T_{f,r-}^{i,j} \\ T_{f,r+}^{i,j} \\ \bar{T}_f^{i,j} \end{bmatrix} + [N_{\phi_g}^{i,j}]_{4\times2} \cdot \begin{bmatrix} \sum_{g'=1}^{G}(\kappa\Sigma_g^{f,i,j} \cdot \bar{\phi}_g^{i,j})a_{\phi_g,r,3}^{i,j} \\ \sum_{g'=1}^{G}(\kappa\Sigma_g^{f,i,j} \cdot \bar{\phi}_g^{i,j})a_{\phi_g,r,4}^{i,j} \end{bmatrix}$$

$$\tag{5-31}$$

其中,$[M^{i,j}]_{4\times4}$,$[N_T^{i,j}]_{4\times6}$,$[N_{\phi_g}^{i,j}]_{4\times2}$ 分别为 4×4,4×6,4×2 阶矩阵,与中子场相比,3 阶展开系数 $a_{r,3}$ 与 4 阶展开系数 $a_{r,4}$ 耦合更紧,需要两者联立求解,但由于其仅仅有固体温度和流体温度两者之间的耦合,因此每个离散节块内仅仅需要求解 4×4 矩阵逆 $[M^{i,j}]^{-1}$。

当考虑中子场的横向泄漏项 $l_{g,r,n}(n=1,2)$ 时,$a_{\phi_g,r,n}^{i,j}(n=3,4)$ 之间的耦合更加复杂,如式(5-32)和式(5-33):

$$[M_3^{i,j}] \cdot [a_{\phi_g,r,3}^{i,j}] = [N_3^{i,j}] \cdot \begin{bmatrix} \phi_{g,r-}^{i,j} \\ \phi_{g,r+}^{i,j} \end{bmatrix} + \frac{2h_r^{i,j} \cdot B(1,:)}{(60D_{g,r}^{i,j} + \Lambda_{g,r}^{i,j})/10} \begin{bmatrix} 15a_{\phi_{g'},x,2}^{i-1,j} + a_{\phi_{g'},r,4}^{i-1,j} \\ 15a_{\phi_{g'},x,2}^{i,j} + a_{\phi_{g'},r,4}^{i,j} \\ 15a_{\phi_{g'},x,2}^{i+1,j} + a_{\phi_{g'},r,4}^{i+1,j} \end{bmatrix}$$

$$(5\text{-}32)$$

$$[M_4^{i,j}] \cdot [a_{\phi_g,r,4}^{i,j}] = [N_4^{i,j}] \cdot \begin{bmatrix} \phi_{g,r-}^{i,j} \\ \phi_{g,r+}^{i,j} \\ \bar{\phi}_g^{i,j} \end{bmatrix} + \frac{2h_r^{i,j} \cdot B(2,:)}{(140D_{g,r}^{i,j} + \Lambda_{g,r}^{i,j})/35} \begin{bmatrix} 15a_{\phi_{g'},x,2}^{i-1,j} + a_{\phi_{g'},r,4}^{i-1,j} \\ 15a_{\phi_{g'},x,2}^{i,j} + a_{\phi_{g'},r,4}^{i,j} \\ 15a_{\phi_{g'},x,2}^{i+1,j} + a_{\phi_{g'},r,4}^{i+1,j} \end{bmatrix}$$

$$(5\text{-}33)$$

其中，$B(1,:)$ 和 $B(2,:)$ 分别表示矩阵 **B** 的第 1,2 行,这样就给 $a_{\phi_g,r,n}^{i,j}$($n=3$, 4)的消去带来了更大的困难和计算量。

　　由以上分析可知,节块展开法在求解耦合系统时,各个物理场求解变量的 3,4 阶展开系数 $a_{r,n}$($n=3,4$)之间具有复杂的耦合关系式,要想将其消去,需要进行大量的理论分析和矩阵逆的求解,且随着求解问题复杂度的增加,$a_{r,n}$($n=3,4$)的消去将不太现实。因此,最终决定保留 3,4 阶展开系数 $a_{r,n}$($n=3,4$),消去 0~2 阶展开系数 $a_{r,n}$($n=0$~2),经过这样处理之后,节块展开法求解耦合系统过程中各个变量之间的复杂耦合关系就很容易通过节块平均值、横向积分量和 3,4 阶展开系数来表示。而其他变量,如 0~2 阶展开系数、耦合源项系数、横向泄漏项系数等,均可以通过上述变量计算得到。

5.2.4　最终残差方程建立方案

　　根据以上分析可知,经过局部消去处理后,基于节块展开法的 JFNK 仅仅需要对节块平均值、横向积分量和 3,4 阶展开系数建立对应的残差方程,而其他变量被隐含地表达在上述相应的残差方程中,即

$$\boldsymbol{R}_E(\boldsymbol{x}_E) = \boldsymbol{A}_E(\boldsymbol{x}_E) \cdot \boldsymbol{x}_E - \boldsymbol{b}_E \tag{5-34}$$

$$\boldsymbol{x}_E = [\boldsymbol{x}_1^{\mathrm{T}}, \boldsymbol{x}_2^{\mathrm{T}}, \boldsymbol{x}_{3E}^{\mathrm{T}}]^{\mathrm{T}} \tag{5-35}$$

$$\boldsymbol{x}_{3E} = [\tilde{a}_{\phi_g,r,n}, \tilde{a}_{P,r,n}, \tilde{a}_{P,r,n}, \tilde{a}_{U,r,n}, \tilde{a}_{V,r,n}, \tilde{a}_{T_s,r,n}, \tilde{a}_{T_f,r,n}]^{\mathrm{T}}, \quad n=3,4$$

$$(5\text{-}36)$$

$$\boldsymbol{x}_{3I} = [\tilde{a}_{\phi_g,r,n}, \tilde{a}_{P,r,n}, \tilde{a}_{P,r,n}, \tilde{a}_{U,r,n}, \tilde{a}_{V,r,n}, \tilde{a}_{T_s,r,n}, \tilde{a}_{T_f,r,n}]^{\mathrm{T}}, \quad n=0\sim2$$

$$(5\text{-}37)$$

其中,下标 E 代表了局部消去后对应的变量和参数;$\boldsymbol{x}_1$ 和 $\boldsymbol{x}_2$ 的定义与 5.1.1 节中完全一样,分别表示节块平均值和横向积分量,$\boldsymbol{x}_{3E}^{\mathrm{T}}$ 表示的是由

3,4 阶展开系数组成的向量；x_{3I}^{T} 为 0～2 阶展开系数组成的向量。

在建立局部消去后的残差方程时，并不需要真正消去原有节块展开法的离散关系式中的 0～2 阶展开系数 x_{3I}^{T}、耦合源项 x_4、横向泄漏项 x_5、所有物性参数变量 x_6，代入 $x_1,x_2,x_{3E}^{\mathrm{T}}$ 对应的离散关系式，得到新的关系式，建立对应的残差方程，而仅仅依据原有节块展开法的求解框架，即可实现局部消去后的残差方程的建立，具体求解流程如图 5-1 所示。

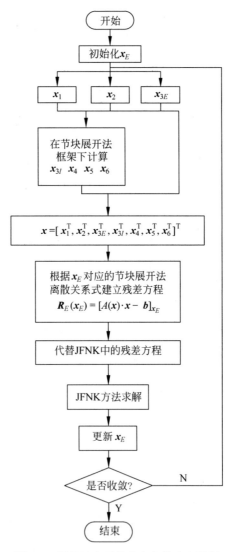

图 5-1   局部消去后残差方程的建立流程

由图 5-1 可知,假设 x_E 后,根据 x_E 的值和节块展开法的离散关系式可以解析求解其他变量 x_{3I}^T,x_4,x_5,x_6 的值,这样所有的变量 x 均已知,再依据 x 即可得到 x_E 对应的离散关系式中所有系数和源项,进而得到残差方程;也就是说,变量 x_{3I}^T,x_4,x_5,x_6 仅仅作为构造 x_E 对应的残差方程的中间变量,而 x_E 才是 JFNK 需要求解的量。

5.3　预处理技术研究

JFNK 方法的主要计算量在于 Krylov 求解局部线性化方程组花费的时间,而在使用 Krylov 方法求解线性方程组时,通常需要进行预处理,否则收敛速度会非常慢。在 JFNK 方法中,预处理主要以式(5-38)的形式存在:

$$\mathbf{Pre}^{-1} \cdot \mathbf{Ja}^k \cdot \boldsymbol{v} \approx \frac{\mathbf{Pre}^{-1} \cdot \boldsymbol{R}_E(\boldsymbol{x}_E^k + \varepsilon \cdot \boldsymbol{v}) - \mathbf{Pre}^{-1} \cdot \boldsymbol{R}_E(\boldsymbol{x}_E^k)}{\varepsilon} \quad (5\text{-}38)$$

其中,$\mathbf{Pre}$ 为预处理矩阵,$\mathbf{Ja}^k$ 为 Jacobian 矩阵,$\boldsymbol{v}$ 为 Krylov 基向量,ε 为微扰量。上述预处理的本质就是求解一个与 Jacobian 矩阵 $\mathbf{Ja}^k$ 相近的线性方程组,即

$$\mathbf{Pre} \cdot \tilde{x}^a = \boldsymbol{R}_E(\boldsymbol{x}_E^k + \varepsilon \cdot \boldsymbol{v}) \quad (5\text{-}39)$$

$$\mathbf{Pre} \cdot \tilde{x}^b = \boldsymbol{R}_E(\boldsymbol{x}_E^k) \quad (5\text{-}40)$$

其中,$\tilde{x}^a = \mathbf{Pre}^{-1} \cdot \boldsymbol{R}_E(\boldsymbol{x}_E^k + \varepsilon \cdot \boldsymbol{v})$,$\tilde{x}^b = \mathbf{Pre}^{-1} \cdot \boldsymbol{R}_E(\boldsymbol{x}_E^k)$。要想获得好的预处理效果,需要选取的 $\mathbf{Pre}$ 预处理矩阵是 Jacobian 矩阵 $\mathbf{Ja}^k$ 的良好近似,又考虑到计算的效率,希望矩阵逆 $\mathbf{Pre}^{-1}$ 尽可能地容易计算。目前通常将预处理技术大致分为线性预处理和非线性预处理技术两种,接下来将详细分析这两种预处理技术和本书对应的构造思路。

5.3.1　线性预处理

线性预处理就是对局部线性化的方程组直接进行预处理,具体说,就是与原有 Krylov 方法求解线性方程组一样,依据 Jacobian 矩阵 $\mathbf{Ja}^k$ 近似构造出预处理矩阵 $\mathbf{Pre}$,并依据离散方程关系式分别得到对应的残差方程 $\boldsymbol{R}_E(\boldsymbol{x}_E^k)$ 和 $\boldsymbol{R}_E(\boldsymbol{x}_E^k + \varepsilon \cdot \boldsymbol{v})$,之后分别求解线性方程组(5-39)和方程组(5-40),进而得到 $\tilde{x}^a = \mathbf{Pre}^{-1} \cdot \boldsymbol{R}_E(\boldsymbol{x}_E^k + \varepsilon \cdot \boldsymbol{v})$ 和 $\tilde{x}^b = \mathbf{Pre}^{-1} \cdot \boldsymbol{R}_E(\boldsymbol{x}_E^k)$。然而 $\mathbf{Ja}^k$

在计算过程中并没有显式地建立,所以也给预处理矩阵 **Pre** 的建立带来了一定困难。

式(5-41)给出了 Jacobian 矩阵的计算方法,其代表了各个物理场之间的耦合关系。为了建立与 Jacobian 矩阵 $\mathbf{Ja}^k$ 的近似预处理矩阵 **Pre**,需要根据实际计算的耦合问题,尽可能地抓住 Jacobian 矩阵的主要耦合信息,而舍去相对较弱的耦合信息。同时还要综合考虑预处理矩阵 **Pre** 建造的难易程度。其中,**Ja** 对角线上的块矩阵代表了各个子物理场自身内部的耦合关系,而通常来说,各个子物理场自身内部的耦合关系非常强,是 Jacobian 矩阵的主要耦合信息,尤其对于节块展开法,其包括各个离散节块的节块平均值、横向积分量和 3,4 阶展开系数之间的耦合,相比于有限体积法,耦合更加紧密和复杂。同时经过分析,Jacobian 矩阵 **Ja** 对角线上的块矩阵刚好是节块展开法计算各个子物理场形成的系数矩阵,因此,根据节块展开法统一求解耦合问题的计算框架,能够相对容易地得到 Jacobian 矩阵 **Ja** 对角线上的块矩阵的具体形式或者其近似形式。这也是 JFNK 方法选取预处理矩阵的常见方法。

$$
\mathbf{Ja} = \begin{bmatrix}
\dfrac{\partial \mathbf{R}_{E,\text{中子场}}}{x_{E,\text{中子场}}} & \dfrac{\partial \mathbf{R}_{E,\text{中子场}}}{x_{E,\text{固体温度}}} & \dfrac{\partial \mathbf{R}_{E,\text{中子场}}}{x_{E,\text{流体温度}}} & \dfrac{\partial \mathbf{R}_{E,\text{中子场}}}{x_{E,\text{压力场}}} & \dfrac{\partial \mathbf{R}_{E,\text{中子场}}}{x_{E,\text{速度场}}} \\[2.2ex]
\dfrac{\partial \mathbf{R}_{E,\text{固体温度}}}{x_{E,\text{中子场}}} & \dfrac{\partial \mathbf{R}_{E,\text{固体温度}}}{x_{E,\text{固体温度}}} & \dfrac{\partial \mathbf{R}_{E,\text{固体温度}}}{x_{E,\text{流体温度}}} & \dfrac{\partial \mathbf{R}_{E,\text{固体温度}}}{x_{E,\text{压力场}}} & \dfrac{\partial \mathbf{R}_{E,\text{固体温度}}}{x_{E,\text{速度场}}} \\[2.2ex]
\dfrac{\partial \mathbf{R}_{E,\text{流体温度}}}{x_{E,\text{中子场}}} & \dfrac{\partial \mathbf{R}_{E,\text{流体温度}}}{x_{E,\text{固体温度}}} & \dfrac{\partial \mathbf{R}_{E,\text{流体温度}}}{x_{E,\text{流体温度}}} & \dfrac{\partial \mathbf{R}_{E,\text{流体温度}}}{x_{E,\text{压力场}}} & \dfrac{\partial \mathbf{R}_{E,\text{流体温度}}}{x_{E,\text{速度场}}} \\[2.2ex]
\dfrac{\partial \mathbf{R}_{E,\text{压力场}}}{x_{E,\text{中子场}}} & \dfrac{\partial \mathbf{R}_{E,\text{压力场}}}{x_{E,\text{固体温度}}} & \dfrac{\partial \mathbf{R}_{E,\text{压力场}}}{x_{E,\text{流体温度}}} & \dfrac{\partial \mathbf{R}_{E,\text{压力场}}}{x_{E,\text{压力场}}} & \dfrac{\partial \mathbf{R}_{E,\text{压力场}}}{x_{E,\text{速度场}}} \\[2.2ex]
\dfrac{\partial \mathbf{R}_{E,\text{速度场}}}{x_{E,\text{中子场}}} & \dfrac{\partial \mathbf{R}_{E,\text{速度场}}}{x_{E,\text{固体温度}}} & \dfrac{\partial \mathbf{R}_{E,\text{速度场}}}{x_{E,\text{流体温度}}} & \dfrac{\partial \mathbf{R}_{E,\text{速度场}}}{x_{E,\text{压力场}}} & \dfrac{\partial \mathbf{R}_{E,\text{速度场}}}{x_{E,\text{速度场}}}
\end{bmatrix}
$$

$$(5\text{-}41)$$

此外,耦合源项是耦合系统之间信息传递最直接的途径,且考虑到基于节块展开法的 JFNK,耦合源项之间不仅传递节块平均值,还传递各个物理场的高阶信息。因此,为了保证高阶信息能够在耦合问题求解时快速收敛,本书预处理矩阵 **Pre** 的构造还额外考虑了耦合源项的贡献。基于此,预处理矩阵的基本形式如式(5-42)所示,其中,非对角线块上的矩阵仅仅考虑耦合源项的贡献即可。

$$
\mathbf{Pre} = \begin{bmatrix} \dfrac{\partial \mathbf{R}_{E,\text{中子场}}}{\mathbf{x}_{E,\text{中子场}}} & 0 & 0 & 0 & 0 \\[3mm] \dfrac{\partial \mathbf{R}_{E,\text{固体温度}}}{\mathbf{x}_{E,\text{中子场}}} & \dfrac{\partial \mathbf{R}_{E,\text{固体温度}}}{\mathbf{x}_{E,\text{固体温度}}} & \dfrac{\partial \mathbf{R}_{E,\text{固体温度}}}{\mathbf{x}_{E,\text{流体温度}}} & 0 & 0 \\[3mm] 0 & \dfrac{\partial \mathbf{R}_{E,\text{流体温度}}}{\mathbf{x}_{E,\text{固体温度}}} & \dfrac{\partial \mathbf{R}_{E,\text{流体温度}}}{\mathbf{x}_{E,\text{流体温度}}} & 0 & 0 \\[3mm] 0 & 0 & 0 & \dfrac{\partial \mathbf{R}_{E,\text{压力场}}}{\mathbf{x}_{E,\text{压力场}}} & 0 \\[3mm] 0 & 0 & 0 & 0 & \dfrac{\partial \mathbf{R}_{E,\text{速度场}}}{\mathbf{x}_{E,\text{速度场}}} \end{bmatrix}
$$

$$(5\text{-}42)$$

虽然预处理矩阵 **Pre** 相比于 Jacobian 矩阵 **Ja** 已经简化了很多,仅仅需要考虑各个子物理场自身的耦合关系和不同物理场之间的耦合源项,但由于每个物理场内部仍然具有节块平均值、横向积分量和 3,4 阶展开系数之间的耦合,显式构造预处理矩阵 **Pre** 仍然非常困难,尤其是中子场,自身还包括耦合源项之间耦合(即能群间的耦合)。因此下面以中子场为例,详细说明预处理矩阵 **Pre** 的建造过程和程序的实现技巧。

节块展开法求解多维多群稳态中子扩散方程时对应的离散关系式可写成式(5-43)的统一形式:

$$
\mathbf{M} \cdot \mathbf{\Psi} = \mathbf{N} \cdot \mathbf{\Psi} + \frac{1}{k_{\text{eff}}} \mathbf{F} \cdot \mathbf{\Psi} + \mathbf{L} \cdot \mathbf{\Psi} \tag{5-43}
$$

其中,

$$
\mathbf{\Psi} = [\Phi_1, \Phi_2, \cdots, \Phi_G]^{\mathrm{T}} \tag{5-44}
$$

$$
\mathbf{\Phi}_g = [\phi_{g,r+}, \bar{\phi}_g, a_{\phi_g,r,3}, a_{\phi_g,r,4}]^{\mathrm{T}}, \quad g = 1,2,\cdots,G; \ r = x,y,z \tag{5-45}
$$

$$
\mathbf{M} = \begin{bmatrix} M_1 & & & \\ & M_2 & & \\ & & \ddots & \\ & & & M_G \end{bmatrix}, \quad \mathbf{L} = \begin{bmatrix} L_1 & & & \\ & L_2 & & \\ & & \ddots & \\ & & & L_G \end{bmatrix} \tag{5-46}
$$

$$
\mathbf{N} = \begin{bmatrix} 0 & N_{2 \to 1} & \cdots & N_{G \to 1} \\ N_{1 \to 2} & 0 & \cdots & N_{G \to 2} \\ \vdots & \vdots & \ddots & \vdots \\ N_{1 \to G} & N_{2 \to G} & \cdots & 0 \end{bmatrix} \tag{5-47}
$$

其中，M 为扩散项和移出项形成的矩阵，N 为散射源矩阵，F 为裂变源矩阵。上述三个矩阵虽然形式上与有限体积法一样，但由于 Φ_g 内部变量的增加和相互耦合的复杂化，各个矩阵的实际形式会非常复杂。L 为横向泄漏项近似处理形成的矩阵，由于横向泄漏项与三个相邻节块均有关系，在节块展开法中采用各个坐标方向相互迭代的方法更新横向泄漏系数，使得显式构造 L 矩阵非常困难，因此预处理矩阵的构造不考虑横向泄漏项矩阵 L，相当于横向泄漏项采用了 0 阶近似处理。当考虑裂变源项，且没有向上散射时，散射源矩阵 N 就变为下三角矩阵，这样 $M-N$ 可表示为

$$M-N = \begin{bmatrix} M_1 & 0 & \cdots & 0 \\ -N_{1\to2} & M_2 & \cdots & 0 \\ \vdots & \vdots & \ddots & \vdots \\ -N_{1\to G} & -N_{2\to G} & \cdots & M_G \end{bmatrix} \tag{5-48}$$

$$M_g = \begin{bmatrix} \left[m_{\phi_{g,r+}-\phi_{g,r+}}\right] & 0 & 0 & 0 \\ \left[m_{\phi_g^- - \phi_{g,r+}}\right] & 1 & 0 & 0 \\ \left[m_{a_{\phi_g,r,3}-\phi_{g,r+}}\right] & \left[m_{a_{\phi_g,r,3}-\phi_g^-}\right] & 1 & 0 \\ \left[m_{a_{\phi_g,r,4}-\phi_{g,r+}}\right] & \left[m_{a_{\phi_g,r,4}-\phi_g^-}\right] & 0 & 1 \end{bmatrix} \tag{5-49}$$

其中，$\left[m_{\phi_g^- - \phi_{g,r+}}\right]$ 为 ϕ_g^- 对应的节块展开法离散关系式中由 $\phi_{g,r+}$ 的系数组成的矩阵，同理矩阵 M_g 中其他元素下标的意义与之相同。矩阵(5-48)即为中子场对应的预处理矩阵 $\mathbf{Pre}$ 中 $\partial R_{E,中子场}/x_{E,中子场}$ 的近似表达，但在实际的程序实现上，并不需要完全显式构造矩阵(5-48)，仅仅需要根据离散关系式构造出每个能群对应 M_g 中的矩阵 $\left[m_{\phi_{g,r+}-\phi_{g,r+}}\right]$ 即可，之后求得 $\left[m_{\phi_{g,r+}-\phi_{g,r+}}\right]$ 的逆，而矩阵(5-48)为下三角矩阵，且对角线上除了矩阵 $\left[m_{\phi_{g,r+}-\phi_{g,r+}}\right]$，其他元素均为 1，因此，根据节块展开法的计算框架就很容易得到矩阵(5-48)的逆 $(M-N)^{-1}$。而固体温度场、流体温度场、速度场和压力场由于没有能群间的耦合，因此问题退化为类似 M_g 的形式，处理思路与上述类似。

5.3.2　非线性预处理

非线性预处理是将预处理矩阵逆 $\mathbf{Pre}^{-1}$ 与残差方程 $R_E(x_E^k)$ 的乘积作为研究对象，也就是说，不需要显式得到预处理矩阵 $\mathbf{Pre}$，只要知道 $\mathbf{Pre}^{-1} \cdot$

$R_E(x_E^k)$ 即可，这个思路与 JFNK 中 Jacobian 矩阵与向量乘的思路相似，只关心两者最后的乘积，而不关心两者具体的表达形式。该思路的主要出发点还是由于显式构造预处理矩阵相对复杂，希望能够尽可能地避免预处理矩阵 **Pre** 的显式构造。下面将详细分析非线性预处理技术。

目前大部分的耦合程序通常采用固定点迭代的思路，即将离散矩阵 A_E 分裂为两个矩阵 M_E 和 N_E，即

$$A_E = M_E - N_E \tag{5-50}$$

$$0 = b_E - A_E \cdot x_E \Leftrightarrow M_E \cdot x_E = N_E \cdot x_E + b_E \Leftrightarrow x_E^P = M_E^{-1}(N_E \cdot x_E + b_E) \tag{5-51}$$

其中，x_E^P 为输入 x_E 时程序计算更新后的输出结果。由于非线性预处理关心的是 $\mathbf{Pre}^{-1} \cdot R_E(x_E^k)$，因此将残差方程（5-34）代入 $\mathbf{Pre}^{-1} \cdot R_E(x_E^k)$ 中可得

$$\mathbf{Pre}^{-1} \cdot R_E(x_E^k) = \mathbf{Pre}^{-1} \cdot (A_E \cdot x_E - b_E) \tag{5-52}$$

如果此处的预处理矩阵选取 M_E，那么结合式（5-50）～式（5-52）可得

$$\mathbf{Pre}^{-1} \cdot R_E(x_E^k) = \mathbf{Pre}^{-1} \cdot (A_E \cdot x_E - b_E)$$
$$\Leftrightarrow M_E^{-1}(A_E \cdot x_E - b_E) = x_E - M_E^{-1}[N_E \cdot x_E + b_E]$$
$$\Leftrightarrow M_E^{-1} R_E(x_E^k) = x_E - x_E^P \tag{5-53}$$

由式（5-53）可知，当 $\mathbf{Pre} = M_E$ 时，$\mathbf{Pre}^{-1} \cdot R_E(x_E^k)$ 化简为程序的输入变量 x_E 与输出结果 x_E^P 之差，而 $\mathbf{Pre}^{-1}$ 已通过原固定点迭代程序计算得到，根本不需要关心固定点迭代程序是如何计算 $\mathbf{Pre}^{-1}$ 的。同时残差方程 $R_E(x_E^k)$ 也不需要依据节块展开法的离散关系式构造，同理可得

$$\mathbf{Pre}^{-1} \cdot R_E(x_E^k + \varepsilon \cdot v) = (x_E + \varepsilon \cdot v) - x_E^{P\varepsilon v} \tag{5-54}$$

其中，$x_E^{P\varepsilon v}$ 为输入 $x_E + \varepsilon \cdot v$ 时固定点迭代程序的计算结果。将式（5-53）和式（5-54）代入式（5-38）中，化简得

$$\mathbf{Pre}^{-1} \cdot \mathrm{Ja}^k \cdot v \approx \frac{\mathbf{Pre}^{-1} \cdot R_E(x_E^k + \varepsilon \cdot v) - \mathbf{Pre}^{-1} \cdot R_E(x_E^k)}{\varepsilon}$$
$$= \frac{(x_E^k + \varepsilon \cdot v - x_E^{P\varepsilon v}) - (x_E^k - x_E^P)}{\varepsilon} = \frac{x_E^P - x_E^{P\varepsilon v}}{\varepsilon} + v \tag{5-55}$$

由式（5-55）可知，只要知道原固定点迭代程序的两次输出结果 x_E^P 和 $x_E^{P\varepsilon v}$，即可得到经过 $\mathbf{Pre} = M_E$ 预处理之后的 Jacobian 矩阵与基向量 v 的乘积，预

处理矩阵 **Pre** 和残差方程均不需要显式构造,同时根本不需要了解原固定点迭代程序的具体细节和求解方法,也不需要对原固定点迭代程序做过多修改,即所谓的"黑箱"耦合。因此根据第 4 章开发的节块展开法统一求解耦合系统的程序,可以有效地对基于节块展开法的 JFNK 进行非线性预处理。

5.3.3　线性预处理与非线性预处理对比

由于 JFNK 采用了残差方程的有限差分近似矩阵和向量乘的思路,使得非线性预处理技术能够巧妙地对 Newton 步中 Krylov 子空间进行预处理,从而避免了预处理矩阵和残差方程的显式构造。下面将针对线性预处理和非线性预处理做详细对比。

(1) 非线性预处理

(a) 不需要显式构造预处理矩阵和残差方程,经过预处理后的 Jacobian 矩阵与基向量 $\boldsymbol{v}$ 的乘积最终转化为原固定点迭代程序的两次输出结果 x_E^P 和 $x_E^{P\boldsymbol{v}}$,同时根本不需要了解原固定点迭代程序的具体细节和求解方法,只要知道输出结果即可,从而实现了所谓的"黑箱"耦合。因此非常容易根据原有的节块展开法统一求解耦合系统的程序来开发基于节块展开法的 JFNK 程序,并且可直接实现 Krylov 子空间方法的预处理,提高收敛速度;

(b) 由于非线性预处理矩阵逆 $\mathbf{Pre}^{-1}$ 是通过原固定点迭代程序计算得到的,因此每进行一次 $\mathbf{Pre}^{-1} \cdot \mathbf{Ja}^k \cdot \boldsymbol{v}$,就需要调用一次原固定点迭代程序计算 $\mathbf{Pre}^{-1}$,即每进行一次 Krylov 子空间迭代,就要调用一次原固定点迭代程序,且 Krylov 子空间的迭代步数越多,调用原固定点迭代程序次数就越多,计算时间就会越多。假定每次调用原固定点迭代程序时,计算时间为 t_p,外迭代次数为 n,非线性预处理的总计算时间近似可表示为

$$t_{\text{non}} = (n \cdot t_p + t_k) \cdot \sum_{i=1}^{\text{Newton\_steps}} \text{iters}(i) \tag{5-56}$$

其中,t_{non} 表示非线性预处理时基于节块展开法的 JFNK 计算时间,t_k 为每次 Krylov 子空间迭代的计算时间,Newton_steps 为总的 Newton 步数,iters(i) 表示每次 Newton 步中 Krylov 子空间的迭代次数。

(2) 线性预处理

(a) 线性预处理需要构造预处理矩阵和残差方程,预处理矩阵的构造需要根据 Jacobian 矩阵的具体形式和各个物理场之间的耦合强弱,并依据

其构造的难易程度做适当的抉择,其中需要进行大量的理论分析;残差方程需要根据离散关系式进行重新建立,随着耦合问题复杂度的增加,预处理矩阵和残差方程的建立会越来越复杂。

(b) 对于线性预处理来说,构造出线性预处理矩阵后,可事先将预处理矩阵的逆计算出来并存储,这样在每次进行 Krylov 子空间迭代时,就不需要像非线性预处理一样多次计算矩阵逆 $\mathbf{Pre}^{-1} \cdot \mathbf{Ja}^k \cdot \boldsymbol{v}$,从而减少 Krylov 迭代的计算时间,且线性预处理矩阵在一个 Newton 步甚至多个 Newton 步内才更新一次。此外,在实际计算过程中,由于存储矩阵逆不太现实,因此通常将预处理矩阵进行 LU 分解或者不完全 LU 分解,之后存储预处理矩阵对应的下三角矩阵 $\boldsymbol{L}$ 和上三角矩阵 $\boldsymbol{U}$,而矩阵 $\boldsymbol{L}$ 和 $\boldsymbol{U}$ 逆的求解计算量非常小,即

$$\boldsymbol{L} \cdot \boldsymbol{U} = \mathbf{Pre} \tag{5-57}$$

$$\mathbf{Pre}^{-1} \cdot \boldsymbol{R}_E(\boldsymbol{x}_E^k) = \boldsymbol{U}^{-1} \cdot \boldsymbol{L}^{-1} \cdot \boldsymbol{R}_E(\boldsymbol{x}_E^k) \tag{5-58}$$

根据以上分析过程可得到线性预处理的总计算时间:

$$t_{\mathrm{lin}} = t_{\mathrm{LU}} + (t_{\boldsymbol{L}^{-1}} + t_{\boldsymbol{U}^{-1}} + t_k) \cdot \sum_{i=1}^{\mathrm{Newton\_steps}} \mathrm{iters}(i) \tag{5-59}$$

其中,t_{lin} 表示线性预处理时基于节块展开法的 JFNK 计算时间,t_{LU} 为整个计算过程 LU 分解的总时间,$t_{\boldsymbol{L}^{-1}}$ 和 $t_{\boldsymbol{U}^{-1}}$ 分别为求解下三角矩阵 $\boldsymbol{L}$ 和上三角矩阵 $\boldsymbol{U}$ 的时间,且通常来说,远远小于原固定点迭代程序外迭代一次的时间 t_p,因此只要 LU 分解的总时间 t_{LU} 不太大,即可由式(5-56)和式(5-59)可知,在相同的预处理矩阵下,线性预处理的计算效率会高于非线性预处理。

但是随着耦合问题复杂度的增加,依据原有的固定点迭代程序,很容易实现非线性预处理,而线性预处理要想获得与非线性预处理相同的预处理矩阵,会非常困难,尤其是对于节块展开法,中间存在大量的迭代计算,要把迭代过程打开,建立对应的预处理矩阵将更加困难,付出的代价会更大。因此,基于节块展开法的 JFNK 线性预处理构造的预处理矩阵通常相比于非线性预处理的预处理矩阵来说,预处理效果差,从而 Krylov 子空间的迭代次数会多于非线性预处理的迭代次数,在此情况下,线性预处理的优势会下降,非线性预处理的优势就会显现。因此采用何种预处理技术需要根据实际问题进行判断,尤其是对于非常复杂的耦合问题,具有良好预处理效果的预处理矩阵难于显式构造,此时非线性预处理是一个很好的选择。

5.4　全局收敛技术研究

Newton 法求解非线性问题是局部收敛,也就是说,只有迭代值非常接近于真实解时,才能保证 Newton 法是收敛的。在采用基于节块展开法的 JFNK 方法求解耦合系统时,在初始值不合理或者预处理不充分的情况下,发现 JFNK 方法中的 Newton 步存在不收敛的现象,基于此,本章节首先针对 JFNK 方法中 Newton 步不收敛现象进行探索和分析。

求解非线性问题 $\boldsymbol{R}(x)=0$ 的真解问题可以转化为式(5-60)的最小值问题[84]:

$$\min f(x)=\frac{1}{2}\boldsymbol{R}(x)^{\mathrm{T}}\boldsymbol{R}(x) \tag{5-60}$$

该思路与共轭梯度法、最速下降法的思路类似,要求在函数 $f(x)$ 的下降方向寻找问题的近似解,要想使向量 $\boldsymbol{p}$ 为其下降方向,则需满足

$$\nabla f(x)^{\mathrm{T}}\cdot\boldsymbol{p}<0 \tag{5-61}$$

其中,

$$\nabla f(x)=\left[\frac{\partial f}{\partial x_1},\frac{\partial f}{\partial x_2},\cdots,\frac{\partial f}{\partial x_N}\right]^{\mathrm{T}}=\mathbf{Ja}(x)^{\mathrm{T}}\cdot\boldsymbol{R}(x) \tag{5-62}$$

其中,$\mathbf{Ja}(x)$ 为其 Jacobian 矩阵,将式(5-62)代入式(5-61),即可得到下降方向 $\boldsymbol{p}$ 需满足的条件:

$$\boldsymbol{R}(x)^{\mathrm{T}}\cdot\mathbf{Ja}(x)\cdot\boldsymbol{p}<0 \tag{5-63}$$

对于下降方向 $\boldsymbol{p}$,存在一个常数 $\lambda_0>0$,使得以下关系式成立:

$$f(x+\lambda\boldsymbol{p})<f(x),\quad 0<\lambda<\lambda_0 \tag{5-64}$$

如果此处将 x 理解为每个迭代步的 x_k,那么在函数 $f(x)$ 的下降方向总可以找到一个新的 $x_{k+1}=x_k+\lambda\boldsymbol{p}$,使得 $f(x_{k+1})<f(x_k)$,这样迭代下去,就可以找到 $f(x)$ 的最小值,也就是 $\boldsymbol{R}(x)=0$ 的近似解。下面就依据该理论分析 JFNK 过程。

对于 JFNK 的局部线性化方程 $\mathbf{Ja}(x_k)\cdot\mathrm{d}x_k=-\boldsymbol{R}(x_k)$,采用 Krylov 子空间方法求解,当满足以下收敛准则时,该 Newton 步的 Krylov 迭代停止:

$$\|r_k=\mathbf{Ja}(x_k)+\boldsymbol{R}(x_k)\|<\eta_k\cdot\|\boldsymbol{R}(x_k)\| \tag{5-65}$$

其中,$0<\eta_k<1$,结合关系式(5-65),对 $\mathbf{Ja}(x_k)\cdot\mathrm{d}x_k$ 做如下处理:

$$\begin{aligned}
\boldsymbol{R}(x_k)^{\mathrm{T}} \cdot \mathbf{Ja}(x_k) \cdot \mathrm{d}x_k &= \boldsymbol{R}(x_k)^{\mathrm{T}} \cdot r_k - \boldsymbol{R}(x_k)^{\mathrm{T}} \cdot \boldsymbol{R}(x_k) \\
&< \|\boldsymbol{R}(x_k)^{\mathrm{T}}\| \cdot \|r_k\| - \boldsymbol{R}(x_k)^{\mathrm{T}} \cdot \boldsymbol{R}(x_k) \\
&= \|\boldsymbol{R}(x_k)^{\mathrm{T}}\| \cdot [\|r_k\| - \|\boldsymbol{R}(x_k)\|] \\
&= (\eta_k - 1)\|\boldsymbol{R}(x_k)^{\mathrm{T}}\| \cdot \|\boldsymbol{R}(x_k)\| < 0
\end{aligned}$$

$$(5\text{-}66)$$

由式(5-63)和式(5-66)可知,JFNK 中的 $\mathrm{d}x_k$ 刚好为 $f(x)$ 的下降方向,因此根据式(5-64),总可以找到 $x_{k+1} = x_k + \lambda \boldsymbol{p}$,使得

$$f(x_{k+1} = x_k + \lambda \cdot \mathrm{d}x_k) < f(x_k), \quad 0 < \lambda < \lambda_0 \qquad (5\text{-}67)$$

然而在 JFNK 的 Newton 步中变量的更新是 $x_{k+1} = x_k + \mathrm{d}x_k$,即 $\lambda = 1$。但是为了满足式(5-67),则要求 $\lambda_0 > 1$;当 $\lambda_0 < 1$ 时,就不能保证其成立,也就有可能引起 Newton 步的不收敛;因此,JFNK 的 Newton 步中变量更新应该采用 $x_{k+1} = x_k + \lambda \cdot \mathrm{d}x_k$。关于 λ 的选取,很多参考文献对其进行了详细的分析,并提供了相应的技术手段,具体可参照文献[84],[85],[105]~[107]。

由以上分析可知,为了保证基于节块展开法的 JFNK 中 Newton 步的全局收敛,需要保证 $x_{k+1} = x_k + \lambda \cdot \mathrm{d}x_k$,且 $0 < \lambda < \lambda_0$。为了使 λ 满足该条件,本书采用了一种非常简单的处理技巧,如式(5-68)所示:

$$\begin{aligned}
& x_{k+1} = x_k + \mathrm{d}x_k \\
& \text{for } i = 1:I \\
& \qquad \text{if } \|\boldsymbol{R}(x_{k+1})\| > \|\boldsymbol{R}(x_k)\| \\
& \qquad\qquad \mathrm{d}x_k = \frac{1}{2}\mathrm{d}x_k \\
& \qquad\qquad x_{k+1} = x_k + \mathrm{d}x_k \\
& \qquad \text{else} \\
& \qquad\qquad \text{break} \\
& \qquad \text{end} \\
& \text{end}
\end{aligned}$$

$$(5\text{-}68)$$

首先让 $\lambda = 1$,判断 $\|\boldsymbol{R}(x_{k+1})\|$ 是否小于 $\|\boldsymbol{R}(x_k)\|$,如果是,跳出 for 循环,不做任何处理,与原有的基于节块展开法的 JFNK 计算框架一样;如果否,就将 $\mathrm{d}x_k$ 减小到原来的 $1/2$,判断新的 $\|\boldsymbol{R}(x_{k+1})\|$ 是否小于 $\|\boldsymbol{R}(x_k)\|$;如果还是否,继续减小 $\mathrm{d}x_k$,直到新的 $\|\boldsymbol{R}(x_{k+1})\|$ 小于 $\|\boldsymbol{R}(x_k)\|$ 或者达到最大循环数 I,停止对 $\mathrm{d}x_k$ 的处理。虽然不知道具体的 λ_0 值,但经过这样的处理,只要循环足够多,就可以找到 λ,使其满足 $0 < \lambda < \lambda_0$,从而保证 Newton 步的收敛。

5.5　计算框架

根据本章的关键技术研究,本书开发了基于节块展开法的 JFNK 计算程序 NEM_JFNK,其基本的计算框架如图 5.2 所示,主要流程和特点如下所示:

(1) 与第 4 章节块展开法统一求解耦合系统的计算程序 GNEM 一样,初始化包括计算区域设定、物质网格排布、离散网格划分、边界条件和计算相关变量的初始化等。

(2) 接下来需要对局部消去后 NEM_JFNK 求解变量 x_E 赋初值,由于 Newton 方法是局部收敛的,初值的选取要尽可能地接近真实问题的解。通常来说,将节块展开法耦合计算程序 GNEM 经过少量迭代得到的计算结果赋值给 NEM_JFNK 作为其初值,可以改善 Newton 步收敛特性并加快其收敛速度。

(3) 通过局部消去技术处理后,一些变量作为中间变量,需要根据 NEM_JFNK 求解变量 x_E 和节块展开法的离散关系式解析求解,比如:0~2 阶展开系数 x_{3I}^{T}、耦合源项 x_4、横向泄漏项 x_5,所有物性参数变量 x_6,之后所有的变量 x 均已知,使得各个离散关系式中所有系数和源项均可计算得到。

(4) 根据不同的预处理方式选取不同的计算框架,其中线性预处理需要构造残差方程和预处理矩阵,残差方程需要根据离散关系式进行重新建立,且仅对 NEM_JFNK 求解变量 x_E 建立对应的残差方程,而预处理矩阵的建立参考 5.3.1 节的具体思路;且在一个 Newton 步内构造一次预处理矩阵 **Pre**,之后将其存储,在该 Newton 步内所有 Krylov 迭代采用相同的预处理矩阵 **Pre**;而非线性预处理不需要构造预处理矩阵和残差方程,仅仅需要调用节块展开法耦合程序 GNEM,在相应的变量输入 x_E^k 或 $x_E^k + \varepsilon \cdot v$ 后得到 GNEM 的输出结果 x_E^P 和 x_E^{Pv} 即可,但每次 Krylov 子空间迭代均需要调用一次 GNEM 计算程序。

(5) 当 Newton 步中局部线性方程组求解收敛后,需要更新 Newton 步的变量 $x_E^{k+1} = x_E^k + \mathrm{d}x_k$,但根据 5.4 节的分析可知,Newton 步的变量应该采用 $x_E^{k+1} = x_E^k + \lambda \cdot \mathrm{d}x_k$ 且 $0 < \lambda < \lambda_0$,使得 $\| R(x_E^{k+1}) \| < \| R(x_E^k) \|$,即所谓的全局收敛技术,具体技术手段如 5.4 节和图 5-2 所示。

(6) 当 Newton 步达到收敛准则后,对于稳态问题,此时计算结束;对于瞬态问题进入下一时刻,重复以上的计算流程,直到最后时刻,计算结束。

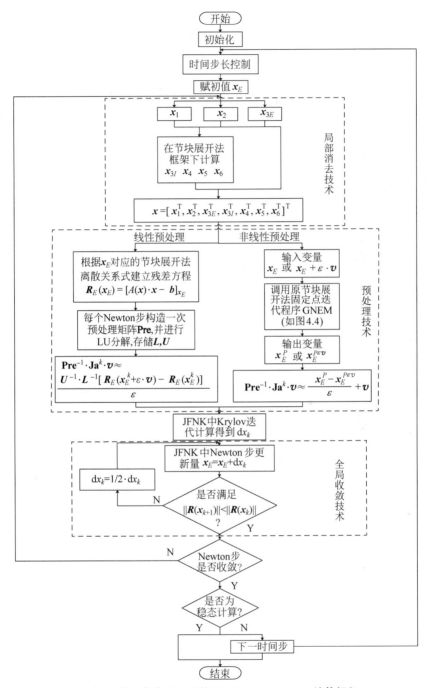

图 5-2 基于节块展开法的 JFNK(NEM_JFNK)计算框架

5.6 数值实验和分析

5.6.1 单根燃料棒耦合模型

为了初步对比基于节块展开法的 JFNK 程序 NEM_JFNK 与节块展开法耦合程序 GNEM 的数值特性,本节首先针对单根燃料棒耦合模型进行数值实验,如图 5-3 所示,其中仅仅考虑了燃料棒的轴向行为,而忽略了径向的物理过程,并且假设冷却剂以特定的流量流过燃料棒,带走其产热。

图 5-3 单根燃料棒耦合模型示意图

中子扩散方程采用单群一维稳态模型,并假定燃料棒产生的热量直接传递给冷却剂,即忽略燃料棒的径向导热和界面的对流换热过程,则中子扩散方程和冷却剂温度控制方程分别为

$$-D(x)\frac{\mathrm{d}^2\phi(x)}{\mathrm{d}x^2}+\Sigma_R(x)\phi(x)=\frac{1}{k_{\mathrm{eff}}}\nu\Sigma_{\mathrm{f}}(x)\phi(x) \tag{5-69}$$

$$\rho_{\mathrm{f}}(x)c_{\mathrm{pf}}(x)U\frac{\mathrm{d}T(x)}{\mathrm{d}x}-k_{\mathrm{f}}(x)\cdot\frac{\mathrm{d}^2T(x)}{\mathrm{d}x^2}=S(x) \tag{5-70}$$

其中,$S(x)$ 为中子场裂变转化为的热源,上述各个反应截面和热工物性参数之间相互耦合,其耦合关系式如下所示:

$$D(x)=D^{\mathrm{ref}}+\frac{\partial\Sigma_a}{\partial\rho_{\mathrm{f}}}\left[\rho_{\mathrm{f}}(x)-\rho_{\mathrm{f}}^{\mathrm{ref}}\right] \tag{5-71}$$

$$\Sigma_R(x)=\Sigma_R^{\mathrm{ref}}+\frac{\partial\Sigma_R}{\partial\rho_{\mathrm{f}}}\left[\rho_{\mathrm{f}}(x)-\rho_{\mathrm{f}}^{\mathrm{ref}}\right] \tag{5-72}$$

$$\nu\Sigma_{\mathrm{f}}(x)=\nu\Sigma_{\mathrm{f}}^{\mathrm{ref}}+\frac{\partial\nu\Sigma_{\mathrm{f}}}{\partial\rho_{\mathrm{f}}}\left[\rho_{\mathrm{f}}(x)-\rho_{\mathrm{f}}^{\mathrm{ref}}\right] \tag{5-73}$$

$$Q=\overline{C}\cdot\int\kappa\Sigma_{\mathrm{f}}(x)\phi(x)\mathrm{d}x \tag{5-74}$$

$$\kappa\Sigma_{\mathrm{f}}(x)=\kappa\Sigma_{\mathrm{f}}^{\mathrm{ref}}+\frac{\partial\kappa\Sigma_{\mathrm{f}}}{\partial\rho_{\mathrm{f}}}\left[\rho_{\mathrm{f}}(x)-\rho_{\mathrm{f}}^{\mathrm{ref}}\right] \tag{5-75}$$

$$S(x)=\overline{C}\cdot\kappa\Sigma_{\mathrm{f}}(x)\phi(x) \tag{5-76}$$

$$\rho_{\mathrm{f}}(x)=\rho_{\mathrm{f}}(P,T(x)) \tag{5-77}$$

其中,Q 为燃料棒的总热功率,$Q=3411/(193\times264)\mathrm{MW}$;$P$ 为压力,$P=15.5\mathrm{MPa}$,密度 $\rho_{\mathrm{f}}(x)$ 通过压力 P 和温度 $T(x)$ 的插值表插值得到。式(5-71)~式(5-77)中含有上标 ref 的变量和随着密度 $\rho_{\mathrm{f}}(x)$ 的变化率

$\partial/\partial\rho_f$ 的具体值参见文献[83]。

　　由上述分析可知,中子场和流体温度场之间的耦合计算构成了该物理热工耦合模型,两个物理场通过反应截面、热工物性参数和耦合源项相互耦合在一起。图 5-4 分别给出了线性预处理的 NEM_JFNK(LP_NEM_JFNK)、非线性预处理的 NEM_JFNK(NP_NEM_JFNK)和节块展开法耦合计算程序 GNEM 的计算结果,其中包括节块平均通量 $\bar{\phi}$、流体温度 $\bar{T}$、流体密度 $\bar{\rho}_f$ 和扩散系数 $\bar{D}$ 的数值结果,由图 5-4 可知,三种方法的计算结果完全一致,从而验证了计算程序的正确性。

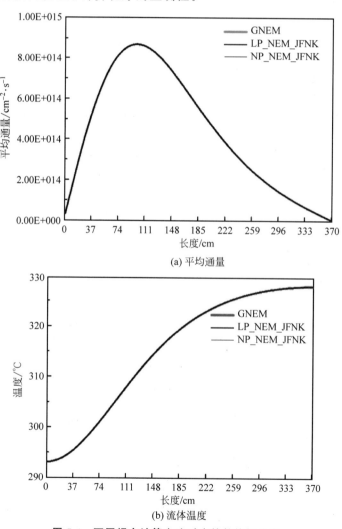

(a) 平均通量

(b) 流体温度

图 5-4　不同耦合计算方法对应的数值解分布

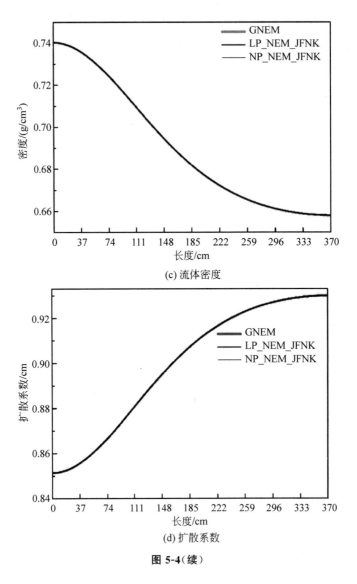

(c) 流体密度

(d) 扩散系数

图 5-4（续）

为了对比三种方法的收敛速率，图 5-5 给出了不同方法对应的误差下降曲线，三种方法对应的收敛准则为

$$\begin{cases} \mathrm{RMS}_k / \mathrm{RMS}_0 < 10^{-6} \\ \mathrm{RMS}_k = \sqrt{\| \boldsymbol{R}(\boldsymbol{x}_E^k) \|_2 / N} \end{cases} \tag{5-78}$$

其中，RMS_k 表示第 k Newton 步的 RMS 误差，N 为 NEM_JFNK 求解变

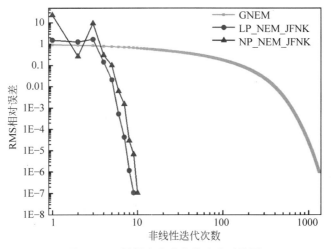

图 5-5　不同耦合方法收敛速率对比图

量的个数，图中的纵坐标代表的相对误差即为 RMS_k / RMS_0。

由图 5-5 可知，基于节块展开法的 JFNK 方法的收敛速率明显优于节块展开法耦合程序 GNEM，其中线性预处理的 NEM_JFNK（LP_NEM_JFNK）的 Newton 步收敛速率略优于非线性预处理的 NEM_JFNK（NP_NEM_JFNK）。为了进一步了解两种预处理方法的数值特性，图 5-6 给出了两种预处理对应的每个 Newton 步中 Krylov 子空间的

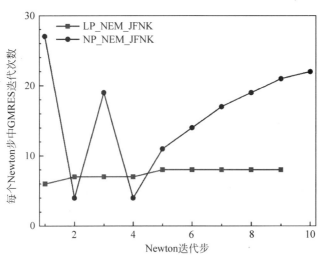

图 5-6　不同预处理技术对应的每个 Newton 步中 Krylov 迭代次数

迭代次数。由图 5-6 可知,线性预处理对应的 Krylov 子空间收敛速率明显优于非线性预处理对应的 Krylov 子空间的收敛速率。表 5-1 给出了三种方法对应的迭代次数和总的计算时间,由表可知,线性预处理的 NEM_JFNK（LP_NEM_JFNK）数值特性最优,花费的时间最少,而节块展开法耦合程序 GNEM 由于迭代次数远远大于 NEM_JFNK 方法,计算效率最低;非线性预处理的 NEM_JFNK（NP_NEM_JFNK）虽然花费的计算时间略大于线性预处理的 NEM_JFNK（LP_NEM_JFNK）,但其无须显式构造预处理矩阵和残差方程,可以实现"黑箱"耦合,在几乎不改动节块展开法耦合程序 GNEM 的情况下,即可实现节块展开法和 JFNK 的结合。

表 5-1　三种方法性能对比

计 算 方 法	整体迭代次数	Krylov 子空间总迭代次数	时间/s
GNEM	1329	—	33.24
LP_NEM_JFNK	9	67	10.15
NP_NEM_JFNK	10	158	12.12

5.6.2　多维多群中子场模型

此处的研究对象为球床堆芯 2 维 4 群中子扩散模型,与 4.6.2 节中子场的物质网格分布、边界条件、网格尺寸完全一样,具体如图 4-10 和附录 B 中的表 B-1 所示。堆芯 4 个区域（1～4 标号区）和堆外围反射层区域（5 标号区）对应各个反应截面见附录 C 中的表 C-1。

图 5-7 给出了不同计算方法对应的第 4 群中子通量分布及其相对偏差,表 5-2 给出了 k_{eff} 的数值解和相对偏差,其中参考解由节块展开法耦合计算程序 GNEM 提供。基于节块展开法的 JFNK 方法 NEM_JFNK,LP_NEM_JFNK,NP_NEM_JFNK 对应中子通量的最大相对偏差分别为 0.026 43%,0.014 77%,0.008 83%,由此进一步相互验证了各个 NEM_JFNK 方法和程序的正确性。

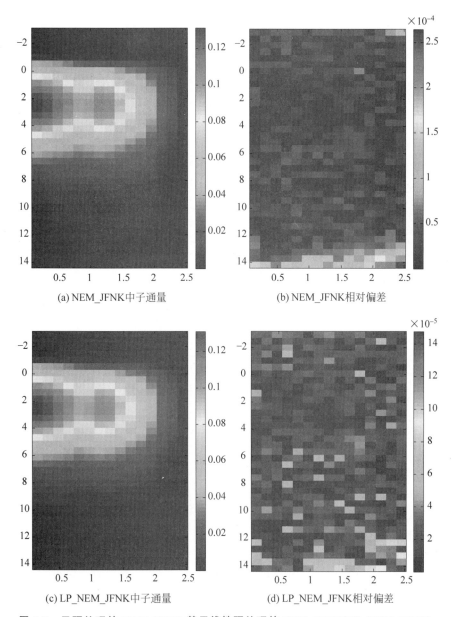

图 5-7　无预处理的 NEM_JFNK、基于线性预处理的 NEM_JFNK(LP_NEM_JFNK)、
基于非线性预处理的 NEM_JFNK(NP_NEM_JFNK)的第 4 群中子通量及其
相对偏差分布(前附彩图)

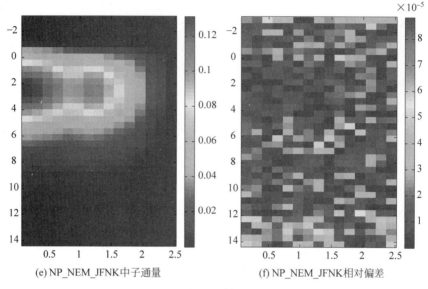

图 5-7(续)

表 5-2　有效增殖系数计算结果分析

计 算 方 法	k_{eff}	k_{eff} 的相对误差
GNEM	1.069 077 55	——
NEM_JFNK	1.069 077 56	9.353 86E−9
LP_NEM_JFNK	1.069 077 56	9.353 86E−9
NP_NEM_JFNK	1.069 077 56	9.353 86E−9

　　图 5-8、图 5-9 和表 5-3 分别给出了不同计算方法对应的收敛曲线,每个 Newton 步内 Krylov 子空间的迭代次数以及不同方法对应的计算时间。其中,收敛标准为 $\text{RMS}_k/\text{RMS}_0 < 10^{-8}$,节块展开法耦合计算程序 GNEM 外迭代 10 步的计算结果作为各个基于节块展开法的 JFNK 方法的初值,每个能群对应的各个方向的横向积分离散方程组采用交替方向迭代思路计算 (ADI 迭代),其对应的线性预处理矩阵也采用 ADI 迭代模型。计算结果表明,基于节块展开法的 JFNK(NEM_JFNK)的收敛特性明显优于传统的固定点迭代方法 GNEM,经过预处理的 NEM_JFNK 明显优于无预处理的 NEM_JFNK。其中,基于非线性预处理的 NEM_JFNK(NP_NEM_JFNK) 的收敛速率最快,但其总的 Krylov 子空间迭代次数却略大于基于线性预处理的 NEM_JFNK(LP_NEM_JFNK),使得两者最终的计算时间相差不大。

相比于 GNEM 方法来说，计算时间仅仅为 GNEM 的 1/3.177。虽然无预处理的 NEM_JFNK 收敛速率优于传统的固定点迭代方法 GNEM，但其 Krylov 子空间的迭代次数过多，最终导致计算时间大于传统的固定点迭代方法 GNEM 的计算时间，因此，为了提高 NEM_JFNK 的计算效率，对其进行预处理是必要的。

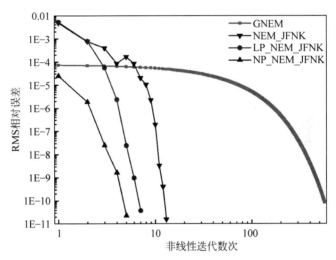

图 5-8　不同耦合方法对应的收敛曲线

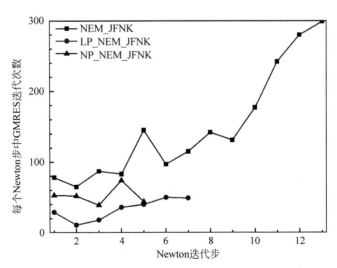

图 5-9　不同 NEM_JFNK 方法对应的每个 Newton 步中 Krylov 迭代次数

表 5-3   不同方法的综合性能对比

计 算 方 法	整体迭代次数	Krylov 子空间总迭代次数	时间/s	加速比
GNEM	573	—	15.328	—
NEM_JFNK	13	1941	32.97	0.465
LP_NEM_JFNK	7	233	4.824	3.177
NP_NEM_JFNK	5	262	4.877	3.143

此外,由于基于线性预处理的 NEM_JFNK(LP_NEM_JFNK)中的预处理矩阵并没有考虑横向泄漏项的影响,而非线性预处理可以通过调整横向泄漏项的迭代次数,非常容易地将横向泄漏项对预处理的影响考虑在内,从而提高预处理效果。也就是说,非线性预处理相比于线性预处理来说,可以非常容易地构造出更复杂的预处理矩阵,提高预处理效果,从而减少迭代次数,进而有可能减少计算时间。表 5-4 给出了非线性预处理中选取不同横向泄漏项的迭代次数对应的 NP_NEM_JFNK 的数值特性。随着横向泄漏项迭代次数的增加,Krylov 子空间的迭代次数减少,这是由于预处理效果的提高;但计算时间却出现先减少后增加的趋势,这是由于随着横向泄漏项迭代次数的继续增加,Krylov 子空间的迭代次数减少得比较缓慢,预处理效果变化已经不是很大,而每次 Krylov 迭代计算调用 GNEM 的计算时间却在不断增加,从而导致计算效率的下降。因此,由表 5-4 可知,当 NP_NEM_JFNK 中的横向泄漏项迭代次数为 2 时,计算效率达到了最优,其计算效率为 GNEM 的 4.92 倍,且计算效率优于线性预处理的 NEM_JFNK(LP_NEM_JFNK)。

表 5-4   不同横向泄漏项迭代次数对应的 NP_NEM_JFNK 数值特性

NP_NEM_JFNK 中横向泄漏项迭代次数	整体迭代次数	Krylov 子空间总迭代次数	时间/s
1	5	262	4.877
2	5	124	3.115
4	5	100	3.278
8	5	84	4.673
16	5	80	6.712
32	5	68	10.462

5.6.3   多维多物理场耦合模型

为了分析基于节块展开法的 JFNK 求解复杂问题的能力,本节主要研究多维多物理场耦合问题的求解,同时根据 5.6.2 节的分析可知,对基于节块展开法的 JFNK 方法(NEM_JFNK)来说,非线性预处理可以很容易地实现更为复杂的预处理矩阵的隐式构造,提高预处理效果,从而减少 Krylov 子空间的迭代次数,其计算效率也得到了有效验证。因此本节将基于非线性预处理的 NEM_JFNK(NP_NEM_JFNK)方法作为 NEM_JFNK 方法的代表,求解接下来的复杂耦合问题,并与节块展开法耦合程序 GNEM 的计算结果和数值特性进行对比。

首先针对 4.6.2 节描述的物理热工耦合问题,使用 NP_NEM_JFNK 重新进行求解,其中堆芯压力场与流体温度场分布及其对应的相对偏差如图 5-10 所示,以 GNEM 数值解作为其参考解。由图可知,两者的计算结果几乎一样,压力场与流体温度场的最大相对偏差分别为 2.4540×10^{-8} 和 3.8896×10^{-8}。

图 5-11 给出了 NP_NEM_JFNK 和 GNEM 的收敛特性曲线,表 5-5 给出了两种方法的综合性能对比。由图 5-11 可知,对于多物理场耦合问题,基于节块展开法的 JFNK 的收敛速率同样优于基于固定点迭代耦合方法开发的 GNEM 程序,但计算效率仅仅为 GNEM 的 1.315 倍。

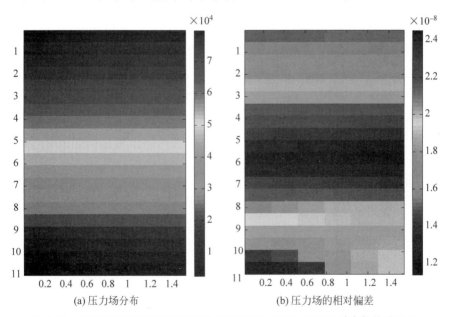

(a) 压力场分布　　　　　　　(b) 压力场的相对偏差

图 5-10　**基于非线性预处理的 NEM_JFNK(NP_NEM_JFNK)对应数值结果和相对偏差分布(前附彩图)**

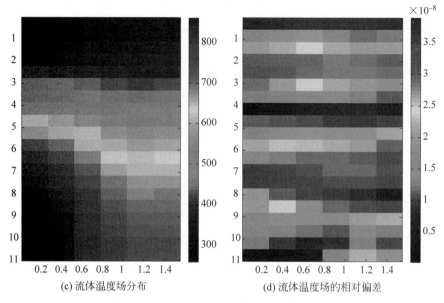

(c) 流体温度场分布　　　　　(d) 流体温度场的相对偏差

图 5-10（续）

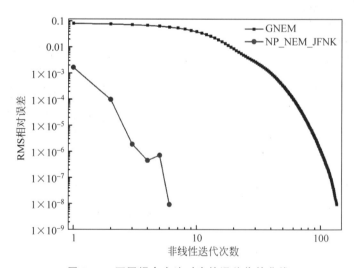

图 5-11　不同耦合方法对应的误差收敛曲线

表 5-5　不同耦合方法的综合性能对比

计 算 方 法	整体迭代次数	Krylov 子空间总迭代次数	时间/s	加速比	收敛精度 RMS_k/RMS_0
GNEM	147	——	30.885	——	10^{-8}
NP_NEM_JFNK	6	109	23.490	1.315	

根据式(5-56)可知 NP_NEM_JFNK 的大致计算时间为

$$t_{non} \approx n_{init} \cdot t_p + (n \cdot t_p'' + t_k) \sum_{i=1}^{Newton\_steps} iters(i)$$

$$= 15 t_p + 109(t_p'' + t_k) \tag{5-79}$$

其中，$n_{init} = 15$，表示赋初值时调用 GNEM 时外迭代次数；$n = 1$，表示 Krylov 子空间求解时每次调用 GNEM 时外迭代次数；$\sum iters(i) = 109$，表示 Krylov 子空间的总迭代次数。t_p 为调用原 GNEM 时一次外迭代的时间，t_p'' 为 Krylov 子空间求解时每次调用 GNEM 的时间，其中 $t_p'' < t_p$。这是由于非线性预处理在使用 GNEM 程序隐式构造预处理矩阵时，部分处理相比于原 GNEM 程序更简化，某些局部迭代数更少。GNEM 程序的大致计算时间为

$$t_{GNEM} \approx N_{GNEM} \cdot t_p = 147 \cdot t_p \tag{5-80}$$

其中，N_{GNEM} 为 GNEM 程序的迭代次数，由式(5-79)和式(5-80)可知，只有当

$$\sum_{i=1}^{Newton\_steps} iters(i) \cdot t_p'' \ll N_{GNEM} \cdot t_p \tag{5-81}$$

时，NEM_JFNK 方法才有可能占优势，而 t_p'' 与 t_p 相差不会太大或者说改进空间有限，因此 Krylov 子空间的总迭代次数比 GNEM 程序的迭代次数少的越多，计算效率越大。而此处两者差别不大，也是 NP_NEM_JFNK 方法的计算效率仅仅为 GNEM 的 1.315 倍的原因所在。

为了进一步分析基于节块展开法的 JFNK 求解多物理场耦合问题的能力，此处采用 NP_NEM_JFNK 对 4.6.4 节中的多种结构、多种耦合类型并存的复杂耦合问题进行重新求解。在求解过程中发现当不采用全局收敛技术时，NP_NEM_JFNK 将不收敛，甚至导致 Newton 步的发散，如图 5-12 所示。图例中数字表示当 NP_NEM_JFNK 提供初值时，GNEM 程序的迭代次数，GC 表示该方法使用了全局收敛技术，没有 GC 表示该方法没有使用全局收敛技术。

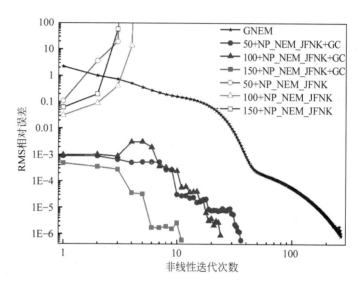

图 5-12   NP_NEM_JFNK 使用全局收敛技术（GC）与无全局收敛技术收敛特性对比

由图 5-12 可知，即使将 GNEM 程序迭代 150 步之后的结果作为 NP_NEM_JFNK 的初值，如果不采用全局收敛技术，NP_NEM_JFNK 仍然发散。当采用全局收敛技术后，可以充分保证 NP_NEM_JFNK 的收敛性，见表 5-6。但由于过多的 Newton 步被花费在寻找近似解的过程中，NP_NEM_JFNK 的计算时间大于 GNEM 程序。其中，压力场分布及其相对偏差如图 5-13 所示，同样以 GNEM 的计算结果作为参考解，两个程序的最大相对偏差为 0.002 32%。

表 5-6   不同耦合方法的综合性能对比

计算方法	NP_NEM_JFNK 初值对应 GNEM 迭代次数及计算时间/s		GNEM 总迭代次数或 Newton 总步数	Krylov 子空间总迭代次数	总时间/s
GNEM	—	—	271	—	50.470
NP_NEM_JFNK	50	14.966	36	591	212.404
	100	25.086	24	295	122.269
	150	35.168	11	210	99.036

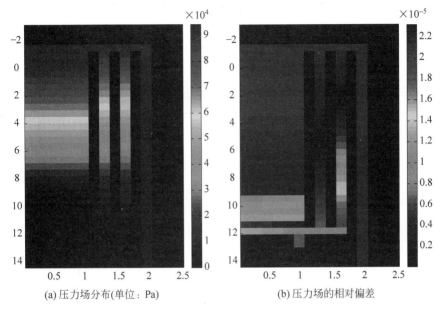

(a) 压力场分布(单位：Pa)　　　　(b) 压力场的相对偏差

图 5-13　NP_NEM_JFNK 使用全局收敛技术(GC)时对应的压力场数值结果和相对偏差分布(前附彩图)

本 章 小 结

本章的研究核心是开发基于节块展开法的 JFNK 耦合方法——NEM_JFNK,并对其中的关键技术进行研究和分析。首先通过分析,并结合稳态中子场的特殊性,从原理上实现了基于节块展开法的 JFNK 耦合方法的开发;其次,为了尽可能地减少残差方程的建立数量和 Krylov 子空间求解问题的规模,采用局部消去技术,成功地将其中部分变量或者关系式消去,使得最终的求解变量尽可能地少,从而实现减少 JFNK 求解问题规模的目标;同时由于 JFNK 的计算量主要在于 Krylov 子空间求解局部线性化方程组,因此为了提高 Krylov 方法的收敛速率,本章基于节块展开法成功地实现了线性预处理和非线性预处理技术,开发了基于非线性预处理的 NEM_JFNK——NP_NEM_JFNK 和基于线性预处理的 NEM_JFNK——LP_NEM_JFNK,并对两种方法进行了详细地分析和对比。最后,针对 JFNK 方法中 Newton 步不收敛的问题进行了分析,并给出了相应的全局收敛技术。

　　通过不同的数值实验,充分验证了 NEM_JFNK 联立求解耦合系统的计算精度和收敛特性,尤其在收敛精度要求比较高的情况下,NEM_JFNK 相比于传统的耦合方法,具有更好的数值特性。此外从数值实验还可得出,当使用 NEM_JFNK 求解复杂耦合系统时,全局收敛技术在保证 Newton 步的收敛性上具有重要的作用。

第6章 总结与展望

6.1 工作总结

为了建立一个统一的耦合求解框架,实现整个高温堆核电厂耦合系统的高效、精确求解,本书首先研究并开发了适用于物理热工耦合模型求解的节块展开法统一离散框架,在粗网下便可实现耦合系统的高精度求解。在此基础上,将统一离散格式的节块展开法与具有强收敛特性的 JFNK 方法结合,开发了基于节块展开法的 JFNK 统一耦合求解平台,从收敛性、计算精度、计算效率三个方面整体出发,保证复杂耦合系统求解的高效性和精确性,为以后实际高温堆耦合系统的统一求解建立理论依据和方法基础。本书的主要工作和成果包括:

(1) 耦合模型的通用节块展开法研究

通过分析,将物理热工耦合模型写成统一形式,针对该统一形式开发耦合模型的通用节块展开法。由于压力泊松方程、固体导热模型、对流扩散方程和含空腔区域的中子扩散方程均没有类似原中子扩散方程的吸收项,使得反应堆物理中传统节块展开法无法直接建立净流与节块平均通量之间的关系式,从而使得传统的节块展开法无法直接推广到上述方程的求解,这也成为开发通用节块展开法的关键问题之一。本书通过巧妙地建立横向积分通量与节块平均通量的关系式,而非建立净流和平均通量的关系式,很好地解决了上述问题。基于此,对通用节块展开法进行了初步开发,使其能够适用于本书涉及的所有单个物理热工控制方程。

由于对流扩散方程在热工计算领域的特殊性和重要性,本书针对对流扩散方程的计算精度、稳定性和数值耗散特性进行详细地理论分析和数值验证,并依据傅里叶分析、差分方程和常微分方程精确解等方法开发了一套分析节块展开法稳定性和数值耗散特性的理论模型。结果表明:对于大部分问题,3,4 阶展开的通用节块展开法(3NEM,4NEM)能够非常好地吻合参考解或解析解,计算精度优于目前流行的二阶迎风格式 SUS 和 QUICK

格式,即使是不连续问题,也能得到非常好的数值解,且计算精度随着展开阶数 N 的增大而增加。

由于初步开发的通用节块展开法的部分数值解中出现了数值振荡和假扩散现象,因此结合稳定性和数值耗散特性对上述问题进行分析:奇数阶展开的通用节块展开法的数值耗散大于真实问题的数值耗散,虽然其是无条件稳定的,但过大的数值耗散,可能导致假扩散现象的发生;而偶数阶展开的通用节块展开法是条件稳定的,其数值耗散小于真实问题的数值耗散,这也是造成其条件稳定、发生数值振荡的主要原因之一。

为了削弱数值振荡行为和假扩散现象,本书基于通用节块展开法和节块积分方法的各自优势,开发了一种广义节块展开法(GNEM),该方法与通用节块展开法具有统一的离散格式,实现了稳态和瞬态问题离散格式的统一,虽然数值振荡行为和假扩散现象得到了很大改善,但针对极其特殊的问题,GNEM 仍然无法处理。基于此,本书又开发了一种新的高阶矩节块展开法(NEM_HM),横向积分通量的高阶矩被引入,并将 NEM_HM 中的所有展开系数与不同阶勒让德矩一一对应,人为地将这些展开系数分为共享矩和非共享矩。通过 Simth-Hutton 等一系列问题的数值验证,结果表明:NEM_HM 能够非常有效地处理数值振荡行为和假扩散现象,无论是计算精度和效率,其明显优于 GNEM 和节块积分方法。

在实际应用中,为了权衡计算精度和效率,对于大部分物理热工模型,通常选用通用节块展开法和广义节块展开法已能够满足工程的需要,只有针对极其特殊或者非常难于求解的问题,才选用 NEM_HM 方法来保证计算结果的合理性。

(2) 节块展开法统一求解耦合系统的关键技术研究

在成功实现节块展开法求解书中涉及的所有单个物理模型的基础上,研究了节块展开法求解多个物理场耦合系统的关键技术,并且在节块展开法的统一离散框架下,成功实现了粗网格下耦合系统的高精度求解。其中分别针对耦合源项的处理和高阶信息传递问题,非线性处理问题,多孔介质模型压力和速度场耦合处理,物理热工耦合模型时间项的处理问题,含多区域耦合、多类型耦合并存问题的统一求解等进行详细地研究。此外,为了体现本书开发的方法求解高温堆耦合系统的能力,本书选取的耦合模型尽可能地体现了高温堆特性,其物性参数均来自于获得安全局认可的高温堆分析程序 THERMIX,并对其中的模型进行了详细地分析。

由于各个物理场之间耦合源项的信息传递精度将会直接影响到耦合系统的求解精度,而节块展开法的特点就是可以得到数值解的高阶展开信息(即节块展开法的高阶展开系数),因此,本书充分利用节块展开法的高阶信息,最大限度地实现了耦合源项之间的高阶信息传递,相比于有限体积法或者有限差分法中仅仅传递节块的平均值或者某网格点的离散值,该方法具有更好的计算精度。数值结果也表明,高阶信息传递时节块展开法对应的计算结果明显优于传递平均信息时节块展开法对应的计算结果,在较粗的网格下就可得到合理的计算结果。高阶信息传递时节块展开法对应的计算结果能够非常好地得到堆芯球床的最高温度,而仅仅传递平均信息时计算的最高温度比参考解低 50℃,这对安全分析是非常不利的。因此,高阶信息传递对应的计算结果可以很好地预测结果,对于安全分析具有重要意义。

此外,本书时间项采用与空间项相同的处理思路,即时间和空间方向均采用横向积分技术,建立对应的横向积分方程,并做了进一步推广,针对各个物理场的统一方程形式和含缓发中子的瞬态中子扩散方程进行研究,最终开发出适用于求解物理热工耦合模型的时间-空间全横向积分的广义节块展开法,实现了各个物理场离散格式的统一,稳态、瞬态问题离散格式的统一。通过数值实验验证了时间-空间全横向积分的广义节块展开法统一求解稳态、瞬态和复杂耦合问题的计算能力。

(3) 基于节块展开法的 JFNK 联立求解耦合系统的方法研究

在节块展开法的统一离散框架实现物理热工耦合模型高精度求解的基础上,将节块展开法与 JFNK 方法结合,开发了基于节块展开法的 JFNK 统一耦合求解平台 NEM_JFNK,进一步保证复杂耦合系统求解的收敛性和高效性。

由于 JFNK 方法需要将所有的变量联立求解、同步更新,本书初步将节块展开法中的展开系数、耦合源项系数、横向泄漏项系数均作为求解变量,并根据节块展开法求解耦合系统的离散关系式,建立了对应的残差方程,经过分析处理,从原理上实现了节块展开法与 JFNK 的结合。但由于将展开系数、耦合源项系数、横向泄漏项系数均作为求解变量,很大程度上增加了残差方程的建立规模和 JFNK 的求解规模。因此,本书开发了对应的局部消去技术,成功地将其中部分变量消去,尽可能地减少最终的求解变量,从而有效地减少了残差方程的建立数量和 JFNK 求解问题的规模。

为了提高 Krylov 方法的收敛速率,针对 NEM_JFNK,成功实现了线

性预处理和非线性预处理技术，分别开发了基于线性预处理的 NEM_
JFNK——LP_NEM_JFNK 和非线性预处理的 NEM_JFNK——NP_NEM_
JFNK，并对两种方法进行了详细的分析和对比。结果表明，对于相同的预
处理矩阵，线性预处理技术的计算效率会优于非线性预处理技术，然而随着
问题复杂度的增加，尤其是针对节块展开法这样一个反复迭代过程，显式构
造预处理效果非常好的线性预处理矩阵将会非常困难，从而使得其预处理
效果不好，Krylov 子空间的迭代数就会增加，计算量也会相应地增加；而非
线性预处理矩阵，可以非常容易地隐式得到预处理效果非常好的预处理矩
阵，并不需要显式建立。虽然每次 Krylov 子空间的计算时间长于线性预处
理技术，但由于预处理效果好，Krylov 子空间的迭代次数将会少于线性预
处理技术，计算效率反而高。

最后针对初值选取不合理或者 Krylov 子空间预处理不充分的情况，基
于节块展开法的 JFNK 出现的不收敛现象进行了分析，并给出了相应的全
局收敛技术，使得在 Newton 步迭代过程中尽可能地找到非常接近于真实
解的更新值，从而尽可能保证 Newton 步最终的收敛。

数值实验表明，相比于传统的耦合方法，NEM_JFNK 联立求解耦合系
统具有更高的计算精度和收敛特性，尤其在精度要求比较高的情况下，
NEM_JFNK 的数值特性更加占优。同时，NEM_JFNK 求解复杂耦合系统
时，全局收敛技术在保证 Newton 步的收敛性上具有非常重要的作用。

6.2　主要创新点

本书的主要创新点包括：

（1）首次将节块展开法推广到球流多孔介质热工耦合模型计算，并在
节块展开法的统一离散框架下，成功实现了物理热工耦合模型求解，且各个
耦合源项之间实现了高阶信息传递，有效地提高了耦合问题的计算精度和
效率。

（2）首次将节块展开法与 JFNK 结合，开发了基于节块展开法的
JFNK 统一耦合计算平台，并将其用于物理热工耦合模型的联立求解。此
外，还开发了适用于基于节块展开法的 JFNK 的局部消去技术和预处理技
术，提高了基于节块展开法的 JFNK 的计算效率。

（3）开发了适用于求解物理热工耦合模型的时间-空间全横向积分的
广义节块展开法，实现了各个物理场、稳态、瞬态问题离散格式的统一，同时

考虑到特殊情况下的对流问题可能出现的数值振荡和假扩散现象,专门开发了一种用于求解热工问题的新高阶矩节块展开法。

6.3 工作展望

在本书研究基础上,建议后续在以下方面进行探索和研究:

(1) 将基于节块展开法的 JFNK 方法用于高温堆瞬态分析程序 TINTE,求解更真实的高温堆耦合问题。本书开发的基于节块展开法的 JFNK 目前还没有嵌入 TINTE 程序,后续可将 TINTE 程序中有限体积离散格式替换为节块展开法,在节块展开法的统一离散框架下,实现基于节块展开法的 JFNK 求解,使其能够用于高温堆实际工程计算。

(2) 针对复杂耦合问题,开发更高效的、基于节块展开法的 JFNK 全局收敛技术和预处理技术。由于全局收敛技术和预处理技术对于 JFNK 方法的收敛特性和计算效率具有重要影响,而本书开发的基于节块展开法的 JFNK 的计算效率有待进一步挖掘和提高。

(3) 基于节块展开法的 JFNK 求解多回路、多模块耦合问题的探索。对于多回路、多模块的核电系统,其耦合更加复杂,计算规模更加庞大,而基于节块展开法的 JFNK 可以在粗网格下实现耦合问题的高精度解,这将大大提高问题的计算效率,发挥基于节块展开法的 JFNK 的优势,后续尝试进行该方面的探索和研究。

(4) 基于非结构网格节块展开法的 JFNK 方法的开发。目前开发的基于节块展开法的 JFNK 主要用于矩形网格的求解,为了使其具有能够求解复杂几何问题的能力,后续需要开发基于非结构网格节块展开法的 JFNK 方法,从而提高方法的工程适用性。

参 考 文 献

[1] ZHANG Z Y, WU Z X, XU Y H, et al. Design of Chinese modular high-temperature gas-cooled reactor HTR-PM[J]. Nuclear Engineering and Design, 2006,236(5-6): 485-490.

[2] ZHANG Z Y, WU Z X, WANG D Z, et al. Current status and technical description of Chinese 2 × 250MWth HTR-PM demonstration plant[J]. Nuclear Engineering and Design, 2009, 239: 1212-1219.

[3] 吴宗鑫, 张作义. 先进核能系统和高温气冷堆[M]. 北京: 清华大学出版社, 2004.

[4] PAWLOWSKI R, BARTLETT R, BELCOURT N, et al. A theory manual for multi-physics code coupling in LIME [R]. Albuquerque: Sandia National Laboratory, 2011.

[5] SCHMIDT R, BELCOURT N, HOOPER R, et al. An introduction to LIME 1.0 and its use in coupling codes for multiphysics simulations [R]. Albuquerque: Sandia National Laboratory, 2011.

[6] SCHMIDT R, BELCOURT K, CLARNO K. Foundational development of an advanced nuclear reactor integrated safety code[R]. Albuquerque: Sandia National Laboratory, 2010.

[7] CASL. A project summary[EB/OL]. [2015-12-01]. http://www.casl.gov/docs/CASL-U-2011-0025-000.pdf.

[8] The U.S. Department of Energy Office of Nuclear Energy. Energy innovation hub for modeling and simulation[EB/OL]. [2015-12-01]. http://www.casl.gov/docs/Energy_Innovation_Hub_for_Modeling_and_Simulation.pdf.

[9] LAWRENCE R D. Program in nodal methods for the solution of the neutron diffusion and transport equations [J]. Progress in Nuclear Energy, 1986, 17: 271-301.

[10] KNOLL D, KEYES D. Jacobian-Free Newton-Krylov methods: A survey of approaches and applications[J]. Journal of Computational Physics, 2004, 193: 357-397.

[11] RÜTTEN H J, HAAS K A, BROCKMANN H, et al. VSOP (99/05) computer code system for reactor physics and fuel cycle simulation [R]. Jülich: Kernforschungszentrum Jülich GmbH, 2005.

[12] PETERSEN K. Zur sicherheitskonzeption des hochtemperaturreaktors mit

natürllcher wärmeableitung aus dem kern im störfall[R]. Jülich: Kernforschungsanlage Jülich GmbH,1983.

[13] BANASCHEK J. Berchnungsmethoden und analysen zum dynamischen verhalten von kraftwerksanlagen mit hochtemperaturreaktor[R]. Jülich: Kernforschungsanlage Jülich GmbH,1983.

[14] CLEVELAND J C, GREENE S R. Application of the THERMIX-KONVEK code to accident analyses of modular pebble bed high temperature reactors[R]. Oak Ridge National Laboratory,ORNL/TM-9905,1986.

[15] 周夏峰,李富. 高温气冷堆堆芯流场高效全局求解方法研究[J]. 原子能科学技术,2014,48(11): 2051-2056.

[16] GERWIN H,SCHERER W,LAUER A,et al. TINTE-nuclear calculation theory description report[R]. Jülich: Kernforschungsanlage Jülich GmbH,1987.

[17] GERWIN H. The two-dimensional reactor dynamics programme TINTE. Part 1: Basic principles and methods of solution[R]. Jülich: Kernforschungsanlage Jülich GmbH,Jül-2167,1987.

[18] GERWIN H,SCHERER W,TEUCHERT E. The TINTE modular code system for computational simulation of transient process in the primary circuit of a pebble-bed high-temperature gas-cooled reactor [J]. Nuclear Science and Engineering,1989,103(3): 302-312.

[19] HAAS J B M, KUIJPER J C, OPPE J. HTR core physics analysis by the PANTHERMIX code system[J]. Transactions of the American Nuclear Society, 2004,90: 540-541.

[20] TYOBEKA B M, IVANOV K N. Coupled NEM/THERMIX-DIREKT calculation scheme for HTR analysis[J]. Transactions of the American Nuclear Society,2004,90: 530-532.

[21] TYOBEKA B M. Advance multi-dimensional deterministic transport computational capability for safety analysis of pebble-bed reactor [D]. State College: Pennsylvania State University,1990.

[22] SCKER V,DOWNAR T. Analysis of a PBMR-400 control rod ejection accident using PARCS-THERMIX and the nordheim fuchs model[J]. Transactions of the American Nuclear Society,2005,93: 936-938.

[23] VOLKAN S. Multiphysics methods development for high temperature gas reactor analysis[D]. West Lafayette: Purdue University,2007.

[24] HIRUTA H,OUGOUAG A M,GOUGAR H D,et al. CYNOD: A neutronics code for pebble bed modular reactor coupled transient analysis[R]. Idaho Falls: Idaho National Laboratory,2008.

[25] BOER B, LATHOUWER D, DING M, et al. Coupled neutronics/thermal hydraulics calculations for high temperature reactors with the DALTON-

THERMIX code system[C]//International Conference on the Physics of Reactor (PHYSOR-2008). Interlaken,Switzerland,September 14-19,2008. [S. l: s. n.], 2008.

[26]   HOSSAIN K,BUCK M,SAID N B,et al. Development of a fast 3D thermal-hydraulic tool for design and safety studies for HTRS[J]. Nuclear Engineering and Design,2008,238: 2976-2984.

[27]   SEUBERT A,SUREDA A,BADER J,et al. The 3-D time-dependent transport code TORT-TD and its coupling with the 3D thermal-hydraulic code ATTICA3D for HTGR applications[J]. Nuclear Engineering and Design,2012,251: 173-180.

[28]   王登营. 高温气冷堆多回路系统的模拟[D]. 北京：清华大学核能与新能源技术研究院,2011.

[29]   PARK H,KNOLL D,SATO H. Progress on pronghorn application to NGNP related problems[R]. Idaho Falls：Idaho National Laboratory,2009.

[30]   PARK H,KNOLL D A,GASTON D R,et al. Tightly coupled multiphysics algorithms for pebble bed reactors[J]. Nuclear Science and Engineering,2010, 166: 118-133.

[31]   张汉. JFNK 联立求解高温气冷堆系统的方法研究[D]. 北京：清华大学核能与新能源技术研究院,2015.

[32]   NAITO Y,MAEKAWA M,SHIBUYA K. A leakage iterative method for solving the three-dimensional neutron diffusion equation[J]. Nuclear Science and Engineering,1975,58: 182-192.

[33]   蔡大用,白峰钐. 现代科学技术[M]. 北京：科学出版社,2000.

[34]   GILL D F. Newton-Krylov methods for the solution of the k-eigenvalue problem in multigroup neutronics calculations[D]. State College：Pennnsylvania State University,2009

[35]   KNOLL D A,PARK H,NEWMAN C. Acceleration of k-eigenvalue/criticality calculations using the Jacobian-Free Newton-Krylov method[J]. Nuclear Science and Engineering,2011,167: 133-140.

[36]   MAHADEVAN V,RAGUSA J. Novel hybrid scheme to compute several dominant eigenmodes for reactor analysis problems[C]//International Conference on the Physics of Reactors (PHYSOR20 08),Interlaken,Switzerland,September 14-19,2008. [S. l: s. n.],2008.

[37]   MOUSSEAU V A. Implicitly balanced solution of the two-phase flow equations coupled to nonlinear heat conduction[J]. Journal of Computational Physics,2004, 200: 104-132.

[38]   MOUSSEAU V A. A fully implicit,second order in time,simulation of a nuclear reactor core[C]//Proceeding of Iternational Conference on Nuclear Engineering (ICONE14),Miami, Florida, July 17-20, 2006. New York： ASME, 2006:

383-392.

[39] POPE M A,MOUSSEAU V A. Accuracy and efficiency of a coupled neutronics and thermal hydraulics model[J]. Nuclear Engineering and Technology,2008, 41: 885-892.

[40] PARK H, NOURGALIEV R R, MARTINEAU R C, et al. Jacobian-Free Newton-Krylov discontinueous Galerkin method and physics-based preconditioning for nuclear reactor simulations[R]. Idaho Falls: Idaho National Laboratory,2008.

[41] XU Y L. A matrix free Newton/Krylov method for coupling complex multi-physics subsystems[D]. West Lafayette: Purdue University,2004.

[42] GAN J,XU Y L,DOWNAR T J. A Matrix-free Newton method For coupled neutronics thermal-hydraulics reactor analysis[C]//Nuclear Mathematical and Computational Sciences: A Century in Review, A Century Anew, Tennessee, April 6-11,2003. [S. l. : s. n.],2003.

[43] MAHADEVAN V S. High resolution numerical methods for coupled non-linear multi-physics simulations with applications in reactor analysis [D]. College Station: Texas A&M University,2010.

[44] MAHADEVAN V S,RAGUSA J C. Final technical report: high-order spatio-temporal schemes for coupled, multi-physics reactor simulations [R]. Idaho: Idaho National Laboratory,2008.

[45] BALAY S,BUSCHELMAN K,et al. PETSc Web page[CP/OL]. [2015-12-15]. http://www. mcs. anl. gov/petsc.

[46] KIRKB,PETERSON J W,STOGNER R H,CAREY G F. LibMesh: A C++ library for parallel adaptive mesh refinement/coarsening simulations [J]. Engineering with Computers,2006,22(3-4): 237-254.

[47] Gmsh: An automatic 3-D finite element mesh generator[CP/OL]. [2015-12-15]. http://geuz. org/gmsh/.

[48] HEROUX M,BARTLETT R,HOWLE VICKI,et al. An overview of Trillinos [CP/OL]. [2015-12-15]. https://trilinos. org/.

[49] GASTON D R, PERMANN C J, PETERSON J W, et al. Physics-based multiscale coupling for full core nuclear reactor simulation[J]. Annals of Nulcear Energy,2015,84: 45-54.

[50] MOOSE Web page[CP/OL]. [2015-12-18]. http://mooseframework. org/.

[51] WANG, Y Q. Nonlinear diffusion acceleration for the multigroup transport equation discretized with SN and continuous FEM with Rattlesnake[J]. Office of Scientific and Technical Information Technical Reports,2013.

[52] PEREZ D M,WILLIAMSON R L,NOVASCONE S R,et al. Assessment of BISON: A nuclear fuel performance analysis code [R]. Idaho Falls: Idaho

National Laboratory,2013.

[53] HALES J D,NOVASCONE S R,SPENCER B W,et al. Verification of the BISON fuel performance code[J]. Annals of Nulcear Energy,2014,71: 81-90.

[54] ZOU L,PETERSON J,ZHAO H H,et al. Solving implicit multi-mesh flow and conjugate heat transfer problems with RELAP-7[R]. Idaho Falls: Idaho National Laboratory,2013.

[55] HENNART J P. A general family of nodal schemes[J]. SIAM Journal of Scientific Computing,1968,7(1): 264-287.

[56] LAWRENCE R D,DORNING J J. A nodal Green's function method for multidimensional neutron diffusion calculations [J]. Nuclear Science and Engineering,1980,76(2): 218-231.

[57] SMITH K. An analytical nadal method for solving the two-group, multidimensional, static and transient neutron diffusion equations [D]. Boston: Massachusetts Institute of Technology,1979.

[58] KIM Y I,KIM Y J,et al. A semi-analytic multigroup nodal method[J]. Annals of Nuclear Energy,1999,26: 699-708.

[59] CHO N, LEE J. Analytic function expansion nodal method for multi-group diffusion equations in cylindrical (r,θ,z) geometry[J]. Nuclear Science and Engineering,2008,159: 239-241.

[60] PRINSLOO R,TOMASEVIC D. The analytic nodal method in cylindrical geometry[J]. Nuclear Engineering and Design,2008,238: 2898-2907.

[61] WANG D Y,LI F,GUO J,et al. Improved nodal expansion method for solving neutron diffusion equation in cylindrical geometry[J]. Nuclear Engineering and Design,2010,240: 1997-2004.

[62] HORAKW C,DORNING J J. A nodal coarse-mesh method for the efficient numerical solution of laminar flow problems [J]. Journal of Computational Physics,1985,59: 405-440.

[63] AZMY Y Y,DORNING J J. A nodal integral approach to the numerical solution of partial differential equations[J]. Adavances in Reactor Computations,1983,2: 893-909.

[64] WILSON G L,RYDIN R A,AZMY Y Y. Time-dependent nodal integral method for the investigation of bifurcation and nonlinear phenomena in fluid flow and natural convection[J]. Nuclear Science and Engineering,1988,100,414-425.

[65] ESSER P D,WITT R J. An upwind nodal integral method for imcompressible fluid Flow[J]. Nuclear Science and Engineering,1993,114: 20-35.

[66] UDDIN R. A second-order space and time nodal method for the one-dimensional convection-diffuson equation[J]. Computers and Fluids,1997,26: 233-247.

[67] MICHAEL E P E. New nodal methods for fluid flow equations [D].

Charlottesville: University of Virginia,2000.

[68] MICHAEL E P E,DORNING J J,UDDIN R. Studies on nodal integral methods for the convection-diffusion equation[J]. Nuclear Science and Engineering,2001, 137: 380-399.

[69] MICHAEL E P E, DORNING J J. Studies on nodal methods for the time-dependent convection-diffusion equation[J]. Nuclear Science and Engineering the Journal of the American Nuclear Society,2001,137(3): 380-399.

[70] WANG F. A modified nodal integral method for the time-dependent incompressible Navier-Stokes-Energy-Concentration equations and its parallel implantation[D]. Urbana-Champaign: University of Illinois,2002.

[71] TOREJA A J. A nodal approach to arbitrary geometries, and adaptive mesh refinement for the nodal method [D]. Urbana-Champaign: University of Illinois,2002.

[72] SINGH S. Simulation of turbulent flows using nodal integral method[D]. Urbana-Champaign: University of Illinois,2008.

[73] HUANG K. Modified nodal integral method for Navier-Stokes equation incorporated with generic quadrilateral elements, and GPU-based on parallel computing[D]. Urbana-Champaign: University of Illinois,2011.

[74] KUMAR N,SINGH S,DOSHI J B. Pressure correction-based iterative scheme for Navier-Stokes equations using nodal integral method[J]. Numerical Heat Transfer,Part B,2012,62: 264-288.

[75] LEE K B,Nodal integral expansion method for one-dimensional time dependent linear convection-diffusion equation[J]. Nuclear Engineering and Design,2011, 241: 767-774.

[76] 邓志红. 高温气冷堆温度场节块法求解方法研究[D]. 北京:清华大学核能与新能源技术研究院,2013.

[77] RAGUSA J C,MAHADEVAN V S. Consistent and accurate schemes for coupled neutronics-thermal hydraulics reactor analysis[J]. Nuclear Engineering and Design,2009,239(3): 566-579.

[78] MARCHUK G I. On the theory of the splitting-up method,Vol. II of numerical solution of partial differential equations[M]. New York: Academic Press,1971.

[79] KELLEY C T. Iterative methods for linear and nonlinear equations [M]. Philadelphia: SIAM,1995.

[80] DENNIS J E, SCHNABEL R B. Numerical methods for unconstrained optimization and nonlinear equations[M]. Philadelphia: SIAM,1996.

[81] 戴华. 矩阵论[M]. 北京:科学出版社,2001.

[82] SAAD Y. Iterative methods for sparse linear systems [M]. Philadelphia: SIAM,2003.

[83] HERMANB. Jacobian-Free Newton-Krylov methods for solving nonlinear neutronics-thermal hydraulice quations[EB/OL]. [2015-12-20]. https://github. com/bhermanmit/JFNK/blob/master/doc/writeup/JFNK_BRH. pdf.

[84] BROWN P N, SAAD Y. Hybrid Krylov methods for nonlinear systems of equations[J]. SIAM Journal on Science and Statistics Computing, 1990, 11: 450-481.

[85] PERNICE M, WALKER H F. NITSOL: A newton iterative solving for nonlinear systems[J]. SIAM Journal of Scientific Computing, 1998, 19(1): 302-318.

[86] 周夏峰,李富,邓志红,等. 节块展开法求解空腔问题的方法研究[C]//第十五届 反应堆数值计算和粒子输运学术会议暨 2014 年反应堆物理会议,成都,2014. [S. l.: s. n.],2014.

[87] 李君利,经荣清. 格林函数节块法求解中子伴随通量方程[J]. 清华大学学报: 自然科学版,1996,36(12): 61-65.

[88] Computational Benchmark Problem Comitee of the Mathematics and Computation Division of the American Nuclear Society. Argonne Code Center: Benchmark problem book[R]. Lemont: Argonne National Laboratory,1977.

[89] 陶文铨. 数值传热学[M]. 西安:西安交通大学出版社,2001.

[90] PATANKAR S V, Numerical heat transfer and fluid flow [M]. London: Hemisphere Publishing Corporation,1980.

[91] YU B, TAO W Q, ZHANG D S, WANG Q W. Discussion on numerical stability and boundedness of convective discretized scheme[J]. Numerical Heat Transfer, Part B,2011,40: 343-365.

[92] CAI Q, KOLLMANNSBERGER S, et al. On the natural stabilization of convection dominated problems using high order Bubnov-Galerkin finite elements [J]. Computers and Mathematics with Applications,2014,66(12): 2545-2558.

[93] GERMUND D, AKE B. Numerical methods[M]. Englewood Cliffs: Prentice-Hall,1974.

[94] GRESHO P M, LEE R L. Don't suppress the wiggles—they are telling you something[J]. Computers and Fluids,1981,9: 223-251.

[95] KANG Y H, MICHAEL W, et al. A method for reduction of numerical diffusion in the donor cell treatment of convection[J]. Journal of Computational Physics, 1986,63: 201-221.

[96] WANG S K, et al. Development of a monotonic multi-dimensional advection-diffusion scheme[J]. Numerical Heat Transfer, Part B,2000,37: 85-101.

[97] PRAKASH, C. Application of the locally analytic differencing scheme to some test problems for the convection-diffusion equation [J]. Numerical Heat Transfer,1984,7: 165-182.

[98] LEONARD B P. ULTRA-SHARP solution of the smith-Hutton problem[J].

Iternational Journal of Numerical Methods for Heat and Fluid Flow,1992,2: 407-427.

[99] PRINSLOO R H,TOMASEVIC D,MORAAL H. A practical implementation of the high-order transverse-integrated nodal diffusion method[J]. Annals of Nuclear Energy,2014,68: 70-88.

[100] OUGOUAG A M,RAJIC H L. ILLICO-HO: A self-consistent high order coarse-mesh nodal methods[J]. Nuclear Science and Engineering,1988,100: 332-341.

[101] AKHMOUCH M,GUESSOUS N. High-order analytical nodal method for the multigroup diffusion equations[J]. Numerical Algorithms,2003,34: 137-146.

[102] CHAPLE R P B. Numerical stabilization of convection-diffusion-reaction problems[M/OL]. [2016-01-08]. http://ta. twi. tudelft. nl/TWA_Reports/06/06-03. pdf.

[103] TOIT C G D,ROUSSEAU P G,et al. A systems CFD model of a packed bed high temperature gas-cooled nuclear reactor[J]. International Journal of Thermal Sciences,2006,45(1): 70-85.

[104] 谢仲生,吴宏春,张少泓. 核反应堆物理分析[M]. 西安:西安交通大学出版社,2004.

[105] EISENSTAT S C, WALKER H F. Globally convergence inexact newton methods[J]. SIAM Jounal on Optimization,1994,4(2): 393-422.

[106] BELLAVIA S,MORINI B. A globally convergence Newton-GMRES subspace method for systems of nonlinear equations[J]. SIAM Journal on Scientific Computing,2001,23(3): 940-960.

[107] AN H B,BAI Z Z. A globally convergent Newton-GMRES method for large sparse systems of nonlinear equations[J]. Applied Numerical Mathematics,2007,57: 235-252.

附录 A   TWIGL、IAEA2D 各个材料和空腔区域群常数

表 A-1   TWIGL 问题各个材料和空腔区域群常数

材料	能群	D_g/cm	$\Sigma_{a,g}$/cm^{-1}	$\nu\Sigma_f$/cm^{-1}	$\Sigma_{s,g \to g+1}$/cm^{-1}
1	1	1.4	0.01	0.007	0.01
	2	0.4	0.15	0.2	—
2	1	1.4	0.01	0.007	0.01
	2	0.4	0.15	0.2	—
3	1	1.3	0.008	0.003	0.01
	2	0.5	0.05	0.06	—
4(空腔)	1	1.0E+06	0.0	0.0	0.0
	2	1.0E+06	0.0	0.0	—

注：$\chi_1 = 1.0$，$\chi_2 = 0.0$，所有能群和区域的轴向曲率 $B_z^2 = 0.0$cm^{-2}。

表 A-2   IAEA 基准题各个材料和空腔区域群常数

材料	能群	D_g/cm	$\Sigma_{a,g}$/cm^{-1}	$\nu\Sigma_f$/cm^{-1}	$\Sigma_{s,g \to g+1}$/cm^{-1}	备注
1	1	1.5	0.01	0.0	0.02	Fuel 1
	2	0.4	0.08	0.135	—	
2	1	1.5	0.01	0.0	0.02	Fuel 2
	2	0.4	0.085	0.135	—	
3	1	1.5	0.01	0.0	0.02	Fuel 2＋rod
	2	0.4	0.13	0.135	—	
4	1	2.0	0.0	0.0	0.04	Reflector
	2	0.3	0.01	0.0	—	
5	1	1.0E+06	0.0	0.0	0.0	空腔
	2	1.0E+06	0.0	0.0	—	

注：$\chi_1 = 1.0$，$\chi_2 = 0.0$，所有能群和区域的轴向曲率 $B_z^2 = 0.8$E-04cm^{-2}。

附录 B 物理热工耦合问题网格划分和截面温度系数

表 B-1 离散网格尺寸

x 方向网格编号	尺寸/m	y 方向网格编号	尺寸/m
1~4	0.2900	1~3	0.460 00
5	0.1816	4	0.300 00
6	0.1584	5	0.712 30
7	0.0560	6	0.760 00
8	0.1340	7~26	0.550 00
9~10	0.0800	27~31	0.285 54
11	0.0750	32	0.800 00
12	0.2000	33~34	0.100 00
13~15	0.1250	35~37	0.293 33

表 B-2 反射层区各个截面与温度关系式(4-22)中各个系数值

能群 g	截面/cm^{-1}	B_1	B_4	B_5
1	Σ_g^{tr}	2.111E−01	4.261E−11	0
	Σ_g^{a}	1.394E−05	0	0
	$\nu\Sigma_g^{\mathrm{f}}$	0	0	0
	$\Sigma_{1\to2}^{\mathrm{s}}$	1.578E−02	2.826E−11	0
	$\Sigma_{1\to3}^{\mathrm{s}}$	3.727E−10	−1.699E−19	0
	$\Sigma_{1\to4}^{\mathrm{s}}$	0	0	0
2	Σ_g^{tr}	3.363E−01	0	0
	Σ_g^{a}	6.227E−06	0	0
	$\nu\Sigma_g^{\mathrm{f}}$	0	0	0
	$\Sigma_{2\to3}^{\mathrm{s}}$	1.208E−02	3.259E−11	0
	$\Sigma_{2\to4}^{\mathrm{s}}$	0	0	0

续表

能群 g	截面/cm^{-1}	B_1	B_4	B_5
3	Σ_g^{tr}	3.403E$-$01	0	0
	Σ_g^{a}	6.853E$-$05	0	0
	$\nu\Sigma_g^{f}$	0	0	0
	$\Sigma_{3\to4}^{s}$	1.692E$-$02	0	0
4	Σ_g^{tr}	3.823E$-$01	$-$3.458E$-$06	1.788E$-$09
	Σ_g^{a}	3.548E$-$04	$-$2.258E$-$08	7.059E$-$12
	$\nu\Sigma_g^{f}$	0	0	0

表 B-3 堆芯区各个截面与温度关系式（4-21）中各个系数值

能群 g	截面 cm^{-1}	B_1（区域标号）				B_2	B_3	B_4	B_5
		1	2	3	4				
1	Σ_g^{tr}	1.304E−01	1.297E−01	1.304E−01	1.297E−01	6.646E−08	−5.205E−10	1.975E−10	6.685E−14
	Σ_g^{a}	4.140E−05	4.215E−05	4.096E−05	4.182E−05	−8.832E−10	3.703E−11	−1.825E−11	2.851E−14
	$\nu\Sigma_g^{\mathrm{f}}$	4.519E−05	4.597E−05	4.425E−05	4.521E−05	−2.854E−09	1.044E−10	−5.917E−11	8.166E−14
	$\Sigma_{1\rightarrow2}^{\mathrm{s}}$	8.953E−03	8.648E−03	8.958E−03	8.630E−03	4.220E−08	−1.535E−10	−6.347E−11	3.097E−13
	$\Sigma_{1\rightarrow3}^{\mathrm{s}}$	3.241E−10	3.335E−10	3.239E−10	3.339E−10	−6.112E−16	8.047E−18	−1.320E−18	1.342E−21
	$\Sigma_{1\rightarrow4}^{\mathrm{s}}$	1.098E−13	1.134E−13	1.097E−13	1.136E−13	−2.515E−19	3.875E−21	−2.110E−21	2.048E−24
2	Σ_g^{tr}	2.027E−01	2.027E−01	2.027E−01	2.027E−01	6.446E−08	−7.605E−10	−2.867E−10	1.766E−13
	Σ_g^{a}	1.930E−04	1.855E−04	1.907E−04	1.829E−04	5.470E−08	−2.321E−11	−1.156E−10	1.961E−13
	$\nu\Sigma_g^{\mathrm{f}}$	6.740E−05	6.517E−05	6.284E−05	6.101E−05	−9.372E−09	3.248E−10	−3.153E−10	3.583E−13
	$\Sigma_{2\rightarrow3}^{\mathrm{s}}$	5.540E−03	5.147E−03	5.546E−03	5.124E−03	1.444E−08	−1.247E−08	−8.780E−11	4.130E−13
	$\Sigma_{2\rightarrow4}^{\mathrm{s}}$	1.128E−16	1.098E−16	1.003E−16	9.856E−17	−6.530E−19	1.865E−20	8.621E−21	−4.510E−24
3	Σ_g^{tr}	2.085E−01	2.087E−01	2.085E−01	2.087E−01	1.691E−06	9.837E−09	−1.465E−09	1.333E−12
	Σ_g^{a}	1.877E−03	1.871E−03	1.877E−03	1.870E−03	1.721E−06	1.090E−08	−1.077E−09	1.274E−12
	$\nu\Sigma_g^{\mathrm{f}}$	4.098E−04	4.085E−04	3.833E−04	3.852E−04	−1.226E−07	3.995E−09	−2.953E−09	3.481E−12
	$\Sigma_{3\rightarrow4}^{\mathrm{s}}$	8.347E−03	7.981E−03	8.353E−03	7.960E−03	−5.689E−07	−7.219E−09	5.650E−10	−8.139E−13
4	Σ_g^{tr}	2.186E−01	2.185E−01	2.186E−01	2.185E−01	−8.981E−06	1.919E−07	−1.038E−06	3.808E−10
	Σ_g^{a}	3.062E−03	3.057E−03	2.996E−03	2.997E−03	−3.202E−06	7.979E−08	−1.121E−07	6.526E−11
	$\nu\Sigma_g^{\mathrm{f}}$	3.958E−03	4.009E−03	3.795E−03	3.867E−03	−3.424E−06	9.153E−08	−1.466E−07	8.586E−11

附录 C 二维 4 群中子场模型群常数

表 C-1 堆芯与反射层区域对应的群常数列表

区域标号	能群 g	D_g/cm	$\Sigma_g^a/\mathrm{cm}^{-1}$	$\nu\Sigma_g^f/\mathrm{cm}^{-1}$	$\Sigma_{g\to g+1}^s/\mathrm{cm}^{-1}$	$\Sigma_{g\to g+2}^s/\mathrm{cm}^{-1}$	$\Sigma_{g\to g+3}^s/\mathrm{cm}^{-1}$
1	1	2.587996	4.11886E−5	4.94284E−5	8.89099E−3	3.19803E−10	1.09411E−13
	2	1.65989	2.05052E−4	7.34114E−5	5.51528E−3	8.68396E−17	0
	3	1.61054	2.28022E−3	4.36188E−4	8.13029E−3	0	0
	4	1.57448	2.38410E−3	3.46692E−3	0	0	0
2	1	2.58733	4.16171E−5	4.99682E−5	8.72555E−3	3.24767E−10	1.11358E−13
	2	1.65979	2.00491E−4	7.24887E−5	5.30177E−3	8.03412E−17	0
	3	1.60984	2.24921E−3	4.38113E−4	7.94481E−3	0	0
	4	1.57194	2.42121E−3	3.57588E−3	0	0	0
3	1	2.57897	4.07942E−5	4.86110E−5	8.91374E−3	3.19120E−10	1.09145E−13
	2	1.65988	2.07429E−4	6.89469E−5	5.54279E−3	1.10794E−16	0
	3	1.60932	2.45626E−3	4.15950E−4	8.08055E−3	0	0
	4	1.58967	2.25184E−3	3.20039E−3	0	0	0
4	1	2.58780	4.13145E−5	4.92364E−5	8.71539E−3	3.25071E−10	1.11477E−13
	2	1.65976	2.01721E−4	6.80636E−5	5.28697E−3	9.44522E−17	0
	3	1.60861	2.40155E−3	4.16221E−4	7.86764E−3	0	0
	4	1.58622	2.25407E−3	3.27149E−3	0	0	0
5	1	1.37410	1.80859E−5	0	1.68202E−2	4.74378E−10	
	2	0.848185	1.46214E−6	0	1.19845E−2	0	0
	3	0.837049	1.70436E−5	0	1.78674E−2	0	0
	4	0.797728	5.49865E−4	0	0	0	0

在学期间发表的学术论文

[1] **ZHOU X F**,GUO J,LI F. Stability,accuracy and numerical diffusion analysis of nodal expansion method for steady convection diffusion equation[J]. Nuclear Engineering and Design,2015,295:567-575. (SCI 收录,检索号:000367413700050).

[2] **ZHOU X F**,GUO J,LI F. General nodal expansion method for multi-dimensional steady and transient convection-diffusion equation[J]. Annals of Nuclear Energy,2016,88:118-125. (SCI 收录,检索号:000367859000014).

[3] **ZHOU X F**, GUO J, LI F. A new nodal expansion method with high-order moments for the reduction of numerical oscillation in convection diffusion problems [J]. 2016,183(2):185-195. (SCI 收录,检索号:000378343400003).

[4] **周夏峰**,李富,郭炯. 基于节块展开法的 Jacobian-Free Newton Krylov 联立求解物理-热工耦合问题的方法研究[J]. 物理学报,2016,5(9):092801.(SCI 收录,检索号:000380363700006).

[5] **ZHOU X F**,LI F. Research on nodal expansion method for transient convection diffusion equation[J]. The 22nd International Conference on Nuclear Engineering (ICONE22),Prague,Czech,July 7-11,2014. (EI 收录,检索号:20144800255301).

[6] **周夏峰**,李富. 节块展开法求解对流扩散方程的稳定性和数值耗散特性分析[J]. 原子能科学技术,2015,49(4):705-712. (EI 收录,检索号:20151900832105).

[7] **周夏峰**,李富. 高温气冷堆堆芯流场高效全局求解方法研究[J].原子能科学技术,2014,48(11):2051-2056. (EI 收录,检索号:20145100335863).

[8] **周夏峰**,谷海峰,李富. 安全壳过滤排放系统实验用气溶胶的确定及相关参数的选取[J]. 核动力工程,2014,35(5):124-127. (EI 收录,检索号:20144700237745).

[9] **ZHOU X F**,LI F. Numerical dispersion and dissipation analysis of nodal expansion method[C]//International Topical Meeting on Advances in Reactor Physics (PHYSOR 2014),Sep. 28-Oct. 3,Kyoto,Japan,2014. [S. l. : s. n.],2014.

[10] **ZHOU X F**, LI F. Nodal expansion method for multi-dimensional steady convection-diffusion equation[C]//7th International Topical Meeting on High Temperature Reactor Technology (HTR-2014),Oct. 27-Oct. 31,Weihai,China,2014. [S. l. : s. n.],2014.

[11] **周夏峰**,李富,邓志红,等.节块展开法求解空腔问题的方法研究[C]//第十五届反应堆数值计算和粒子输运学术会议暨 2014 年反应堆物理会议,成都,2014. [S. l. : s. n.],2014.

致　谢

衷心感谢导师李富教授对本人的谆谆教诲和精心指导，谨以此书报答师恩。李老师严谨的治学之道、亲力亲为的专业态度、富有激情的学术投入、平易近人的学者风范使我终身受益。那些反复斟酌讨论的公式推导、密密麻麻的论文批注、为人为学的纯粹至今历历在目。导师赠予的瑞士军刀，也时刻激励着我们不忘"专而精"的工作态度，鼓励大家做出更具特色、更有用的科研成果。

感谢清华大学核能与新技术研究院 103 室的孙俊老师、郑艳华老师和郭炯老师对我的指导和帮助，感谢张竞宇、邓志宏、郝琛、刘丹、张汉、刘召远、贺颖、徐伟、王黎东、卢佳楠、郭建等师兄弟姐妹在生活和科研上给予的热情帮助和支持，感谢 103 室的所有老师和同学。

本书承蒙国家自然科学基金（No. 11375099）和国家重大专项（No. ZX06901）资助，特此致谢。

最后，谨将此书献给默默支持和鼓励我的父母和家人，感谢一路上所有遇到的人和事。

周夏峰

2016 年 5 月